高职高专规划教材

JIANZHU GONGCHENG ZHILIANG YANSHOU YU ZILIAO GUANLI

建筑工程质量验收与资料管理
第三版

王　辉　许法轩　主　编
马明明　王毅林　副主编

化学工业出版社
·北京·

本书围绕《建筑工程施工质量验收统一标准》（GB 50300—2013）及其系列专业验收规范，在介绍了建筑施工质量验收的基本规定及其检验方法和标准的基础上，又以《建筑工程资料管理规程》（JGJ/T 185—2014）为依据，增加了建筑工程资料管理的内容。本书共分两篇，第一篇为建筑工程质量管理与验收，由建筑工程施工项目质量控制、建筑工程施工质量验收统一标准、建筑地基与基础工程施工质量验收、地下防水工程、混凝土结构工程、砌体工程、建筑屋面工程、建筑地面工程、建筑装饰装修工程等内容组成。第二篇为建筑工程资料管理，由建筑工程资料概述、施工图样与施工组织设计、建筑工程材料质量检验报告、施工技术与工程质量管理、施工试验记录、施工资料填写要求及范例、单位工程竣工验收等内容组成。

本书是高职高专土建类建筑工程技术、工程管理、工程监理等专业的教材，也可作为建筑施工企业施工现场管理人员及监理人员的参考学习用书。

图书在版编目（CIP）数据

建筑工程质量验收与资料管理/王辉，许法轩主编. —3 版.
北京：化学工业出版社，2019.2（2024.2 重印）
高职高专规划教材
ISBN 978-7-122-33425-1

Ⅰ.①建…　Ⅱ.①王…②许…　Ⅲ.①建筑工程-工程质量-工程验收-高等职业教育-教材②建筑工程-技术档案-档案整理-高等职业教育-教材　Ⅳ.①TU712②G275.3

中国版本图书馆 CIP 数据核字（2018）第 283224 号

责任编辑：王文峡　　　　　　　　　　装帧设计：史利平
责任校对：杜杏然

出版发行：化学工业出版社（北京市东城区青年湖南街 13 号　邮政编码 100011）
印　　刷：北京云浩印刷有限责任公司
装　　订：三河市振勇印装有限公司
787mm×1092mm　1/16　印张 18½　字数 451 千字　2024 年 2 月北京第 3 版第 8 次印刷

购书咨询：010-64518888　　售后服务：010-64518899
网　　址：http://www.cip.com.cn
凡购买本书，如有缺损质量问题，本社销售中心负责调换。

定　　价：49.00 元　　　　　　　　　　　　　　　　版权所有　违者必究

编审委员会

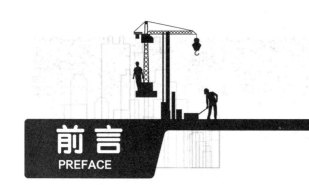

前言
PREFACE

　　《建筑工程质量验收与资料管理》第二版自出版以来，深受职业院校师生及同行专家的好评。作为土建类专业的主要课程教材，为实现其规范性、实用性和时效性，我们在参考最新规范及技术标准的基础上对第二版教材进行了修订。

　　本书在修订后共分为两篇，其中第一篇根据《建筑工程质量验收统一标准》（GB 50300—2013）及相关专业验收规范进行编写，以施工过程为顺序，工程实际应用为重点，涵盖地基与基础分部工程质量验收、主体结构分部工程质量验收、屋面分部工程质量验收、建筑装饰装修分部工程质量验收等内容。第二篇参照了《建设工程文件归档规范》（GB 50328—2014），主要讲述了建筑工程资料整理的方法和规程要求。

　　本书由河南建筑职业技术学院王辉和许法轩担任主编，并分别编写了第一篇的第一、二、五、八、九章和第三、四、六、七章的内容。河南建筑职业技术学院的马明明和王毅林担任副主编，分别编写了第二篇中的第一、二、六章和第三、四、五、七章。全书由郑州民诚建筑工程咨询有限公司李全林总经理担任主审。河南建筑职业技术学院的张新娟、尹可芳、尚瑞娟做了资料收集和整理工作，在此表示感谢！

　　限于编者水平和编写时间，书中难免存在不妥之处，请读者批评指正。

编者

2018 年 6 月

第一版前言

本书是根据教育部《关于全面提高高等职业教学质量的若干意见》（教高〔2006〕16 号）的有关精神，适应当前高等职业教育"大力推进工学结合，突出实践能力培养，改革人才培养模式"的教学改革需要编写而成的。

建筑工程施工质量验收和建筑工程资料管理是土建类高职高专院校建筑工程技术、工程管理和工程监理等专业开设的专业核心教材，重点培养学生的职业核心能力。如何让学生在学习期间掌握建筑工程施工质量验收的标准及方法，具备建筑工程资料管理的能力，在化学工业出版社的精心策划和多名双师型教师和施工企业中具有丰富经验的工程师的参与下编写了这本教材。

本书主要参照了《建筑工程施工质量验收统一标准》（GB 50300—2001）系列专业验收规范和《建筑工程资料管理规程》（JGJ/T 185—2009）等规范规程进行编写，力求做到规范性、实用性和时效性。

本书共分两篇，第一篇主要讲述建筑工程施工质量验收的标准及方法，第二篇主要讲述了建筑工程资料整理的方法和规程要求。

本书由河南建筑职业技术学院王辉和郑州建工集团有限公司贺中选担任主编，并分别编写了第一篇的第一章、第二章和第二篇的第四章、第五章、第六章、第七章的内容。河南建筑职业技术学院的许法轩和河南装饰行业办公室的张天奇担任副主编，分别编写了第一篇的第五章、第六章和第七章。河南建筑职业技术学院的张新娟、尹可芳分别编写了第一篇的第三章、第四章。河南建筑职业技术学院的马明明编写了第一篇的第八章和第九章。河南建筑职业技术学院的尚瑞娟编写了第二篇的第一章、第二章、第三章。全书由郑州民诚建筑工程咨询有限公司李全林总经理担任主审。

限于编者水平和编写时间，书中难免存在不妥之处，请读者批评指正。

编者

2011 年 6 月

第二版前言

本书自 2011 年出版以来，深受职业院校建筑工程技术、工程管理、工程监理等多个专业师生和同行专家学者的好评。随着近年来新材料、新设备、新技术、新应用，尤其是新规范的实施，对本书进行修订已刻不容缓。

建筑工程施工质量验收和建筑工程资料管理是土建类高职高专院校建筑工程技术、工程管理和工程监理等专业的核心内容，重点培养学生的职业核心能力。如何让学生在学习期间掌握建筑工程施工质量验收的标准及方法，具备建筑工程资料管理的能力，在化学工业出版社的精心策划和多名双师型教师和施工企业中具有丰富经验的工程师的参与下编写了这本教材。

本书主要参照了《建筑工程施工质量验收统一标准》（GB 50300—2013）系列专业验收规范和《建筑工程资料管理规程》（JGJ/T 185—2014）等规范规程进行编写，力求做到规范性、实用性和时效性。

本书共分两篇，第一篇主要讲述建筑工程质量管理与验收的标准及方法，第二篇主要讲述了建筑工程资料管理的方法和规程要求。

本书由河南建筑职业技术学院王辉和中天建设集团有限公司蔡冬华任主编，并分别编写了第一篇的第一章、第二章和第二篇的第四章、第五章、第六章、第七章的内容。河南建筑职业技术学院的马明明和刘雪峰任副主编，分别编写了第一篇的第五章、第六章、第七章、第八章和第九章。河南建筑职业技术学院的张新娟、尹可芳分别编写了第一篇的第三章、第四章。河南建筑职业技术学院的尚瑞娟编写了第二篇的第一章、第二章、第三章。全书由郑州民诚建筑工程咨询有限公司李全林总经理担任主审。

限于编者水平和编写时间，书中难免存在不妥之处，请读者批评指正。

编者
2015 年 6 月

目录
CONTENTS

第一篇　建筑工程质量管理与验收　　1

第二篇　建筑工程资料管理　155

PART1

第一篇
建筑工程质量管理与验收

第一章 建筑工程施工项目质量控制

学习内容

1. 建设工程施工项目质量控制的基本要求；
2. 施工过程的质量控制。

知识目标

1. 了解施工项目质量控制的原则，熟悉施工项目质量控制的过程，掌握施工项目质量控制的方法，掌握施工项目质量的控制阶段，掌握影响施工项目质量的因素；

2. 了解工序质量控制的基本概念和内容，熟悉质量控制点设置的基本要求，熟悉施工项目质量预控的基本原理，熟悉施工过程中的质量检查和监理。

能力目标

1. 能够绘制单位工程质量控制系统图，会运用"目测法，实测法，试验检查"进行现场质量检查，会分析影响施工项目施工质量的相关因素；

2. 依据施工项目的具体特点会设置质量控制点，参考相关资料会编制分项工程质量预控方案。

第一节　建筑工程施工项目质量控制的基本要求

一、建筑工程施工项目质量控制的原则

对施工项目而言，质量控制就是为了确保合同、规范所规定的质量标准，而采取的一系列检测、监控措施、手段和方法。在进行施工项目质量控制过程中，应遵循以下几点原则。

1. 坚持"质量第一、用户至上"

建筑产品作为一种特殊的商品，使用年限较长，是"百年大计"，直接关系到人民生命及财产的安全。所以，工程项目在施工中应自始至终地把"质量第一、用户至上"作为质量控制的基本原则。

2. 坚持以人为本

人是质量的创造者，质量控制必须坚持以人为本，把人作为控制的动力，调动人的积极性、创造性，增强人的责任感，树立"质量第一"观念，提高人的素质，避免失误，以人的

工作质量保工序质量及工程质量。

3. 坚持以预防为主

从对质量事后检查把关转向对质量事前控制、事中控制；从对产品质量的检查，转向对工作质量的检查、对工序质量的检查、对中间产品质量的检查。这是确保施工项目质量的有效措施。

4. 坚持质量标准，严格检查，一切用数据说话

质量标准是评价产品质量的尺度，数据是质量控制的基础和依据。产品质量是否符合质量标准，必须通过严格检查，用数据说话。

5. 贯彻科学、公正、守法的职业规范

各级质量管理人员，在处理质量问题过程中，应尊重客观事实，尊重科学，正直、公正，不持偏见；遵纪、守法，杜绝不正之风；既要坚持原则、严格要求、秉公办事，又要谦虚谨慎、实事求是、以理服人、热情帮助。

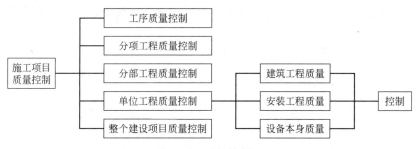

图 1-1　施工项目质量控制过程（一）

二、建筑工程施工项目质量控制的过程

任何工程项目都是由分项工程、分部工程和单位工程组成的，而工程项目的建设，则是通过一道道工序来完成的。所以，施工项目的质量控制是从工序质量到分项工程质量、分部工程质量、单位工程质量的系统控制过程，如图 1-1 所示。也是一个由对投入原材料的质量控制开始，直到完成工程质量检验为止的全过程的系统过程，如图 1-2 所示。

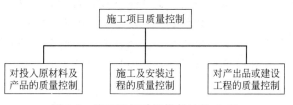

图 1-2　施工项目质量控制过程（二）

三、建筑工程施工项目质量控制的方法

（一）审核有关技术文件、报告或报表

技术文件、报告或报表的审核，是对工程项目质量进行全面控制的主要手段，其具体审核内容如下。

（1）审核进入施工现场各分包单位的技术资质证明文件。

（2）审核承包单位的正式开工报告，现场核实后，下达开工指令。

（3）审核承包单位提交的施工方案和施工组织设计，以确定工程质量有可靠的技术措施。

（4）审核承包单位提交的有关材料、半成品的质量检验报告。

（5）审核承包单位提交的反映工序质量动态的统计资料或管理图表。

（6）审核设计变更、修改图样和技术核定书。

（7）审核有关工程质量事故处理报告。

（8）审核有关应用新工艺、新技术、新材料、新结构的技术鉴定书。

（9）审核承包单位提交的关于工序交接检查、分项分部工程质量检查报告。

（10）审核并签署现场有关质量技术签证、文件等。

（二）现场质量检查

1. 现场质量检查的内容

（1）开工前检查。开工前应检查是否具备开工条件以及开工后能否连续正常施工、确保工程质量。

（2）工序交接检查。对重要的工序或对工程质量有重大影响的工序，在自检、互检基础上，还要组织专职人员进行工序交接检查。

（3）隐蔽工程检查。凡是隐蔽工程，均应检查认证后方能掩盖。

（4）停工后复工前的检查。因处理质量问题或某种原因停工后需复工时，应经检查认可后方能复工。

（5）分项、分部工程完工后，应经检查认可，签署验收记录后，才容许进行下一工程项目施工。

（6）成品保护检查。检查成品有无保护措施或保护措施是否可靠。

2. 现场质量检查的方法

（1）目测法。其手段可归纳为"看、摸、敲、照"四个字。

看，就是根据质量标准进行外观目测。如墙纸裱糊质量应纸面无斑痕、空鼓、气泡、折皱；每一墙面纸的颜色、花纹一致；斜视无胶痕，纹理无压平、起光现象；对缝无离缝、搭缝、张嘴，对缝处图案、花纹完整；裁纸的一边不能对缝，只能搭接；墙纸只能阴角处搭接，阳角应采用包角等。又如，清水墙面是否洁净，喷涂是否密实和颜色是否均匀，内墙抹灰大面及口角是否平直，地面是否光洁平整，油漆、浆活表面观感，施工顺序是否合理，工人操作是否正确等，均要通过目测检查、评价。

摸，就是手感检查。主要用于装饰工程的某些检查项目，如水刷石、干黏石粘接牢固程度，油漆的光滑度，浆活是否掉粉，地面有无起砂等，均可通过摸加以鉴别。

敲，是应用工具进行音感检查。对地面工程、装饰工程中的水磨石、面砖、锦砖和大理石贴面等，均应进行敲击检查，通过声音的虚实确定有无空鼓，根据声音的清脆和沉闷，判定是属于面层空鼓还是底层空鼓。此外，用手敲如发出颤动音响，一般是底灰不满或压条不实。

照，对难以看到或光线较暗的部位，则可采用镜子反射或灯光照射的方法进行检查。

（2）实测法。就是通过实测数据与施工规范及质量标准所规定的允许偏差对照，来判别质量是否合格。实测检查法的手段，可归纳为"靠、吊、量、套"四个字。

靠，是用直尺、塞尺检查墙面、地面、屋面的平整度。

吊，是用拖线板以线锤吊线检查垂直度。

量，是用测量工具和计量仪表等检查断面尺寸、轴线、标高、湿度、温度等的偏差。

套，是用方尺套方，辅以塞尺检查。如对阴阳角的方正、踢脚线的垂直度、预制构件的方正等项目检查，对门窗口及构配件的对角线（窜角）检查，也是套方的特殊手段。

（3）试验检查。指必须通过试验手段才能对质量进行判断的检查方法。如对桩或地基进行静载试验，确定其承载力；对钢筋结构进行稳定性试验，确定是否产生失稳现象；对钢筋接头进行拉力试验，检验焊接的质量等。

1.1 常用检测工具

四、施工项目质量控制阶段

为了加强对施工项目的质量控制，明确各施工现场阶段质量控制的重点，可把施工项目质量控制分为事前质量控制、事中质量控制和事后质量控制三个阶段。

1. 事前质量控制

指在正式施工前进行的质量控制，其控制重点是做好施工准备工作，且施工准备工作要贯穿于施工全过程中。

（1）施工准备的范围

① 全场性施工准备，是以整个项目施工现场为对象而进行的各项施工准备。

② 单位工程施工准备，是以一个建筑物或构筑物为对象而进行的施工准备。

③ 分项（部）工程施工准备，是以单位工程中的一个分项（部）工程或冬、雨期施工为对象而进行的施工准备。

④ 项目开工前的施工准备，是在拟建项目正式开工前所进行的一切施工准备。

⑤ 项目开工后的施工准备，是在拟建项目开工后，每个施工阶段正式开工前所进行的施工准备，如混合结构住宅施工，通常分为基础工程、主体工程和装饰工程等施工阶段，每个阶段的施工内容不同，其所需的物资技术条件、组织要求和现场布置也不同，因此，必须做好相应的施工准备。

（2）施工准备的内容

① 技术准备。包括项目扩初设计方案的审查；熟悉和审核项目的施工图样；项目建设地点的自然条件、技术经济条件调查分析；编制项目施工图预算和施工预算；编制项目施工组织设计等。

② 物资准备。包括建筑材料准备、构配件和制品加工准备、施工机具准备、生产工艺设备的准备等。

③ 组织现场准备。包括建立项目组织机构；集结施工队伍；对施工队伍进行入场教育等。

④ 施工现场准备。包括控制网、水准点、标准的测量；"五通一平"；生产、生活临时设施等准备；组织机具、材料进场；拟订有关试验、试制和技术进步项目计划；编制季节性施工措施；指定施工现场管理制度等。

2. 事中质量控制

对施工过程中进行的所有与施工有关方面的质量进行控制，也包括对施工过程中的中间产品（工序产品或分部、分项产品）的质量控制。事中质量控制的策略是全面控制施工过程，重点控制工序质量。其具体措施是：工序交接有检查；质量预控有对策；施工项目有方案；技术措施有交底，图样会审有记录；配制材料有试验；隐蔽工程有验收；计量器具校正有复核；设计变更有手续；钢筋代换有制度；质量处理有复查；成品保护有措施；行使质控有否决（如发现质量异常、隐蔽未经验收、质量问题未处理、擅自变更设计图纸、擅自代换或使用不合格材料、无证上岗未经资质审查的操作人员等，均应对质量予以否决）；质量文件有档案（凡是与质量有关技术文件，如水准、坐标位置，测量、放线记录，沉降、变形观测记录，图纸会审记录，材料合格证明、试验报告，施工记录，隐蔽工程记录，设计变更记录，调试、试压运行记录，试车运转记录，竣工图等都要编目建档）。

3. 事后质量控制

指在完成施工过程形成产品的质量控制，其具体工作内容如下。

（1）组织联动试车。

（2）准备竣工验收资料，组织自检和初步验收。

（3）按规定的质量评定标准和办法，对完成的分项、分部工程，单位工程进行质量评定。

（4）组织竣工验收的标准如下。

① 按设计文件规定的内容和合同规定的内容完成施工，质量达到国家质量标准，能满足生产和使用的要求。

② 主要生产工艺设备已安装配套，联动负荷试车合格，形成设计生产能力。

③ 交工验收的建筑物要窗明、地净、水通、灯亮、气来、采暖通风设备运转正常。

④ 交工验收的工程内净外洁，施工中的残余物料运离现场，灰坑填平，临时建（构）筑物拆除，2m内地坪整洁。

⑤ 技术档案资料齐全。

五、影响施工项目质量的因素

影响施工项目质量的因素主要有五方面，即人（man）、材料（material）、机械（machine）、方法（method）和环境（environment）。事前对这五方面的因素严加控制，是保证施工项目质量的关键。

1. 人的控制

人的控制是指直接参与施工的组织者、指挥者和操作者。人，作为控制的对象，是要避免产生失误；作为控制的动力，是要充分调动人的积极性，发挥人的主导作用。除了加强政治思想教育、劳动纪律教育、职业道德教育、专业技术培训，建立健全岗位责任制，改善劳动条件，公平合理地激励劳动热情外，还需根据工程特点，从确保质量出发，在人的技术水平、生理缺陷、心理行为、错误行为等方面控制人的使用。如对技术复杂、难度大、精度高的工序或操作，应由技术熟练、经验丰富的工人来完成；反应迟钝、应变能力差的人，不能操作快速运行、动作复杂的机械设备；对某些要求万无一失的工序和操作，一定要分析人的心理行为，控制人的思想活动，稳定人的情绪；对具有危险源的现场作业，应控制人的错误行为，严禁吸烟、打赌、嬉戏、误判断、误动作等。此外，应严格禁止无技术资质的人员上岗操作；对不懂装懂、图省事、碰运气、有意违章的行为，必须及时制止。总之，在使用人的问题上，应从政治素质、思想素质、业务素质和身体素质等方面综合考虑，全面控制。

2. 材料控制

材料控制包括原材料、成品、半成品、构配件等的控制，主要是严格检查验收，正确合理地使用，建立管理台账，进行收、发、储、运等各个环节的技术管理，避免混料和将不合格的原材料使用到工程上。

3. 机械控制

机械控制包括施工机械设备、工具等的控制。要根据不同工艺特点和技术要求，选择合适的机械设备；正确使用、管理和保养好机械设备。为此要建立健全"人机固定"制度、"操作证"制度、岗位责任制度、交接班制度、"技术保养"制度、"安全使用"制度、机械设备检查制度等，确保机械设备处于最佳使用状态。

4. 方法控制

方法控制包括施工方案、施工工艺，施工组织设计、施工技术措施等的控制。方法控制应结合工程实际，提供能解决施工难题、技术可行而又经济合理的施工方案和施工工艺，这样有利于保证质量，加快进度，降低成本。

5. 环境控制

影响工程质量的环境因素较多，有工程技术环境，如工程地质、水文、气象等；工程管理环境，如质量保证体系、质量管理制度等；劳动环境，如劳动组合、作业场所、工作面等。环境因素对于工程质量的影响，具有复杂而多变的特点，如气象条件（温度、湿度、大风、暴雨、酷暑、严寒）的变化都直接影响工程质量。又如前一工序往往就是后一工序的环境，前一分项、分部工程也就是后一分项、分部工程的环境，因此，根据工程特点和具体条件，应对影响质量的环境因素，采取有效的措施严加控制。尤其是施工现场，应建立文明施工、文明生产的环境，保持材料工件堆放有序，道路通畅，工作场所清洁整齐，施工程序井井有条，为确保质量、安全创造良好条件。

第二节　施工过程的质量控制

工程项目的质量是在施工过程中创造的，而不是靠最后检验出来的。为了把工程产品的质量从事后检查转向事前控制，达到"以预防为主"的目的，必须加强对施工过程中的质量控制。

施工过程中质量控制的主要工作是以工序质量控制为核心，设质量控制点，严格质量检查，加强成品保护。

一、工序质量的控制

工程项目的施工过程是由一系列相互关联、相互制约的工序构成的，工序质量是基础，直接影响工程项目的整体质量。要控制工程项目施工过程的质量，首先必须控制工序质量。

1. 工序质量控制的概念

工序质量包含两方面的内容，这就是工序活动条件的质量和工序活动效果的质量。从质量控制的角度来看，这两者是互为关联的，一方面要控制工序活动条件的质量，即每道工序的投入质量是否符合要求；另一方面又要控制工序活动效果的质量，即每道工序施工完成的工程产品是否达到有关质量标准。

工序质量控制的原则是通过对工序一部分（子样）的检验，来统计、分析和判断整道工序的质量，进而实现对工序质量的控制，其控制步骤如下。

① 实测。采用必要的检测工具或手段，对抽出的工序子样进行质量检验。

② 分析。对检验所得的数据进行分析，寻找这些数据所遵循的规律。

③ 判断。根据分析的数据，对整个工序的质量进行推测性的判断，进而确定该道工序是否达到质量标准。

2. 工序质量控制的内容

① 确定工序质量控制的流程。一般的做法是，当每道工序完成后，承包单位应根据规范要求进行自检，合格后填报"质量验收通知单"，通知质量检查部门；质量检查部门接到"通知"后，立即对待检验的工序进行现场检查，并将检查结果填写到"质量验收单"上，并复印一份给承包单位。前道工序合格后，方可进行下一道工序；反之，令承包单位返工。

② 主动控制工序活动条件。工序活动条件控制是工序质量控制的对象，只有主动地通过对工序活动条件的控制，才能达到对工序质量特征指标的控制。工序活动条件包括的内容较多，一般指影响工序质量的各方面因素，如施工操作者、材料、施工机具、设备、施工工艺等。只有找出影响工序质量的主要因素加强控制，才能达到工序质量控制的目的。

③ 及时检验工序质量。影响工序质量的原因有两大方面，即偶然性原因和异常性原因。当工序仅在偶然性原因的作用下，衡量其质量的性能特征数据的分布基本上是按算术平均值及标准偏差固定不变的正态分布，工序处于这样的状态称为稳定状态。当工序既有偶然性原因，又有异常性原因时，则算术平均值及标准偏差将发生无规律的变化，此时称为异常性状态。检验工序质量并对所得数据进行分析，就是判断工序处于何种状态，如分析结果处于异常状态，就必须命令承包单位停止进行下一道工序。

④ 设置工序质量控制点。工序质量控制点是指为了保证工序质量而需要进行控制的重点、关键部位或薄弱环节。对所设置的控制点，事先分析可能造成质量隐患的原因，针对隐患原因找出对策，采取措施加以预控。

二、质量控制点的设置

设置质量控制点，是对质量进行预控的有效措施。因此，在拟定质量检查工作规划时，应根据工程特点，视其重要性、复杂性、精确性、质量标准和要求，全面、合理地选择质量控制点。质量控制涉及面较广，可能是结构复杂的某一工程项目，也可能是技术要求高、施工难度大的某一结构或分项、分部工程，也可能是影响质量的某一关键环节。总之，无论是操作、工序、材料、机械、施工顺序、技术参数、自然条件、工程环境等，均可作为质量控制点来设置，主要视其对质量特征影响的大小及危害程度而定。

1. 人的行为

某些工序或操作重点应控制人的行为，避免人的失误造成安全和质量事故。如从事高空、高温、水下作业、危险作业、易燃易爆作业、重型构件的吊装或多机抬吊、动作复杂而快速运转的机械操作、对精密度和操作技术要求高的工程、技术难度特大的工程等工作人员，都应从人的生理缺陷、心理活动、技术能力、思想素质等方面进行考核。事前还必须反复交底，提醒注意事项，以免产生错误行为和违纪违章现象。

2. 物的状态

在某些工序或操作中，则应以物的状态作为控制的重点，如加工精度与施工机具有关，计量不准与计量设备、仪表有关，危险源与失稳、倾覆、腐蚀、毒气、振动、冲击、火花、爆炸等有关，立体交叉、多工种密集作业与作业场所有关等。也就是说，根据不同的工种特点，有的应以控制机具设备为重点，有的应以防止失稳、倾覆、过热、腐蚀等危险源为重点，有的则应以作业场所作为控制的重点。

3. 材料的质量和性能

材料的质量和性能是直接影响工程质量的主要因素，尤其是某些工程，更应将材料的质量和性能作为控制的重点。如混凝土的密实度要大，应在构件表面留隔气层。又如，石油沥青卷材只能用石油沥青冷底子油和石油沥青胶铺贴，不能用焦油沥青冷底子油或焦油沥青胶铺贴，否则就会影响质量。

4. 关键的操作

如预应力筋的张拉，在张拉程序 $0 \rightarrow 105\% \sigma_k$（持荷 2min）$\rightarrow \sigma_k$ 中，要进行超张拉和持荷 2min。超张拉的目的是为了减少混凝土弹性压缩和徐变，减少钢筋的松弛、孔道摩擦力、锚具变形等原因引起的应力损失；持荷 2min 的目的是为了加速钢筋松弛的早发展，减少钢筋松弛的应力损失。在操作中，如不进行超张拉和持荷 2min，就不能可靠地建立预应力值；如张拉应力控制不准，过大或过小，也不可能可靠地建立预应力值，这些均会严重影响预应力构件的质量。

5. 施工顺序

有些工序或操作，必须严格控制相互之间的先后顺序。如冷拉钢筋，一定要先对焊后冷拉，否则就会失去冷强。屋架的固定，一定要采取对角同时施焊以免焊接应力使已校正的屋架发生倾斜。升板法施工的脱模，应先四角、后四边、再中央，即先同时开动四个角柱上的升板机，时间控制为在 10s 内升高 5～8mm，然后按同样的方法依次开动四个边柱的升板机和中间柱上的升板机，这样使板分开后再调整升差，整体间同步提升，否则将会造成板的断裂；或者采取从一排开始逐排提升的办法，即先开动第一排柱上的升板机，约 10s 升高 5～8mm 后，再依次开动第二排、第三排柱上的升板机，以同样的方法使板分开后再整体提升。

6. 技术问题

有些工序之间的技术间歇时间性很强，如不严格控制会影响质量。如分层浇筑混凝土，必须待下层混凝土未初凝时将上层混凝土浇完；砖墙砌筑后，一定要有 6～10d 时间让墙体充分沉陷、稳定、干燥，然后才能抹灰，必须在抹灰层干燥后，才能喷白、刷浆等。

7. 技术参数

有些技术参数与质量密切相关，必须严格控制，如外加剂的掺量，混凝土的水灰比，沥青胶的耐热度，回填土、三合土的最佳含水量，灰缝的饱满度，防水混凝土的抗渗标号等，都将直接影响强度、密实度、抗渗性和耐冻性。

8. 常见的质量通病

对常见的质量通病，如"渗、漏、泛、堵、壳、裂、砂、锈"等部位，应事先研究对策，提出预防的措施。

9. 新工艺、新技术、新材料应用

当新工艺、新技术、新材料虽已通过鉴定、试验，但施工单位缺乏经验，又是初次进行施工时，必须作为重点严加控制。

10. 质量不稳定、不合格率较高的工程产品

通过质量数据统计，表明质量波动、不合格率较高的产品或工艺，也应作为质量控制点设置。

11. 特殊土地基和特种结构

对湿陷性黄土、膨胀土、红黏土等特殊土地基的处理和大跨度结构、高耸结构等技术难度大的施工环节和重要部位，更应特别控制。

12. 施工工法

施工工法中对质量产生重大影响的问题，如升板法施工中提升差的控制问题，建筑物倾斜和热转问题，大模板施工中模板的稳定和组装问题等，均是质量控制的重点。

三、建筑工程施工项目质量的预控

建筑工程施工项目质量的预控是针对所设置的质量控制点或分项、分部工程，事先分析在施工中可能产生的隐患而提出相应的对策，采取质量预控措施，以免在施工过程中发生质量问题。

1. 灌注桩质量预控

（1）可能产生的隐患　灌注桩可能产生的质量隐患包括缩颈、堵管、断桩、孔斜、钢筋笼上浮、沉渣超厚、混凝土强度达不到设计要求等。

（2）质量预控的措施

① 择优确定桩基础施工单位。

② 督促施工单位在桩孔开钻前及开钻后，对钻机认真进行整平，以防孔斜超限。

③ 随时抽查混凝土原材料质量，混凝土配合比应试配，经审查后方可进行施工。

④ 督促施工单位每桩测定混凝土坍落度两次，每 3～5m 测一次混凝土浇筑高度，混凝土坍落度不小于 50～70mm。

⑤ 混凝土强度规定按新标准评定，按时向有关部门报送评定结果。

⑥ 掌握泥浆密度（1.1～1.2）和灌注速度，防止管子上浮。

⑦ 发生缩颈、堵管现象时，应随时进行处理。

2. 钢筋焊接质量预控

（1）可能产生的隐患

① 焊接接头偏心弯折。

② 焊条规格长度不符合要求。

③ 焊缝长度、宽度、厚度不符合要求。

④ 气压焊锻粗面尺寸不符合规定。

⑤ 凹陷、焊瘤、裂纹、烧伤、咬边、气孔、夹渣等缺陷。

（2）质量预控的措施

① 检查焊工有无合格证，禁止无证上岗。

② 焊工正式施焊前，必须按规定进行焊接工艺试验。

③ 每批钢筋焊完后，施工单位应自检并按规定取样进行力学性能试验。

④ 对气焊应用时间不长、缺乏经验的焊工应先进行培训。

⑤ 质检人员检查焊接质量时，应同时检查焊条型号。

3. 模板质量预控

（1）可能产生的隐患

① 轴线、标高偏差。

② 模板断面尺寸偏差。

③ 模板刚度不够，支撑不牢或沉陷。

④ 预留孔中心线位移，尺寸不准。

⑤ 预埋件中心线位移。

（2）质量预控的措施

① 绘制关键性轴线控制图，每层复查轴线标高一次，垂直度以经纬仪检查控制。

② 绘制预留、预埋图，施工时进行抽查，看预留、预埋是否符合要求。

③ 回填土分层夯实，支撑下面应根据荷载大小进行地基验算、加设垫。

④ 重要模板要经设计计算，保证有足够的强度和刚度。

⑤ 模板尺寸偏差按规范要求检查验收。

四、施工过程中的质量检查

在施工过程中，施工单位是否按照技术交底、施工图样、技术操作规程和质量标准的要求实施，直接影响工程产品的质量。

1. 施工操作质量的巡视检查

有些质量问题由于操作不当所致，也有些操作不符合规程要求的工程质量，虽然表面上似乎影响不大，却隐藏着潜在的危害。所以，在施工过程中，必须注意加强对操作质量的巡视检查，对违章操作、不符合质量要求的，要及时纠正，以防患于未然。

2. 工序质量交接检查

工序质量交接检查，指前道工序质量经检查签证认可后，才能移交给下一道工序。这样一环扣一环、环环不放松，整个施工过程的质量就能得到有力的保障。

3. 隐蔽验收检查

隐蔽验收检查，是指将被其它工序施工所隐蔽的分项、分部工程，在隐蔽前所进行的检查验收。如基础施工前对地基质量的检查，基坑回填土前对基础质量的检查，混凝土浇筑前对钢筋、模板工程的质量检查等。实践证明，坚持隐蔽验收检查，是防止隐患、避免质量事故的重要措施。隐蔽工程验收后，要办理隐蔽签证手续，并列入工程档案。

4. 施工预检

预检是指工程在未施工前所进行的预先检查。预检是确保工程质量，防止可能发生偏差，造成重大质量事故的有力措施。质量检查人员对下列项目要特别进行预检、复核。

（1）建筑工程位置。检查标准轴线桩和水平桩。

（2）基础工程。检查轴线、标高、预留孔洞、预埋件的位置。

（3）砌体工程。检查墙身轴线、楼房标高、砂浆配合比以及预留孔洞的位置尺寸。

（4）钢筋混凝土工程。检查模板尺寸、标高、支撑预埋件、预留孔等，检查钢筋型号、规格、数量、锚固长度、保护层等，检查混凝土的配合比、外加剂、养护条件等。

（5）主要管线。检查标高、位置、坡度和管线的综合布置。

（6）预制构件安装。检查构件安装位置、构件型号、支撑长度和标高。

（7）电气工程。检查变电、配电位置，高低压进出口方向，电缆沟位置、标高、送电方向。

预检后要办理预控手续，未经预检或预检不合格，不得进行下一道工序施工。隐蔽签证手续，列入工程档案。

复习思考题

1. 简述建设工程施工项目质量控制的原则。

2. 现场质量检查的方法有哪些？

3. 影响施工项目质量的因素有哪些？

4. 施工过程中的质量检查有哪些内容？

 **第二章** 建筑工程施工质量验收统一标准

学习内容

1. 《建筑工程施工质量验收统一标准》编制的指导思想和适用范围；
2. 《建筑工程施工质量验收统一标准》的主要内容和编制依据；
3. 建筑工程施工质量验收术语和基本规定；
4. 建筑工程质量验收的划分；
5. 建筑工程质量验收。

知识目标

1. 了解《建筑工程施工质量验收统一标准》编制的指导思想，熟悉其适用范围；
2. 熟悉《建筑工程施工质量验收统一标准》的主要内容和编制依据；
3. 了解建筑工程施工质量验收术语，掌握建筑工程施工质量验收的基本规定；
4. 掌握分项工程、分部工程和单位工程的划分方法；
5. 掌握检验批、分项工程、分部工程和单位工程的验收标准，熟悉建筑工程质量验收程序和组织。

能力目标

1. 能够知道《建筑工程施工质量验收统一标准》的适用对象；
2. 能够知道各专业验收规范的组成内容；
3. 能够知道建筑工程施工质量验收的基本规定；
4. 会划分分项工程、分部工程和单位工程；
5. 依据专业验收规范的规定，会组织进行检验批、分项工程、分部工程和单位工程施工质量的验收。

第一节　《建筑工程施工质量验收统一标准》 编制的指导思想和适用范围

一、《建筑工程施工质量验收统一标准》编制的指导思想

1. 验评分离

验评分离是将原验评标准中的质量检验与质量评定的内容分开，将原施工及验收规范中

的施工工艺和质量验收的内容分开，将验评标准中的质量检验与施工规范中的质量验收衔接，形成工程质量验收规范。原施工及验收规范中的施工工艺部分作为企业标准，或行业推荐性标准；原验评标准中的评定部分，主要是为企业操作工艺水平进行评价，可作为行业推荐标准，为社会及企业的创优评价提供依据。

2. 强化验收

强化验收是将原施工规范中的验收部分与原验评标准中的质量检验内容合并起来，形成一个完整的工程质量验收规范，作为强制性标准，是建设工程必须完成的最低质量标准，是施工单位必须达到的施工质量标准，也是建设单位验收工程质量所必须遵守的规定。其规定的质量指标都必须达到。强化验收主要体现以下几个方面。

（1）强制性标准；

（2）只设合格一个质量等级；

（3）强化质量指标都必须达到规定的指标；

（4）增加检测项目。

验评分离、强化验收示意图如图 2-1 所示。

图 2-1 验评分离、强化验收示意图

3. 完善手段

完善手段主要是加强质量指标的科学检测，提高质量指标的量化程度。完善手段主要在以下三个方面的检测得到了改进。

（1）完善材料、设备的检测；

（2）改进了施工阶段的施工试验；

（3）开发了竣工工程的取样抽测项目，减少或避免人为因素的干扰和主观评价不确定性的影响。

4. 过程控制

工程质量验收是在施工全过程控制的基础上进行的。过程控制主要体现在以下几方面。

（1）建立过程控制的各项制度；

（2）在基本规定中，设置控制的要求，强化中间控制和合格控制，强调施工必须有操作依据，并提出了综合施工质量水平的考核，作为质量验收的要求。

验收统一标准强调检验批、分项工程、分部工程、单位工程的验收，其实就是强调了过程控制的指导思想。

二、《建筑工程施工质量验收统一标准》的适用范围

《建筑工程施工质量验收统一标准》（以下简称"统一标准"）的适用范围是建筑工程施工质量的验收，不包括设计和使用权中的质量问题。建筑工程施工质量的验收涉及地基基础、主体结构、装饰工程、屋面工程，以及给排水及采暖工程、通风与空调工程建筑电气工

程、智能建筑工程、建筑节能工程、电梯工程等十个分部工程。另外，还包括弱电部分，即智能建筑。由于协调得不及时，暂时还没有把房屋中的燃气管道工程包括进来。

第二节　"统一标准"的主要内容和编制依据

一、"统一标准"的主要内容

2.1　标准的级别与种类

规定了房屋建筑工程各专业工程施工质量验收规范编制的统一准则。对检验批的划分、分项、分部（子分部）、单位（子单位）工程的划分，质量指标的设置和要求，验收组织和验收程序等做出了原则性要求。

规定了单位工程（子单位工程）的验收。建筑工程施工质量验收规范体系的系列标准中，包括了"统一标准"，又包括各专业工程质量验收规范，按照工程质量验收的内容、程序共同来完成一个单位（子单位）工程质量验收。

二、"统一标准"编制的依据

"统一标准"编制的主要依据有《中华人民共和国建筑法》《建筑工程质量管理条例》《建筑结构可靠度设计统一标准》以及其它有关设计规范的规定，同时，"统一标准"强调各专业验收规范必须与"统一标准"配套使用。

《建筑工程施工质量验收统一标准》（GB 50300—2013）

《建筑地基基础工程施工质量验收标准》（GB 50202—2018）

《砌体结构工程施工质量验收规范》（GB 50203—2011）

《混凝土结构工程施工质量验收规范》（GB 50204—2015）

《钢结构工程施工质量验收规范》（GB 50205—2001）

《木结构工程施工质量验收规范》（GB 50206—2012）

《屋面工程质量验收规范》（GB 50207—2012）

《地下防水工程施工质量验收规范》（GB 50208—2011）

《建筑地面工程施工质量验收规范》（GB 50209—2010）

《建筑装饰装修工程质量验收规范》（GB 50210—2018）

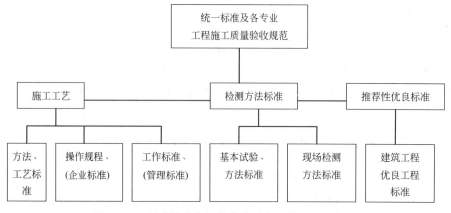

图 2-2　工程质量验收规范支持平台（体系）示意图

《建筑给水排水及采暖工程施工质量验收规范》（GB 50242—2002）

《通风与空调工程施工质量验收规范》（GB 50243—2016）

《建筑电气工程施工质量验收规范》（GB 50303—2015）

《智能建筑工程施工质量验收规范》（GB 50339—2013）

《建筑物防雷工程施工与质量验收规范》（GB 50601—2010）

《电梯工程施工质量验收规范》（GB 50310—2002）

《建筑节能工程施工质量验收规范》（GB 50411—2007）

工程质量验收规范支持平台如图 2-2 所示。

第三节　建筑工程施工质量验收术语和基本规定

一、验收术语

"统一标准"给出了 17 个术语。术语的含义是从标准的角度赋予的。理解含义，有利于正确掌握本系列各专业施工质量验收规范的运用。

1. 建筑工程

通过对各类房屋建筑及其附属设施的建造和与其配套线路、管道、设备等的安装所形成的工程实体。

2. 检验

对被检验项目的特征、性能进行量测、检查、试验等，并将结果与标准规定的要求进行比较，以确定项目每项性能是否合格的活动。

3. 进场检验

对进入施工现场的建筑材料、构配件、设备及器具，按相关标准的要求进行检验，并对其质量、规格及型号等是否符合要求做出确认的活动。

4. 见证检验

施工单位在工程监理单位或建设单位的见证下，按照有关规定从施工现场随机抽取试样，送至具备相应资质的检测机构进行检验的活动。

5. 复验

建筑材料、设备等进入施工现场后，在外观质量检查和质量证明文件核查符合要求的基础上，按照有关规定从施工现场抽取试样送至试验室进行检验的活动。

6. 检验批

按相同的生产条件或按规定的方式汇总起来供抽样检验用的，由一定数量样本组成的检验体。

7. 验收

建筑工程质量在施工单位自行检查合格的基础上，由工程质量验收责任方组织，工程建设相关单位参加，对检验批、分项、分部、单位工程及其隐蔽工程的质量进行抽样检验，对技术文件进行审核，并根据设计文件和相关标准以书面形式对工程质量是否达到合格做出确认。

8. 主控项目

建筑工程中对安全、节能、环境保护和主要使用功能起决定性作用的检验项目。

9. 一般项目

除主控项目以外的检验项目。

10. 抽样方案

根据检验项目的特性所确定的抽样数量和方法。

11. 计数检验

通过确定抽样样本中不合格的个体数量，对样本总体质量做出判定的检验方法。

12. 计量检验

以抽样样本的检测数据计算总体均值、特征值或推定值，并以此判断或评估总体质量的检验方法。

13. 错判概率

合格批被判为不合格批的概率，即合格批被拒收的概率，用 α 表示。

14. 漏判概率

不合格批被判为合格批的概率，即不合格批被误收的概率，用 β 表示。

15. 观感质量

通过观察和必要的测试所反映的工程外在质量和功能状态。

16. 返修

对施工质量不符合规定的部位采取的整修等措施。

17. 返工

对施工质量不符合规定的部位采取的更换、重新制作、重新施工等措施。

二、基本规定

"统一标准"的基本规定，主要在四个方面对工程质量的验收进行了基本的要求和规定。

1. 对施工企业现场管理的要求

建筑工程施工单位应建立必要的质量责任制度，对建筑工程施工的质量管理体系提出了较全面的要求，建筑工程的质量控制应为全过程的控制。

施工单位应推行生产控制和合格控制的全过程质量控制，应建立健全的生产控制和合格控制的质量管理体系。这里不仅包括原材料控制、工艺流程控制、施工操作控制，每道工序质量检查、各道相关工序间的交接检验以及专业工种之间等中间交接环节的质量管理和控制要求，还应包括满足施工图设计和功能要求的抽样检验制度等。施工单位还应通过内部的审核与管理者的评审，找出质量管理体系中存在的问题和薄弱环节，并制订改正的措施和跟踪检查落实等措施，使单位的质量管理体系健全和完善，是该施工单位不断提高建筑工程施工质量的保证。

同时，施工单位应重视综合质量控制水平，应从施工技术、管理制度、工程质量控制和工程质量等方面制订对施工企业综合质量控制水平的指标，以达到提高整体素质和经济效益，施工现场质量管理可按表 2-1 的要求进行检查记录。

施工现场质量管理记录应由施工单位填写，总监理工程师或建设单位项目负责人进行检查，并作出检查结论。

2. 对施工过程（工序）质量控制的要求

（1）建筑工程采用的主要材料、半成品、成品、建筑构配件、器具和设备应进行现场验收。凡涉及安全、功能的有关产品，应按各专业工程质量验收规范规定进行复验，并应经监

表 2-1　施工现场质量管理检查记录　　　　　　　　　　开工日期：

工程名称			施工许可证号		
建设单位			项目负责人		
设计单位			项目负责人		
监理单位			总监理工程师		
施工单位		项目负责人		项目技术负责人	
序号	项 目		主 要 内 容		
1	项目部质量管理体系				
2	现场质量责任制				
3	主要专业工种操作岗位证书				
4	分包单位管理制度				
5	图纸会审记录				
6	地质勘察资料				
7	施工技术标准				
8	施工组织技计、施工方案编制及审批				
9	物资采购管理制度				
10	施工设施和机械设备管理制度				
11	计量设备配备				
12	检测试验管理制度				
13	工程质量检查验收制度				
14					
自检结果：			检查结论：		
施工单位项目负责人：　　　年　月　日			总监理工程师：　　　年　月　日		

理工程师（建设单位技术负责人）检查认可。

（2）各工序应按施工质量验收规范进行质量控制，每道工序完成后，应进行检查。

（3）相关各专业工种之间，应进行交接检验，并形成记录。未经监理工程师（建设单位技术负责人）检查认可，不得进行下道工序施工。

3. 对建筑工程施工质量验收的要求

"统一标准"对建筑工程施工质量验收作出了强制性要求，必须严格执行，以确保质量验收的质量。

（1）建筑工程施工质量应符合"统一标准"和相关专业验收规范的规定。

（2）建设工程施工应符合工程勘察、设计文件的要求。

（3）参加工程施工质量验收的各方人员应具备规定的资格。

（4）工程质量的验收均应在施工单位自行检查评定的基础上进行。

（5）隐蔽工程在隐蔽前由施工单位通知有关单位进行验收，并应形成验收文件。

（6）涉及结构安全的试块、试件以及有关材料，应按规定进行见证取样检测。

（7）检验批的质量应按主控项目和一般项目验收。

（8）对涉及结构安全和使用功能的重要分部工程应进行抽样检测。

（9）承担见证取样检测及有关结构安全检测的单位应具有相应资质。

（10）工程的观感质量应由验收人员通过现场检查，并应共同确认。

4. 对见证取样检测的要求

见证取样检测，是保证建筑工程质量检测工作的科学性、准确性和公正性，加强工程质量管理的重要举措。建设部［2000］211号文"关于印发《房屋建筑工程和市政基础设施工程实施见证取样和送检的规定》的通知"，对检验的范围、数量、程序作了具体规定。

（1）送检测的范围

① 用于承重结构的混凝土试块。

② 用于承重墙体的砌筑砂浆试块。

③ 用于承重结构的钢筋及连接接头的试件。

④ 用于承重墙的砖和混凝土小型砌块。

⑤ 用于拌制混凝土和砌筑砂浆的水泥。

⑥ 用于承重结构的混凝土中使用的掺加剂。

⑦ 地下、屋面、厕浴间使用的防水材料。

⑧ 国家规定必须实行见证取样和送检的其它试块、试件和材料。

（2）送检测的数量

① 见证取样和送检的比例不得低于有关技术标准和规定应取样数量的30%。

② 检验批的质量应按主控项目和一般项目验收。

③ 对涉及结构安全和使用功能的重要分部工程应进行抽样检测。

④ 承担见证取样检测及有关结构安全检测的单位应具有相应资质。

⑤ 工程的观感质量应由验收人员通过现场检查，并应共同确认。

（3）对检验批的验收提出了抽样方案的建议，抽样方案的选择应根据检验项目的特点进行选择，选择的方案有：

① 计量、计数或计量-计数等抽样方案。

② 一次、两次或多次抽样方案。

③ 根据生产连续性和生产控制稳定性情况，尚可采用调整型抽样方案。

④ 对重要的检验项目当可采用简易快速的检验方法时，可选用全数检验方案。

⑤ 经实践检验有效的抽样方案。

（4）在制定检验批的抽样方案时，生产方风险（或错判概率 α）和使用方风险（或漏判概率 β），按下列规定采取。

① 主控项目。对应于合格质量水平 α、β 不宜超过5%。

② 一般项目。对应于合格质量水平 α 不宜超过5%，β 不宜超过10%。

第四节　建筑工程质量验收的划分

建筑工程一般施工周期较长，从开工到竣工交付使用，要经过若干工序、若干专业工种的共同配合，故工程质量合格与否，取决于各工序和各专业工种的质量。为确保工程竣工质量达到合格的标准，就有必要把工程项目进行细化，划分为分项工程、分部工程、单位工程进行质量管理和控制。分项工程是建筑工程的最小单位，也是质量管理的基本单元。但作为施工质量验收的最小单位是检验批，把分项工程划分成检验批进行验收，有助于及时纠正施工中出现的质量问题，确保工程质量，也符合施工的需要。

一、分项工程的划分

分项工程的划分应按主要工种、材料、施工工艺、设备类别等进行划分。如按工种划分的有瓦工的砖砌体工程、木工的模板工程、油漆工的涂饰工程；如按材料划分的砌体结构工程中，可分为砖砌体、混凝土小型空心砖块砌体、填充墙砌体、配筋砖砌体工程；如在设备安装工程中，室内给水系统可划分为给水管道及配件安装、室内消火栓系统安装、给水设备安装、管道防腐、绝热等分项工程。

分项工程已在各专业规范中全部列出，没有再划分的必要。也可以说，分项工程的划分，实质上是检验批的划分。

关于分项工程中检验批的划分，可按如下原则确定。

（1）工程量较少的分项工程可统一划为一个检验批，地基基础分部工程中的分项工程一般划为一个检验批，安装工程一般按一个设计系统或设备组别划分为一个检验批，室外工程统一划为一个检验批。

（2）多层及高层建筑工程中主体分部的分项工程可按楼层或施工段划分检验批。

（3）单层建筑工程中的分项工程可按变形缝划分检验批。

（4）有地下层的基础工程可按不同地下层划分检验批。

（5）屋面分部工程中的分项工程可按不同楼层屋面划分不同的检验批。

（6）其它分部工程中的分项工程一般按楼层划分检验批。

（7）排水、台阶、明沟等工程含在地面检验批中。

有的分项工程由一个或若干个名称相同的检验批组成，如砖砌体分项工程、屋面找平层分项工程。也有的分项工程由若干个名称不相同的检验批组成，如钢筋分项工程由原材料、钢筋加工、钢筋连接和钢筋安装四个名称不同的检验批组成；混凝土分项工程由原材料、配合比设计和混凝土施工三个检验批组成。

二、分部工程的划分

分部工程是汇总一个阶段分项工程的总量。分部工程的质量，完全取决于分项工程的质量。分部工程的划分按下列原则确定：

（1）按专业性质、建筑部位确定　建筑工程（构筑物）是由土建工程和建筑设备安装工程共同组成的。建筑工程可分为地基与基础、主体结构、建筑装饰装修、建筑屋面、建筑给水排水及采暖、通风与空调建筑电气、智能建筑、建筑节能、电梯等十个分部工程。

（2）当分部工程较大或较复杂时，可按材料种类、施工特点、施工程序、专业系统及类别等划分为若干子分部工程。

随着人们对建筑物的使用功能要求越来越高，建筑物相同部位的设计多样化，建筑物内部设施的多样化，按专业性质、建筑部位来划分分部工程已远远不能适应发展的要求，为了便于施工质量管理和验收，将施工内容和施工方法相近的分项工程，划分为同一个子分部工程。

建筑工程分部（子分部）工程、分项工程划分见表 2-2。

表 2-2　建筑工程分部（子分部）工程、分项工程划分

序号	分部工程	子分部工程	分项工程
1	地基与基础	地基	素土、灰土地基，砂和砂石地基，土工合成材料地基，粉煤灰地基，强夯地基，注浆地基，预压地基，砂石桩复合地基，高压旋喷注浆地基，水泥土搅拌桩地基，土和灰土挤密桩复合地基，水泥粉煤灰碎石桩复合地基，夯实水泥土桩复合地基
		基础	无筋扩展基础，钢筋混凝土扩展基础，筏形与箱形基础，钢结构基础，钢管混凝土结构基础，型钢混凝土结构基础，钢筋混凝土预制桩基础，泥浆护壁成孔灌注桩基础，干作业成孔桩基础，长螺旋钻孔灌桩基础，沉管灌注桩基础，钢桩基础，锚杆静压桩基础，岩石锚杆桩基础，沉井与沉箱基础
		基坑支护	灌注桩排桩围护墙，板桩围护墙，咬合桩围护墙，型钢水泥土搅拌墙，土钉墙，地下连续墙，水泥土重力式挡墙，内支撑，锚杆，与主体结构相结合的基坑支护
		地下水控制	降水与排水，回灌
		土方	土方开挖，土方回填，场地平整
		边坡	喷锚支护，挡土墙，边坡开挖
		地下防水	主体结构防水，细部构造防水，特殊施工法结构防水，排水，注浆
2	主体结构	混凝土结构	模板，钢筋，混凝土，预应力，现浇结构，装配式结构
		砌体结构	砖砌体，混凝土小型空心砌块砌体，石砌体，配筋砌体，填充墙砌体
		钢结构	钢结构焊接，紧固件连接，钢零部件加工，钢构件组装及预拼装，单层钢结构安装，多层及高层钢结构安装，钢管结构安装，预应力钢索和膜结构，压型金属板，防腐涂料涂装，防水涂料涂装
		钢管混凝土结构	构件现场拼装，构件安装，柱与混凝土梁连接，钢管内钢筋骨架，钢管内混凝土浇筑
		型钢混凝土结构	型钢焊接，紧固件连接，型钢与钢筋连接，型钢构件组装及预拼装，型钢安装，模板，混凝土
		铝合金结构	铝合金焊接，紧固件连接，铝合金零部件加工，铝合金构件组装，铝合金构件预拼装，铝合金框架结构安装，铝合金空间网格结构安装，铝合金面板，铝合金幕墙结构安装，防腐处理
		木结构	方木和原木结构，胶合木结构，轻型木结构，木结构防护
3	建筑装饰装修	建筑地面	基层铺设，整体面层铺设，板块面层铺设，木、竹面层铺设
		抹灰	一般抹灰，保温层薄抹灰，装饰抹灰，清水砌体勾缝
		外墙防水	外墙砂浆防水，涂膜防水，透气膜防水
		门窗	木门窗安装，金属门窗安装，塑料门窗安装，特种门安装，门窗玻璃安装
		吊顶	整体面层吊顶，板块面层吊顶，格栅吊顶
		轻质隔墙	板材隔墙，骨架隔墙，活动隔墙，玻璃隔墙
		饰面板	石板安装，陶瓷板安装，木板安装，金属板安装，塑料板安装
		饰面砖	外墙饰面砖粘贴，内墙饰面砖粘贴
		幕墙	玻璃幕墙安装，金属幕墙安装，石材幕墙安装，陶板幕墙安装
		涂饰	水性涂料涂饰，溶剂型涂料涂饰，美术涂饰
		裱糊与软包	裱糊，软包
		细部	橱柜制作与安装，窗帘盒和窗台板制作与安装，门窗套制作与安装，护栏和扶手制作与安装，花饰制作与安装

续表

序号	分部工程	子分部工程	分项工程
4	屋面	基层与保护	找坡层和找平层,隔汽层,隔离层,保护层
		保温与隔热	板状材料保温层,纤维材料保温层,喷涂硬泡聚氨酯保温层,现浇泡沫混凝土保温层,种植隔热层,架空隔热层,蓄水隔热层
		防水与密封	卷材防水层,涂膜防水层,复合防水层,接缝密封防水
		瓦面与板面	烧结瓦和混凝土瓦铺装,沥青瓦铺装,金属板铺装,玻璃采光顶铺装
		细部构造	檐口,檐沟和天沟,女儿墙和山墙,水落口,变形缝,伸出屋面管道,屋面出入口,反梁过水孔,设施基座,屋脊,屋顶窗
5	建筑给水排水及供暖	室内给水系统	给水管道及配件安装,给水设备安装,室内消火栓系统安装,消防喷淋系统安装,防腐,绝热,管道冲洗,消毒,试验与调试
		室内排水系统	排水管道及配件安装,雨水管道及配件安装,防腐,试验与测试
		室内热水系统	管道及配件安装,辅助设备安装,防腐,绝热,试验与调试
		卫生器具	卫生器具安装,卫生器具给水配件安装,卫生器具排水管道安装,试验与调试
		室内供暖系统	管道及配件安装,辅助设备安装,散热器安装,低温热水地板辐射供暖系统安装,电加热供暖系统安装,燃气红外辐射供暖系统安装,热风供暖系统安装,热计量及调控装置安装,试验与调试,防腐,绝热
		室外给水管网	给水管道安装,室外消火栓系统安装,试验与调试
		室外排水管网	排水管道安装,排水管沟与井池,试验与调试
		室外供热管网	管道及配件安装,系统水压试验,系统调试,防腐,绝热,试验与调试
		室外二次供热管网	管道及配管安装,土建结构,防腐,绝热,试验与调试
		建筑饮用水供应系统	管道及配件安装,水处理设备及控制设施安装,防腐,绝热,试验与调试
		建筑中水系统及雨水利用系统	建筑中水系统,雨水利用系统管道及配件安装,水处理设备及控制设施安装,防腐,绝热,试验与调试
		游泳池及公共浴池水系统	管道及配件系统安装,水处理设备及控制设施安装,防腐,绝热,试验与调试
		水景喷泉系统	管道系统及配件安装,防腐,绝热,试验与调试
		热源及辅助设施	锅炉安装,辅助设备及管道安装,安全附件安装,换热站安装,防腐,绝热,试验与调试
		监测与控制仪表	检测仪器及仪表安装,试验与调试
6	通风与空调	送风系统	风管与配件制作,部件制作,风管系统安装,风机与空气处理设备安装,风管与设备防腐,系统调试,旋流风口、岗位送风口、织物(布)风管安装
		排风系统	风管与配件制作,部件制作,风管系统安装,风机与空气处理设备安装,风管与设备防腐,系统调试,吸风罩及其它空气处理设备安装,厨房、卫生间排风系统安装
		防排烟系统	风管与配件制作,部件制作,风管系统安装,风机与空气处理设备安装,风管与设备防腐,系统调试,排烟风阀(口)、常闭正压风口、防火风管安装
		除尘系统	风管与配件制作,部件制作,风管系统安装,风机与空气处理设备安装,风管与设备防腐,系统调试,除尘器与排污设备安装,吸尘罩安装,高温风管绝热
		舒适性空调系统	风管与配件制作,部件制作,风管系统安装,风机与空气处理设备安装,风管与设备防腐,系统调试,组合式空调机组安装,消声器、静电除尘器、换热器、紫外线灭菌器等设备安装,风机盘管,VAV与UFAD地板送风装置、射流喷口等末端设备安装,风管与设备绝热
		恒温恒湿空调系统	风管与配件制作,部件制作,风管系统安装,风机与空气处理设备安装,风管与设备防腐,系统调试,组合式空调机组安装,电加热器、加湿器等设备安装,精密调机组安装,风管与设备绝热
		净化空调系统	风管与配件制作,部件制作,风管系统安装,风机与空气处理设备安装,风管与设备防腐,系统调试,净化空调机组安装,消声器、静电除尘器、换热器、紫外线灭菌器等设备安装,中、高效过滤器及风机过滤器单元(FFU)等末端设备清洗与安装,洁净度测试,风管与设备绝热

序号	分部工程	子分部工程	分项工程
6	通风与空调	地下人防通风系统	风管与配件制作,部件制作,风管系统安装,风机与空气处理设备安装,风管与设备防腐,系统调试,风机与空气处理设备安装,过滤吸收器、防爆波活门,防爆超压排气活门等专用设备安装
		真空吸尘系统	风管与配件制作,部件制作,风管系统安装,风机与空气处理设备安装,风管与设备防腐,管道安装,快速接口安装,风机与滤尘设备安装,系统压力试验及调试
		冷凝水系统	管道系统及部件安装,水泵及附属设备安装,管道、设备防腐与绝热,管道冲洗与管内防腐,系统灌水渗漏及排放试验
		空调(冷、热)水系统	管道系统及部件安装,水泵及附属设备安装,管道、设备防腐与绝热,管道冲洗与管内防腐,系统压力试验及调试,板式热交换器,辐射板及辐射供热、供冷地埋管,热泵机组设备安装
		冷却水系统	管道系统及部件安装,水泵及附属设备安装,管道、设备防腐与绝热,管道冲洗与管内防腐,系统压力试验及调试,冷却塔与水处理设备安装,防冻伴热设备安装
		土壤源热泵换热系统	管道系统及部件安装,水泵及附属设备安装,管道、设备防腐与绝热,管道冲洗与管内防腐,系统压力试验及调试,埋地换热系统与管网安装
		水源热泵换热系统	管道系统及部件安装,水泵及附属设备安装,管道、设备防腐与绝热,管道冲洗与管内防腐,系统压力试验及调试,地表水源换热管及管网安装,除垢设备安装
		蓄能系统	管道系统及部件安装,水泵及附属设备安装,管道、设备防腐与绝热,管道冲洗与管内防腐,系统压力试验及调试,蓄水罐与蓄冰槽、罐安装
		压缩式制冷(热)设备系统	制冷机组及附属设备安装,管道、设备防腐与绝热,系统压力试验及调试,制冷剂管道及部件安装,制冷剂灌注
		吸收式制冷设备系统	制冷机组及附属设备安装,管道、设备防腐与绝热,试验及调试,系统真空试验,溴化锂溶液加灌,蒸汽管道系统安装,燃气或燃油设备安装
		多联机(热泵)空调系统	室外机组安装,室内机组安装,制冷剂管路连接及控制开关安装,风管安装,冷凝水管道安装,制冷剂灌注,系统压力试验及调试
		太阳能供暖空调系统	太阳能集热器安装,其它辅助能源、换热设备安装,蓄能水箱,管道及配件安装,系统压力试验及调试,防腐,绝热,低温热水地板辐射采暖系统安装
		设备自控系统	温度、压力与流量传感器安装,执行机构安装调试,防排烟系统功能测试,自动控制及系统智能控制软件调试
7	建筑电气	室外电气	变压器、箱式变电所安装,成套配电柜、控制柜(屏、台)和动力、照明配电箱(盘)及控制柜安装,梯架、托盘和槽盒安装,导管敷设,电缆敷设,管内穿线和槽盒内敷线,电缆头制作,导线连接,线路绝缘测试,普通灯具安装,专用灯具安装,建筑照明通电试运行,接地装置安装
		变配电室	变压器、箱式变电所安装,成套配电柜、控制柜(屏、台)和动力、照明配电箱(盘)安装,母线槽安装,梯架、托盘和槽盒安装,电缆敷设,电缆头制作,导线连接,线路电气试验,接地装置安装,接地干线敷设
		供电干线	电气设备试验和试运行,母线槽安装,梯架、托盘和槽盒安装,导管敷设,电缆敷设,管内穿线和槽盒内敷线,电缆头制作,导线连接,线路绝缘测试,接地干线敷设
		电气动力	成套配电柜、控制柜(屏、台)和动力、照明配电箱(盘)安装,电动机、电加热器及电动执行机构检查接线,电气设备试验和试运行,梯架、托盘和槽盒安装,导管敷设,电缆敷设,管内穿线和槽盒内敷线,电缆头制作,导线连接,线路绝缘测试,开关、插座、风扇安装
		电气照明	成套配电柜、控制柜(屏、台)和动力、照明配电箱(盘)安装,梯架、托盘和槽盒安装,导管敷设,管内穿线和槽盒内敷线,塑料护套线直敷布线,钢索配线,电缆头制作,导线连接,线路绝缘测试,普通灯具安装,专用灯具安装,开关、插座、风扇安装,建筑照明通电试运行
		备用和不间断电源	成套配电柜、控制柜(屏、台)和动力、照明配电箱(盘)安装,柴油发电机组安装,不间断电源装置(UPS)及应急电源装置(EPS)安装,母线槽安装,导管敷设,电缆敷设,管内穿线和槽盒内敷线,电缆头制作、导线连接,线路绝缘测试,接地装置安装
		防雷及接地	接地装置安装,避雷引下线及接闪器安装,建筑物等电位连接

续表

序号	分部工程	子分部工程	分项工程
8	智能建筑	智能化集成系统	设备安装,软件安装,接口及系统调试,试运行
		信息接入系统	安装场地检查
		用户电话交换系统	线缆敷设,设备安装,软件安装,接口及系统调试,试运行
		信息网络系统	计算机网络设备安装,计算机网络软件安装,网络安全设备安装,网络安全软件安装,系统调试,试运行
		综合布线系统	梯架、托盘、槽盒和导管安装,线缆敷设,机柜、机架、配线架安装,信息插座安装,链路或信道测试,软件安装,系统调试,试运行
		移动通信室内信号覆盖系统	安装场地检查
		卫星通信系统	安装场地检查
		有线电视及卫星电视接收系统	梯架、托盘、槽盒和导管安装,线缆敷设,设备安装,软件安装,系统调试,试运行
		公共广播系统	梯架、托盘、槽盒和导管安装,线缆敷设,设备安装,软件安装,系统调试,试运行
		会议系统	梯架、托盘、槽盒和导管安装,线缆敷设,设备安装,软件安装,系统调试,试运行
		信息导引及发布系统	梯架、托盘、槽盒和导管安装,线缆敷设,显示设备安装,机房设备安装,软件安装,系统调试,试运行
		时钟系统	梯架、托盘、槽盒和导管安装,线缆敷设,设备安装,软件安装,系统调试,试运行
		信息化应用系统	梯架、托盘、槽盒和导管安装,线缆敷设,设备安装,软件安装,系统调试,试运行
		建筑设备监控系统	梯架、托盘、槽盒和导管安装,线缆敷设,传感器安装,执行器安装,控制器、箱安装,中央管理工作站和操作分站设备安装,软件安装,系统调试,试运行
		火灾自动报警系统	梯架、托盘、槽盒和导管安装,线缆敷设,探测器类设备安装,控制器类设备安装,其它设备安装,软件安装,系统调试,试运行
		安全技术防范系统	梯架、托盘、槽盒和导管安装,线缆敷设,设备安装,软件安装,系统调试,试运行
		应急响应系统	设备安装,软件安装,系统调试,试运行
		机房	供配电系统,防雷与接地系统,空气调节系统,给水排水系统,综合布线系统,监控与安全防范系统,消防系统,室内装饰装修,电脑屏蔽,系统调试,试运行
		防雷与接地	接地装置,接地线,等电位联接,屏蔽设施,电涌保护器,线缆敷设,系统调试,试运行
9	建筑节能	围护系统节能	墙体节能,幕墙节能,门窗节能,屋面节能,地面节能
		供暖空调设备及管网节能	供暖节能,通风与空调设备节能,空调与供暖系统冷热源节能,空调与供暖系统管网节能
		电气动力节能	配电节能,照明节能
		监控系统节能	监测系统节能,控制系统节能
		可再生能源	地源热泵系统节能,太阳能光热系统节能,太阳能光伏节能
10	电梯	电力驱动的曳引式或强制式电梯	设备进场验收,土建交接检验,驱动主机,导轨,门系统,轿厢,对重,安全部件,悬挂装置,随行电缆,补偿装置,电气装置,整机安装
		液压电梯	设备进场验收,土建交接检验,液压系统,导轨,门系统,轿厢,对重,安全部件,悬挂装置,随行电缆,电气装置,整机安装
		自动扶梯、自动人行道	设备进场验收,土建交接检验,整机安装

三、单位工程的划分

单位工程的划分按下列原则确定。

(1) 具备独立施工条件并能形成独立使用功能的建筑物及构筑物为一个单位工程。建筑物及构筑物是由建筑工程和建筑设备安装工程共同组成。如住宅小区建筑群中的一栋住宅楼，学校建筑群中的一栋教学楼、办公楼等。单位工程由十个分部组成：地基与基础、主体结构、建筑装饰装修、建筑屋面四个分部为建筑工程；建筑给水、排水与采暖，建筑电气，智能建筑，通风与空调，建筑节能，电梯六个分部为建筑设备安装工程。但在单位工程中，不一定都有十个分部，如多层的一般民用住宅楼没有电梯分部。

(2) 建筑规模较大的单位工程，可将其能形成独立使用功能的部分为一个子单位工程。改革开放以来，经济的发展和施工技术的进步，单体工程的建筑规模越来越大，综合使用功能越来越多，在施工过程中，受多种因素的影响，如后期建设资金缺口、部分停建缓建，这种情况时有发生，为发挥投资效益，常需要将其中一部分已建成的提前使用，再加之建筑规模特别大的建筑物，进行一次性检验难以实施，显然根据第 1 条作为划分原则，已不能适应当前的实际情况，为确保工程质量，又利于强化验收，故作了如下修改：划分子单位工程。

子单位工程的划分，必须具有独立施工条件和独立的使用功能，如某商厦大楼，裙楼已建成、主楼暂缓建，可将裙楼作为子单位工程进行质量验收。子单位工程的划分，由建设单位、监理单位、施工单位自行商议确定。

(3) 室外单位（子单位）工程、分部工程的划分。室外单位（子单位）工程、分部工程的划分，可根据专业类别和工程规模进行划分。室外单位（子单位）工程、分部工程的划分见表 2-3。

表 2-3　室外单位（子单位）工程、分部工程的划分

单位工程	子单位工程	分部工程
室外设施	道路	路基,基层,面层,广场与停车场,人行道,人行地道,挡土墙,附属构筑物
	边坡	土石方,挡土墙,支护
附属建筑及室外环境	附属建筑	车棚,围墙,大门,挡土墙
	室外环境	建筑小品,亭台,水景,连廊,花坛,场坪绿化,景观桥

第五节　建筑工程质量验收

一、检验批的验收

检验批是分项工程中的最小基本单元，是分项工程质量验收的基础。检验批质量验收合格应符合下列规定。

(1) 主控项目的质量经抽样检验均应合格。

(2) 一般项目的质量经抽样检验合格。当采用计数抽样时，合格点率应符合有关专业验收规范的规定，且不得存在严重缺陷。

(3) 具有完整的施工操作依据、质量检查记录。

1. 主控项目

主控项目是保证工程安全和使用功能的重要检验项目，是对安全、卫生、环境保护和公众利益起决定性作用的检验项目，是确定该检验批主要性能的检验项目。如果主控项目达不到规定的质量指标，降低要求就相当于降低该工程项目的性能指标，就会严重影响工程的安全性能；如果提高主控项目的要求就等于提高性能指标，就会增加工程造价。如混凝土、砂浆的强度等级是保证混凝土结构、砌体工程强度的重要性能，所以必须全部达到要求。

主控项目的验收包括以下主要内容。

（1）重要材料、构件及配件、成品及半成品、设备性能及附件的材质、技术性能等。检查出厂证明及试验数据，如水泥、钢材的质量；预制楼板、墙板、门窗等构配件的质量；风机等设备的质量。检查出厂证明，其技术数据、项目应符合有关技术标准规定。

（2）结构的强度、刚度和稳定性等检验数据、工程性能的检测。如混凝土、砂浆的强度；钢结构的焊缝强度；管道的压力试验；风管的系统测定与调整；电气的绝缘、接地测试；电梯的安全保护、试运转结果等。检查测试记录，其数据及项目要符合设计要求和本验收规范规定。

（3）一些重要的允许有偏差的项目，必须控制在允许偏差限值之内。

（4）对一些有龄期的检测项目，在其龄期不到，不能提供数据时，可先将其它检验项目先检验，并根据施工现场的质量保证和控制情况，暂时验收该项目，待检测数据出来后，再填入数据。如果数据达不到规定数值，以及对一些材料、构配件质量及工程性能的测试数据有疑问时，应进行复试、鉴定及实地检验。

2. 一般项目

一般项目是除主控项目以外的检验项目，虽不像主控项目那样重要，但对工程安全、使用功能及美观都是有较大影响的。这些项目在验收时，绝大多数抽查点（件）的质量指标都必须达到要求，有的专业质量验收规范容许有 20% 的抽查点（件）可以超过规定值，但不能超过规定值的 150%。

一般项目的验收包括内容主要有以下几项。

（1）允许有一定偏差的项目可以放在一般项目中进行验收，若标准用数据规定，可以有一定的偏差范围，即容许 20% 以内的检查点可以出现偏差，但偏差值不能超过规定值的 150%。

（2）对不能确定偏差值而又允许出现一定缺陷的项目，则以缺陷的数量来区分。如砖砌体预埋拉结筋，其留置间距偏差；混凝土钢筋露筋，露出一定长度等。

（3）一些无法定量的而采用定性的项目，如碎拼大理石地面颜色协调，无明显裂缝和坑洼；油漆工程中，中级油漆的光亮和光滑项目；卫生器具给水配件安装项目，接口严密，启闭部分灵活；管道接口项目，无外露油麻等。这些靠监理工程师来掌握。

检验批质量验收记录见表 2-4。

检验批的质量验收记录由施工项目专业质量检查员填写，监理工程师或建设单位项目专业技术负责人组织项目专业质量检查员等进行验收。

二、分项工程的验收

分项工程是由若干个检验批组成的。分项工程的验收是在检验批的基础上进行的。检验批的检验的汇总资料，就能反映分项工程的质量，故只要构成分项工程的各检验批验收资料

表 2-4 　 ____检验批质量验收记录　　　　　　　编号：____

单位(子单位)工程名称			分部(子分部)工程名称			分项工程名称	
施工单位			项目负责人			检验批容量	
分包单位			分包单位项目负责人			检验批部位	
施工依据					验收依据		

		验收项目	设计要求及规范规定	最小/实际抽样数量	检查记录	检查结果
主控项目	1					
	2					
	3					
	4					
	5					
	6					
	7					
	8					
	9					
	10					
一般项目	1					
	2					
	3					
	4					
	5					
施工单位检查结果			专业工长： 项目专业质量检查员： 　　　　　　　年　　月　　日			
监理单位验收结论			专业监理工程师： 　　　　　　　年　　月　　日			

完整，而均已验收合格，则分项工程验收合格。分项工程质量验收合格应符合下列规定。

（1）分项工程所含的检验批均应符合质量合格的规定。

（2）分项工程所含的检验批的质量验收记录完整。

分项工程质量验收记录见表 2-5。

分项工程质量应由监理工程师或建设单位项目专业技术负责人组织项目专业技术负责人等进行验收。

三、分部工程的验收

分部工程是由若干个分项工程构成的。分部工程验收是在分项工程验收的基础上进行的，这种关系类似检验批与分项工程的关系，都具有相同或相近的性质。故分项工程验收合格且有完整的质量控制资料，是检验分部工程合格的前提。

表 2-5 ___分项工程质量验收记录　　　　　　　　　　编号：___

单位(子单位) 工程名称			分部(子分部) 工程名称		
分项工程数量			检验批数量		
施工单位			项目负责人		项目技术 负责人
分包单位			分包单位 项目负责人		分包内容

序号	检验批 名称	检验批 容量	部位/区段	施工单位检查结果	监理单位验收结论
1					
2					
3					
4					
5					
6					
7					
8					
9					
10					
11					
12					
13					
14					
15					

说明：

施工单位 检查结果	项目专业技术负责人： 　　　年　月　日
监理单位 验收结论	专业监理工程师： 　　　年　月　日

分部工程质量验收应符合下列规定。

（1）所含分项工程的质量均应验收合格。

（2）质量控制资料完整。

（3）有关安全及功能的检验和抽样检测结果符合相关规定。

（4）观感质量验收符合要求。

分部（子分部）工程质量验收记录见表 2-6。

表 2-6 ＿＿＿分部（子分部）工程质量验收记录 编号：＿＿＿

单位(子单位) 工程名称		子分部工程 数量		分项工程 数量	
施工单位		项目负责人		技术(质量) 负责人	
分包单位		分包单位 负责人		分包内容	

序号	子分部 工程名称	分项工程 名称	检验批 数量	施工单位检查结果	监理单位验收结论
1					
2					
3					
4					
5					
6					
	质量控制资料				
	安全和功能检验结果				
	观感质量检验结果				
综合验收结论					

施工单位 项目负责人： 年 月 日	勘察单位 项目负责人： 年 月 日	设计单位 项目负责人： 年 月 日	监理单位 总监理工程师： 年 月 日

注：1. 地基与基础分部工程的验收应由施工、勘察、设计单位项目负责人和总监理工程师参加并签字。

2. 主体结构、节能分部工程的验收应由施工、设计单位项目负责人和总监理工程师参加并签字。

分部（子分部）工程质量应由总监理工程师（建设单位项目专业负责人）组织施工项目经理和有关勘察、设计单位项目负责人进行验收。

四、单位（子单位）工程的验收

单位（子单位）工程质量验收，是工程建设最终的质量验收，也称竣工验收，是全面检验工程建设是否符合设计要求和施工技术标准的最终质量验收。

单位（子单位）工程是由若干个分部工程构成的。单位（子单位）工程验收合格的前提是资料完整及构成单位工程各分部工程的质量必须达到合格。

对涉及安全和使用功能分部工程的检验资料要进行复检、全面检查其完整性，不得有漏检缺项。

对分部工程检验时补充进行的见证抽样检验报告也要进行复核。

对主要使用功能还要进行抽查。对主要功能的综合检验质量，应由验收的各方人员商定按有关专业工程施工质量验收规范进行。

建筑工程观感质量的检查，由参加验收的各方共同参加，最后共同确定是否予以验收通过。

单位工程质量竣工验收记录见表 2-7。

表 2-7　单位工程质量竣工验收记录

工程名称		结构类型		层数/建筑面积	
施工单位		技术负责人		开工日期	
项目负责人		项目技术负责人		完工日期	
序号	项　目	验收记录		验收结论	
1	分部工程验收	共　　分部，经查符合设计及标准规定　　分部			
2	质量控制资料核查	共　　项，经核查符合规定　　项			
3	安全和使用功能核查及抽查结果	共核查　　项，符合规定　　项，共抽查　　项，符合规定　　项，经返工处理符合规定　　项			
4	观感质量验收	共抽查　　项，达到"好"和"一般"的　　项，经返修处理符合要求的　　项			
综合验收结论					

参加验收单位	建设单位	监理单位	施工单位	设计单位	勘察单位
	（公章）项目负责人：　年　月　日	（公章）总监理工程师：　年　月　日	（公章）项目负责人：　年　月　日	（公章）项目负责人：　年　月　日	（公章）项目负责人：　年　月　日

注：单位工程验收时，验收签字人员应由相应单位的法人代表书面授权。

表 2-7 为单位工程质量验收汇总总表。由施工单位填写，验收结论由监理（建设）单位填写，综合验收结论由参加验收各方共同商定，由建设单位填写。填写的内容应对工程质量是否符合设计和规范要求及总体质量水平做出评价。

配合汇总表配套使用的还有单位工程质量控制资料核查记录（表 2-8）、单位工程安全和功能检验资料核查及主要功能抽查记录（表 2-9）、单位工程观感质量检查记录（表 2-10）。

单位工程质量验收合格应符合以下规定：

（1）单位工程所含分部工程的质量均验收合格。

（2）质量控制资料完整。

（3）单位工程所含分部工程有关安全、节能、环境保护和主要使用功能的检测资料应完整。

（4）主要功能项目的抽查结果符合相关专业质量验收规范的规定。

（5）观感质量验收符合要求。

表 2-8　单位工程质量控制资料核查记录

工程名称				施工单位				
序号	项目	资料名称	份数	施工单位		监理单位		
				核查意见	核查人	核查意见	核查人	
1	建筑与结构	图纸会审记录、设计变更通知单、工程洽商记录						
2		工程定位测量、放线记录						
3		原材料出厂合格证书及进场检验、试验报告						
4		施工试验报告及见证检测报告						
5		隐蔽工程验收记录						
6		施工记录						
7		地基、基础、主体结构检验及抽样检测资料						
8		分项、分部工程质量验收记录						
9		工程质量事故调查处理资料						
10		新技术论证、备案及施工记录						
11								
1	给水排水与采暖	图纸会审记录、设计变更通知单、工程洽商记录						
2		原材料出厂合格证书及进场检验、试验报告						
3		管道、设备强度试验、严密性试验记录				·		
4		隐蔽工程验收记录						
5		系统清洗、灌水、通水、通球试验记录						
6		施工记录						
7		分项、分部工程质量验收记录						
8		新技术论证、备案及施工记录						
9								
1	通风与空调	图纸会审记录、设计变更通知单、工程洽商记录				·		
2		原材料出厂合格证书及进场检验、试验报告						
3		制冷、空调、水管道强度试验、严密性试验记录						
4		隐蔽工程验收记录						
5		制冷设备运行调试记录						
6		通风、空调系统调试记录						
7		施工记录						
8		分项、分部工程质量验收记录						
9		新技术论证、备案及施工记录						
10		·						

续表

工程名称			施工单位					
序号	项目	资料名称	份数	施工单位		监理单位		
				核查意见	核查人	核查意见	核查人	
1	建筑电气	图纸会审记录、设计变更通知单、工程洽商记录						
2		原材料出厂合格证书及进场检验、试验报告						
3		设备调试记录						
4		接地、绝缘电阻测试记录						
5		隐蔽工程验收记录						
6		施工记录						
7		分项、分部工程质量验收记录						
8		新技术论证、备案及施工记录						
9								
1	建筑智能化	图纸会审记录、设计变更通知单、工程洽商记录						
2		原材料出厂合格证书及进场检验、试验报告						
3		隐蔽工程验收记录						
4		施工记录						
5		系统功能测定及设备调试记录						
6		系统技术、操作和维护手册						
7		系统管理、操作人员培训记录						
8		系统检测报告						
9		分项、分部工程质量验收记录						
10		新技术论证、备案及施工记录						
11								
1	建筑节能	图纸会审记录、设计变更通知单、工程洽商记录						
2		原材料出厂合格证书及进场检验、试验报告						
3		隐蔽工程验收记录						
4		施工记录						
5		外墙、外窗节能检验报告						
6		设备系统节能检测报告						
7		分项、分部工程质量验收记录						
8		新技术论证、备案及施工记录						
9								
1	电梯	图纸会审记录、设计变更通知单、工程洽商记录						
2		设备出厂合格证书及开箱检验记录						
3		隐蔽工程验收记录						
4		施工记录						
5		接地、绝缘电阻试验记录						
6		负荷试验、安全装置检查记录						
7		分项、分部工程质量验收记录						
8		新技术论证、备案及施工记录						
9								

结论：

施工单位项目负责人：　　　　　　　　　　　总监理工程师：

　　　　　　　　　　年　月　日　　　　　　　　　　　　　年　月　日

表 2-9　单位工程安全和功能检验资料核查及主要功能抽查记录

工程名称				施工单位				
序号	项目	安全和功能检查项目			份数	核查意见	抽查结果	核查(抽查)人
1	建筑与结构	地基承载力检验报告						
2		桩基承载力检验报告						
3		混凝土强度试验报告						
4		砂浆强度试验报告						
5		主体结构尺寸、位置抽查记录						
6		建筑物垂直度、标高、全高测量记录						
7		屋面淋水或蓄水试验记录						
8		地下室渗漏水检验记录						
9		有防水要求的地面蓄水试验记录						
10		抽气(风)道检查记录						
11		外窗气密性、水密性、耐风压检测报告						
12		幕墙气密性、水密性、耐风压检测报告						
13		建筑物沉降观测测量记录						
14		节能、保温测试记录						
15		室内环境检测报告						
16		土壤氡气浓度检测报告						
17								
1	给排水与供暖	给水管道细水试验记录						
2		暖气管道、散热器压力试验记录						
3		卫生器具满水试验记录						
4		消防管道、燃气管道压力试验记录						
5		排水干管通球试验记录						
6								
1	通风与空调	通风、空调系统试运行记录						
2		风量、温度测试记录						
3		空气能量回收装置测试记录						
4		洁净室洁净度测试记录						
5		制冷机组试运行调试记录						
6								
1	电气	照明全负荷试验记录						
2		大型灯具牢固性试验记录						
3		避雷接地电阻测试记录						
4		线路、插座、开关接地检验记录						
5								
1	智能建筑	系统试运行记录						
2		系统电源及接地检测报告						
3								

续表

工程名称				施工单位			
序号	项目	安全和功能检查项目		份数	核查意见	抽查结果	核查(抽查)人
1	建筑节能	外墙节能构造检查记录或热工性能检验报告					
2		设备系统节能性能检查记录					
3							
1	电梯	运行记录					
2		安全装置检测报告					
3							

结论：

施工单位项目负责人：　　　　　　　总监理工程师：

　　　　　　年　月　日　　　　　　　　　　年　月　日

注：抽查项目由验收组协商确定。

表 2-10　单位工程观感质量检查记录

工程名称			施工单位	
序号		项目	抽查质量状况	质量评价
1	建筑与结构	主体结构外观	共检查　点,好　点,一般　点,差　点	
2		室外墙面	共检查　点,好　点,一般　点,差　点	
3		变形缝、雨水管	共检查　点,好　点,一般　点,差　点	
4		屋面	共检查　点,好　点,一般　点,差　点	
5		室内墙面	共检查　点,好　点,一般　点,差　点	
6		室内顶棚	共检查　点,好　点,一般　点,差　点	
7		室内地面	共检查　点,好　点,一般　点,差　点	
8		楼梯、踏步、护栏	共检查　点,好　点,一般　点,差　点	
9		门窗	共检查　点,好　点,一般　点,差　点	
10		雨罩、台阶、坡道、散水	共检查　点,好　点,一般　点,差　点	
1	给排水与供暖	管道接口、坡度、支架	共检查　点,好　点,一般　点,差　点	
2		卫生器具、支架、阀门	共检查　点,好　点,一般　点,差　点	
3		检查口、扫除口、地漏	共检查　点,好　点,一般　点,差　点	
4		散热器、支架	共检查　点,好　点,一般　点,差　点	

续表

序号	项 目		抽查质量状况	质量评价
	工程名称		施工单位	
1	通风与空调	风管、支架	共检查 点,好 点,一般 点,差 点	
2		风口、风阀	共检查 点,好 点,一般 点,差 点	
3		风机、空调设备	共检查 点,好 点,一般 点,差 点	
4		阀门、支架	共检查 点,好 点,一般 点,差 点	
5		水泵、冷却塔	共检查 点,好 点,一般 点,差 点	
6		绝热	共检查 点,好 点,一般 点,差 点	
1	建筑电气	配电箱、盘、板、接线盒	共检查 点,好 点,一般 点,差 点	
2		设备器具、开关、插座	共检查 点,好 点,一般 点,差 点	
3		防雷、接地、防火	共检查 点,好 点,一般 点,差 点	
4				
1	智能建筑	机房设备安装及布局	共检查 点,好 点,一般 点,差 点	
2		现场设备安装	共检查 点,好 点,一般 点,差 点	
1	电梯	运行、平层、开关门	共检查 点,好 点,一般 点,差 点	
2		层门、信号系统	共检查 点,好 点,一般 点,差 点	
3		机房	共检查 点,好 点,一般 点,差 点	
观感质量综合评价				

结论:

施工单位项目负责人:　　　　　　　　　　总监理工程师:

　　　　　　　　　　年　月　日　　　　　　　　　　　　　年　月　日

注:1. 对质量评价为差的项目应进行返修;

2. 观感质量现场检查原始记录应作为本表附件。

2.2 质量验收不合格的处理程序

单位(子单位)工程的质量验收,是工程动用前质量最后的一道把关。对单位工程进行资料、主要功能、外观等全面检查,一是保证质量检验质量,二是保证工程质量,故把上述五条列为强制性条文。

各相关专业质量验收规范是用于对检验批、分项、分部(子分部)工程检验的。"统一标准"用于对单位工程质量验收,是一个统计性的审核和综合性的评价。如建筑工程的综合性使用功能(如室内环境检测、屋面淋水或蓄水检测、智能建筑系统运行)、建筑物全高垂直高度、上下窗口位置偏移及一些线角顺直等,只有在单位工程终检时,掌握得更准确。

五、质量验收不符合要求的处理

当检验批、分项工程质量不符合要求时,通常应该在检验批质量验收过程中发现,对不符合要求的工程要进行分析，找出哪个或哪几个项目达不到质量标准的规定。其中包括检验批的主控项目、一般项目有哪些检查结果不符合标准规定，影响到结构的安全。造成不符合规定的原因很多，有操作技术方面的，也有管理不善方面的，还有材料质量方面的。因此，一旦发现工程质量任何一项不符合规定时，必须及时组织有关人员，查找分析原因，并按有关技术管理规定，通过有关方面共同商量，制定补救方案，及时进行处理。经处理后的工程，再确定其质量是否可通过验收。

（1）经返工重做或更换器具、设备的检验批应重新进行验收。

返工重做包括全部或局部推倒重来及更换器具、设备等的处理，处理或更换后应重新按程序进行验收。如某住宅楼一层砌砖，验收时发现砖的强度等级为 MU5，达不到设计要求的 MU10，推倒后重新使用 MU10 砖砌筑，其砖砌工程的质量，应重新按程序进行验收。

重新验收质量时，要对该项目工程按规定，重新抽样、选点、检查和验收，重新填检验批质量验收记录表。

（2）经有资质的检测单位检测鉴定能够达到设计要求的检验批，应予以验收。

这种情况多是某项质量指标达不到规范要求，多数是指留置的试块失去代表性，或因故缺少试块的情况，以及试块试验报告缺少某项有关主要内容，也包括对试块或试验结果报告有怀疑时，经有资质的检测机构，对工程进行检验测试。其测试结果证明，该检验批的工程质量能够达到原设计要求的。这种情况应按正常情况给予验收。

（3）经有资质的检测单位检测鉴定达不到设计要求、但经原设计单位核算认可能够满足结构安全和使用功能的检验批，可予以验收。

这种情况与第二种情况一样，多是某项质量指标达不到规范的要求，多数也是指留置的试块失去代表性或是因故缺少试块的情况，也许试块试验报告有缺陷，不能有效证明该项工程的质量情况，或是对该试验报告有怀疑时，要求对工程实体质量进行检测。经有资质的检测单位检测鉴定达不到设计要求，但这种数据距达到设计要求的差距不大，经过原设计单位进行验算，认为仍可满足结构安全和使用功能，可不进行加固补强。由设计单位出具正式的认可证明，由注册结构工程师签字，并加盖单位公章。由设计单位承担质量责任。因为设计责任就是设计单位负责，出具认可证明，也在其质量责任范围内，可进行验收。

以上三种情况都应视为是符合规范规定质量合格的工程。只是管理上出现了一些不正常的情况，使资料证明不了工程实体质量，经过补办一定的检测手续，证明质量是达到了设计要求，给予通过验收是符合规范要求的。

（4）经返修或加固处理的分项工程、分部工程，虽改变外形尺寸但仍能满足安全使用要求，可按技术处理方案和协商文件进行验收。

这种情况多数是某项质量指标达不到验收规范的要求，如同第二、第三种情况，经过有资质的检测单位检测鉴定达不到设计要求，由其设计单位经过验算，也认为达不到设计要求。经过验算和事故分析，找出了事故原因，分清了质量责任。同时，经过建设单位、施工单位、监理单位、设计单位等协商，同意进行加固补强，并协商好加固费用的来源及加固后的验收等事宜，由原设计单位出具加固技术方案，通常由原施工单位进行加固，虽然改变了个别建筑构件的外形尺寸，或留下永久性缺陷，包括改变工程的用途在内，应按协商文件验收，也是有条件的验收，由责任方承担经济损失或赔偿等。

（5）通过返修或加固处理仍不能满足安全使用要求的分部工程、单位（子单位）工程，严禁验收。

在对分部工程、单位（子单位）工程进行质量鉴定之后，加固补强技术方案制订之前，就能直接判断出，使用加固处理效果不好，或是费用太大不值得加固处理，或是经加固处理仍不能保证使用安全，应坚决拆除。

六、建筑工程质量验收程序和组织

1. 检验批及分项工程验收

检验批及分项工程应由监理工程师（建设单位项目技术负责人）组织施工单位项目专业质量（技术）负责人等进行验收。

2. 分部工程验收

分部（子分部）工程应由总监理工程师（建设单位项目负责人）组织施工单位项目负责人和技术、质量负责人等进行验收；涉及地基与基础、主体结构分部工程的验收，则勘察、设计单位工程项目负责人和施工单位技术、质量部门负责人也应参加相关分部工程的验收。

3. 单位工程验收

单位工程完工后，施工单位应自行组织有关人员进行检查评定，并向建设单位提交工程验收报告。

建设单位收到工程验收报告后，应由建设单位（项目）负责人组织施工（含分包单位）、设计、监理等单位（项目）负责人进行单位（子单位）工程验收。

单位工程有分包单位施工时，分包单位对所承包的工程项目应按本标准规定的程序检查评定，总包单位应派人参加。分包工程完成后，应将工程的有关资料交总包单位。

当参加验收各方对工程质量验收意见不一致时，可请当地建设行政主管部门或工程质量监督机构协调处理。

单位工程质量验收合格后，建设单位应在规定时间内将工程竣工验收报告和有关文件，报建设行政管理部门备案。

复习思考题

1. 《建筑工程施工质量验收统一标准》编制的指导思想是什么？
2. 《建筑工程施工质量验收统一标准》主要包括哪几个方面的内容？
3. 什么是见证取样检测？
4. 建筑工程质量的含义是什么？
5. 对施工过程（工序）质量控制的要求有哪些内容？
6. 单位（子单位）工程施工质量验收合格有哪些规定？
7. 划分子单位工程进行质量验收的意义是什么？
8. 施工质量验收不符合要求的处理原则是什么？
9. 对工程施工质量验收程序有何规定？

第三章　建筑地基与基础工程施工质量验收

→ ≫

学习内容

1. 灰土地基工程；
2. 混凝土预制桩；
3. 钢筋混凝土灌注桩；
4. 土方工程。

知识目标

1. 掌握灰土地基工程施工过程质量控制，熟悉分项工程质量验收标准；
2. 掌握混凝土预制桩施工过程质量控制，熟悉分项工程质量验收标准；
3. 掌握钢筋混凝土灌注桩施工过程质量控制，熟悉分项工程质量验收标准；
4. 掌握土方工程施工过程质量控制，熟悉分项工程质量验收标准。

能力目标

1. 能够对灰土地基分项工程进行验收；
2. 能够对混凝土预制桩分项工程进行验收；
3. 能够对钢筋混凝土灌注桩分项工程进行验收；
4. 能够对土方分项工程进行验收。

第一节　灰土地基工程

一、施工过程质量控制

（1）基坑（槽）在铺灰土前必须先行钎探验槽，并按设计和勘探部门的要求处理完地基，办完隐检手续。

（2）当地下水位高于基坑（槽）底时，施工前应采取排水或降低底下水位的措施，使地下水位经常保持在施工面以下 0.5m 左右，在 3 日内不得受水浸泡。

（3）施工前应根据工程特点、设计压实系数，土料种类、施工条件等，合理确定土料含水量控制范围，铺灰土的厚度和夯打遍数等参数。重要的灰土填方参数应通过压实实验来确定。

（4）分段施工时，不得在墙角、柱基及承重窗间墙下接缝，上下两层的接缝距离不得小于 500mm，接缝处应夯压密实。

（5）灰土在施工前应充分拌匀，控制含水量，一般最优含水量为 16％左右，如水分过多或不足时，应晾干或洒水湿润。在现场可按经验直接判断，方法是：手握灰土成团，两指轻捏即碎，这时即可判定灰土达到最优含水量。

（6）灰土垫层应选用平碾和羊足碾、轻型夯实机及压路机，分层填铺夯实。每层虚铺厚度可见表 3-1。

表 3-1　灰土最大虚铺厚度

夯实机具种类	重量/t	虚铺厚度/mm	备　注
石夯、木夯	0.04～0.08	200～250	人力送夯，落距 400～500mm，一夯压半夯，夯实后 80～100mm
轻型夯实机械	0.12～0.4	200～250	蛙式打夯机、柴油打夯机，夯实后 100～150mm 厚
压路机	6～10	200～300	双轮

（7）灰土应当日铺填夯压，入槽（坑）的灰土不得隔日夯打，如刚铺筑完毕或尚未夯实的灰土遭雨淋浸泡时，应将积水及松软灰土挖去并填补夯实，受浸泡的灰土，应晾干后再夯打密实。

（8）垫层施工完后，应及时修建基础并回填基坑，或临时遮盖防止日晒雨淋，夯实后的灰土 12 日内不得受水浸泡。

（9）冬期施工，必须在基层不冻的状态下进行，土料应覆盖保温，不得使用夹有冻土及冰块的土料，施工完的垫层应加盖塑料面或草袋保温。

二、分项工程质量验收标准

灰土地基分项质量验收标准见表 3-2。

表 3-2　灰土地基分项质量验收标准

项目	序号	检查项目	允许偏差或允许值		检查方法
			单位	数值	
主控项目	1	地基承载力	不小于设计值		静载试验
	2	配合比	设计值		按拌和时的体积比
	3	压实系数	不小于设计值		环刀法
一般项目	1	石灰粒径	mm	≤5	筛析法
	2	土料有机质含量	％	≤5	灼烧减量法
	3	土颗粒粒径	mm	≤15	筛析法
	4	含水量	最优含水量±2％		烘干法
	5	分层厚度偏差	mm	±50	水准测量

1. 主控项目

（1）地基承载力。由设计提出要求，在施工结束后，一定时间后进行灰土地基的承载力检验。其结果必须不小于设计值。

① 检验方法　因各地设计单位的习惯、经验等不同，选用标贯、静力触探及十字板剪

切强度或承载力检验等方法，按设计指定方法检验。其结果必须达到设计要求的标准。

②检验数量　每300m² 不应少于1点，超过3000m² 部分每500m² 不应少于1点。每单位工程不应少于3点。

（2）配合比。土料、石灰或水泥材料质量配合比用体积比拌和均匀，应符合设计要求；观察检查，必要时检查材料试验报告。

（3）压实系数。首先检查分层铺设的厚度，分段施工时，上下两层搭接的长度，夯实时的加水量，夯实遍数。按规定检测压实系数，结果符合设计要求。检查施工记录。

2. 一般项目

（1）石灰粒径。检查筛子及实施情况。

（2）土料有机质含量。检查灼烧试验报告。

（3）土颗粒粒径。检查筛子及实施情况。

（4）含水量。观察检查现场和检查烘干报告。

（5）分层厚度偏差。用水准仪插扦配合分层全数控制。

第二节　混凝土预制桩

一、混凝土预制桩施工过程控制

1. 混凝土预制桩的作业条件

（1）桩基的轴线和标高均已测定完毕，并经过检查办了预检手续。桩基的轴线和高程的控制桩，应设置在不受打桩影响的地点，并应妥善加以保护。

（2）处理完高空和地下的障碍物。如影响邻近建筑物或构筑物的使用或安全时，应会同有关单位采取有效措施，予以处理。

（3）根据轴线放出桩位线，用木橛或钢筋头钉好桩位，并用白灰作标志。

（4）场地应碾压平整，排水畅通，保证桩机的移动和稳定垂直。

（5）打试验桩。施工前必须打试验桩，其数量不少于2根。确定贯入度并校验打桩设备、施工工艺以及技术措施是否适宜。

（6）要选择和确定打桩机进出路线和打桩顺序，制订施工方案，做好技术交底。

2. 就位桩机

打桩机就位时，要对准桩位，保证垂直稳定，在施工中不发生倾斜、移动。

3. 起吊预制桩

先拴好吊桩用的钢丝绳和索具，然后用索具捆住桩上端吊环附近处，一般不超过30cm，再启动机器起吊预制桩，使桩尖垂直对准桩位中心，缓缓放下插入土中，位置要准确；再在桩顶扣好桩帽或桩箍，即可除去索具。

4. 稳桩

桩尖插入桩位后，先用较小的落距冷锤1～2次，桩入土一定深度，再使桩垂直稳定。10m 以内短桩可目测或用线坠双向校正，10m 以上或打接桩必须用线坠或经纬仪双向校正，不得用目测。桩插入时垂直度偏差不得超过0.5%。桩在打入前，要在桩的机面或桩架上设置标尺，以便在施工中观测、记录。

5. 打桩

（1）用落锤或单动锤打桩时，锤的最大落距不能超过 1.0m；用柴油锤打桩时，要使锤跳动正常。

（2）打桩要重锤低击，锤重的选择要根据工程地质条件、桩的类型、结构、密集程度及施工条件来选用。

（3）打桩顺序根据基础的设计标高，先深后浅；依桩的规格要先大后小，先长后短。由于桩的密集程度不同，可自中间向两个方向对称进行或向四周进行；也可由一侧向单一方向进行。

6. 接桩

（1）在桩长不够的情况下，采用焊接接桩，其预制桩表面上的预埋件要清洁，上下节之间的间隙要用铁片垫实焊牢；焊接时，要采取措施，减少焊缝变形；焊缝要连续焊满。

（2）接桩时，一般在距地面 1m 左右时进行。上下桩节的中心线偏差不得大于 10mm，节点折曲矢高不得大于 1‰桩长。

（3）接桩处入土前，要对外露铁件，再次补刷防腐漆。

7. 送桩

设计要求送桩时，送桩的中心线要与桩身吻合一致，才能进行送桩。若桩顶不平，可用麻袋或厚纸垫平。送桩留下的桩孔要立即回填密实。

8. 检查验收

每根桩应达到贯入度的要求，桩尖标高进入持力层接近设计标高时，或打至设计标高时，要进行中间验收。在控制时，一般要求最后三次十锤的平均贯入度，不大于规定的数值或以桩尖打至设计标高来控制，符合设计要求后，填好施工记录。如发现桩位与要求相差较大时，要会同有关单位研究处理，然后移桩机到新桩位。

待全部桩打完后，开挖至设计标高，做最后检查验收，并将技术资料整理完毕提交甲方。

二、分项工程质量验收标准

预制桩质量检验标准应符合表 3-3 至表 3-6 的规定。

表 3-3　锤击预制桩质量检验标准

项目	序号	检查项目	允许值或允许偏差		检查方法
			单位	数值	
主控项目	1	承载力	不小于设计值		静载试验、高应变法等
	2	桩身完整性	—		低应变法
一般项目	1	成品桩质量	表面平整，颜色均匀，掉角深度小于 10mm，蜂窝面积小于总面积的 0.5%		查产品合格证
	2	桩位	见表 3-4		全站仪或用钢尺量
	3	电焊条质量	设计要求		查产品合格证
	4	接桩：焊缝质量	见表 3-5		见表 3-5
		电焊结束后停歇时间	min	≥8(3)	用表计时

续表

项目	序号	检查项目	允许值或允许偏差		检查方法
			单位	数值	
一般项目	4	上下节平面偏差	min	≤10	用钢尺量
		节点弯曲矢高	同桩体弯曲要求		用钢尺量
	5	收锤标准	设计要求		用钢尺量或查沉桩记录
	6	桩顶标高	mm	±50	水准测量
	7	垂直度	≤1/100		经纬仪测量

注：括号中为采用二氧化碳气体保护焊时的数值。

表 3-4 预制桩（钢桩）的桩位允许偏差

序号		检查项目	允许偏差/mm
1	带有基础梁的桩	垂直基础梁的中心线	≤100＋0.01H
		沿基础梁的中心线	≤150＋0.01H
2	承台桩	桩数为 1 根～3 根桩基中的桩	≤100＋0.01H
		桩数大于或等于 4 根桩基中的桩	≤1/2 桩径＋0.01H 或 1/2 边长＋0.01H

注：H 为桩基施工面至设计桩顶的距离（mm）。

表 3-5 电焊接桩焊缝质量检验标准

检查项目		允许偏差	检查方法
电焊接桩焊缝	上下节桩错口 外径≥700mm	≤3mm	用钢尺量
	上下节桩错口 外径≤700mm	≤2mm	用钢尺量
	上下节桩错口 H 型钢桩	≤1mm	用钢尺量
	焊缝咬边深度	≤0.5mm	焊缝检查仪
	焊缝加强层高度	2mm	焊缝检查仪
	焊缝加强层宽度	3mm	焊缝检查仪
	焊缝电焊质量外观	无气孔，无焊瘤，无裂缝	目测法
	焊缝探伤检验	设计要求	超声波或射线探伤

表 3-6 静压预制桩质量检验标准

项目	序号	检查项目	允许值或允许偏差		检查方法
			单位	数值	
主控项目	1	承载力	不小于设计值		静载试验、高应变法等
	2	桩身完整性	—		低应变法
一般项目	1	成品桩质量	见表 3-3		查产品合格证
	2	桩位	见表 3-4		全站仪或用钢尺量
	3	电焊条质量	设计要求		查产品合格证

续表

项目	序号	检查项目	允许值或允许偏差		检查方法
			单位	数值	
一般项目	4	接桩:焊缝质量	见表 3-5		见表 3-5
		电焊结束后停歇时间	min	≥6(3)	用表计时
		上下节平面偏差	mm	≤10	用钢尺量
		节点弯曲矢高	同桩体弯曲要求		用钢尺量
	5	终压标准	设计要求		现场实测或查沉桩记录
	6	桩顶标高	mm	±50	水准测量
	7	垂直度	≤1/100		经纬仪测量
	8	混凝土灌芯	设计要求		查灌注量

注:电焊结束后停歇时间项括号中为采用二氧化碳气体保护焊时的数值。

第三节　钢筋混凝土灌注桩

一、施工过程质量控制

1. 人工成孔灌注桩

（1）作业条件

① 对人工成孔桩孔的井壁支护要根据该地区的土质特点、地下水分布情况，编制切实可行的施工方案，进行井壁支护的计算和设计。

② 开挖前场地完成三通一平。地上、地下的电缆、管线、旧建筑物、设备基础等障碍物均已排除处理完毕。各项临时设施如照明、动力、通风、安全设施准备就绪。

③ 熟悉施工图样及场地的地下土质、水文地质资料，做到心中有数。

④ 按基础平面图，设置桩位轴线、定位点；桩孔四周撒灰线。测定高程水准点。放线工序完成后，办理预检手续。

⑤ 按设计要求分段制作好钢筋笼。

⑥ 全面开挖之前，有选择地先挖两个试验桩孔，分析土质、水文等有关情况，以此修改原编施工方案。

⑦ 在地下水位比较高的区域，先降低地下水位至桩底以下 0.5m 左右。

⑧ 人工挖孔操作的安全至关重要，开挖前对施工人员进行全面的安全技术交底；操作前对吊具进行安全可靠的检查和试验，确保施工安全。

（2）放线定桩位及高程。在场地三通一平的基础上，依据建筑物测量控制网的资料和基础平面布置图，测定桩位轴线方格控制网和高程基准点。确定好桩位中心，以中点为圆心，以桩身半径加护壁厚度为半径画出上部（即第一步）的圆周。撒石灰线作为桩孔开挖尺寸线。桩位线定好之后，必须经有关部门进行复查，办好预检手续后开挖。

（3）开挖第一节桩孔土方。开挖桩孔要从上到下逐层进行，先挖中间部分的土方，然后扩及周边，有效地控制开挖桩孔的截面尺寸。每节的高度要根据土质好坏、操作条件而定，一般 0.9～1.2m 为宜。

（4）支护壁模板附加钢筋

① 为防止桩孔壁坍方，确保安全施工，成孔要设置钢筋混凝土（或混凝土）井圈。当桩孔直径不大，深度较浅而土质又好，地下水位较低的情况下，也可以采用喷射混凝土护壁。护壁的厚度要根据井圈材料、性能、刚度、稳定性、操作方便、构造简单等要求，并按受力状况，以最下面一节所承受的土侧压力和地下水侧压力，通过计算来确定。

② 护壁模板采用拆上节、支下节重复周转使用。模板之间用卡具、扣件连接固定，也可以在每节模板的上下端各设一道圆弧形的用槽钢或角钢做成的内钢圈作为内侧支撑，防止内模因胀力而变形。不设水平支撑，以方便操作。

③ 第一节护壁高出地坪 150～200mm，便于挡土、挡水，桩位轴线和高程均要标定在第一节护壁上口，护壁厚度一般取 100～150mm。

（5）浇筑第一节护壁混凝土。桩孔护壁混凝土每挖完一节以后要立即浇筑混凝土。人工浇筑，人工捣实，混凝土强度一般为 C20，坍落度控制在 80～100mm，确保孔壁的稳定性。

（6）检查桩位（中心）轴线及标高。每节桩孔护壁做好以后，必须将桩位十字轴线和标高测设在护壁的上口，然后用十字线对中，吊线坠向井底投设，以半径尺杆检查孔壁的垂直平整度。随之进行修整，井深必须以基准点为依据，逐根进行引测。保证桩孔轴线位置、标高、截面尺寸满足设计要求。

（7）安装吊桶、照明、活动盖板、水泵和通风机

① 在安装滑轮组及吊桶时，注意使吊桶与桩孔中心位置重合，作为挖土时直观上控制桩位中心和护壁支模的中心线。

② 井底照明必须用低压电源（36V、100W）、防水带罩的安全灯具。桩口上设围护栏。

③ 当桩孔深大于 20m 时，要向井下通风，加强空气对流。必要时输送氧气，防止有毒气体的危害。操作时上下人员轮换作业，桩孔上人员密切注视观察桩孔下人员的情况，互相呼应，切实预防安全事故的发生。

④ 当地下水量不大时，随挖随将泥水用吊桶运出。地下渗水量较大时，吊桶已满足不了排水，先在桩孔底挖集水坑，用高程水泵抽水，边降水边挖土，水泵的规格按抽水量确定。要日夜三班抽水，使水位保持稳定。地下水位较高时，要先采用统一降水的措施，再进行开挖。

⑤ 桩孔口安装水平推移的活动安全盖板，当桩孔内有人挖土时，要掩好安全盖板，防止杂物掉下砸人。无关人员不得靠近桩孔口边。吊运土时，再打开安全盖板。

（8）开挖吊运第二节桩孔土方（修边）。从第二节开始，利用提升设备运土，桩孔内人员要戴好安全帽，地面人员要拴好安全带。吊桶离开孔口上方 1.5m 时，推动活动安全盖板，掩蔽孔口，防止卸土的土块、石块等杂物坠落孔内伤人。吊桶在小推车内卸土后，再打开活动盖板，下放吊桶装土。

桩孔挖至规定的深度后，用支杆检查桩孔的直径及井壁圆弧度，上下要垂直平顺，修整孔壁。

（9）先拆除第一节支第二节护壁模板（放附加钢筋）。护壁模板采用拆上节支下节依次周转使用。模板上口留出高度为 100mm 的混凝土浇筑口，接口处要捣固密实，强度达到 1MPa 时拆模，拆模后用混凝土或砌砖堵严，水泥砂浆抹平。

（10）浇筑第二节护壁混凝土。混凝土用串筒送来，人工浇筑，人工插捣密实。混凝土可由试验室确定掺入早强剂，以加速混凝土的硬化。

（11）检查桩位中心轴线及标高，以桩孔口的定位线为依据，逐节校测。

（12）逐层往下循环作业，将桩孔挖至设计深度，清除虚土，检查土质情况，桩底要支撑在设计所规定的持力层上。

（13）开挖扩底部分。桩底可分为扩底和不扩底两种情况。挖扩底桩要先将扩底部位桩身的圆柱体挖好，再按扩底部位的尺寸、形状自上而下削土扩充成设计图样的要求；如设计无明确要求，扩底直径一般为 $(1.5 \sim 3.0)D$，D 为设计桩径，扩底部位的变径尺寸为 $1:4$。

（14）检查验收。成孔以后必须对桩身直径、扩头尺寸、孔底标高、桩位中线、井壁垂直、虚土厚度进行全面测定，做好施工记录，办理隐蔽验收手续。

（15）吊放钢筋笼。钢筋笼放入前要先绑好砂浆垫块，按设计要求一般为 70mm（钢筋笼四周，在主筋上每隔 $3 \sim 4m$ 设一个 $\phi 20$ 耳环作为定位垫块）；吊放钢筋笼时，要对准孔位，直吊扶稳、缓慢下沉，避免碰撞孔壁。钢筋笼放到设计位置时，要立即固定。遇有两段钢筋笼连接时，要采用双面焊接，接头数按 50% 错开，以确保钢筋位置正确，保护层厚度符合要求。

（16）浇筑桩身混凝土。桩身混凝土可使用粒径不大于 50mm 的石子，坍落度 $80 \sim 100mm$，机械搅拌。用溜槽加串筒向桩孔内浇筑混凝土。混凝土的落差大于 2m，桩孔深度超过 12m 时，要采用混凝土导管浇筑。浇筑混凝土时要连续进行，分层振捣密实。第一步浇筑到扩底部位的顶面，然后浇筑上部混凝土。分层高度按振捣的工具而定但不大于 1.5m。

（17）混凝土浇筑到桩顶时，要适当超过桩顶设计标高，一般可为 $50 \sim 70mm$，以保证在剔除浮浆后，桩顶标高符合设计要求。桩顶上的钢筋插铁一定要保持设计尺寸，垂直插入，并有足够的保护层。

2. 泥浆护壁回转钻孔灌注桩

（1）泥浆的制备和处理

① 除能自行造浆的土层外，泥浆制备要选用高塑性黏土或膨润土。拌制泥浆要根据施工机械、工艺及穿越土层进行配合比设计。

② 泥浆护壁要符合下列规定

a. 施工期间护筒内的泥浆面要高出地下水位 1.0m 以上，在受水位涨落影响时，泥浆面要高出最高水位 1.5m 以上。

b. 在清孔过程中，要不断置换泥浆，直至浇筑混凝土。

c. 浇筑混凝土前，孔底 500mm 以内的泥浆相对密度要小于 1.25，含砂率 $\leqslant 8\%$。

d. 在易产生泥浆渗漏的土层中要采取维持孔壁稳定的措施。

③ 废弃的泥浆、渣要按环境保护的有关规定处理。

（2）下套管（护筒）

① 钻孔深度达到 5m 左右时，提钻下套管，套管内径要大于钻头 100mm。

② 套管位置要埋设正确和稳定，套管与孔壁之间要用黏土填实，套管中心与桩孔中心线偏差不大于 50mm。

③ 套管埋设深度　在黏性土中不小于 1m，在砂土中不小于 1.5m，并要保持孔内泥浆

面高出地下 1m 以上。

（3）孔底清理及排渣

① 在黏土和粉质黏土中成孔时，可注入清水，以原土造浆护壁。排渣泥浆的相对密度控制为 1.1～1.2。

② 在砂土和较厚的夹砂层中成孔时，泥浆相对密度要控制为 1.1～1.3；在穿过砂夹卵石层或容易坍孔的土层中成孔时，泥浆的相对密度要控制为 1.3～1.5。

③ 吊放钢筋笼　钢筋笼放前要绑好砂浆垫块；吊放时要对准孔位，吊直扶稳，缓慢下沉，钢筋笼放到设计位置时，要立即固定，防止上浮。

（4）浇筑混凝土。停止射水后，要立即浇筑混凝土，随着混凝土不断增高，孔内沉渣将浮在混凝土上面，并同泥浆一同排回贮浆槽内。

① 水下浇筑混凝土要连续施工，导管底端埋入混凝土的深度为 0.8～1.3m，导管的第一截底管长度＞14m。

② 混凝土的配制　配合比经试验室试配确定，试配强度比设计强度提高 10%～15%；水灰比不宜大于 0.6；具有良好的和易性，在规定的浇筑期内，坍落度为 16～22cm；在浇筑初期，为使导管下端形成混凝土堆，坍落度宜为 14～16cm；砂率一般为 45%～50%。

3. 质量标准

（1）人工成孔灌注桩（钢筋笼）质量要求

① 主筋间距　±10mm。尺量检查。

② 长度　±100mm。尺量检查。

③ 钢筋材质检验　符合设计要求。检查合格证及检验报告。

④ 箍筋间距　±20mm。尺量检查。

⑤ 直径　±10mm。尺量检查。

（2）灌注桩质量要求

主控项目

① 灌注桩的原材料和混凝土强度必须符合设计要求和施工规范的规定。

② 实际浇筑的混凝土量，严禁小于计算体积。

③ 浇筑混凝土后的桩顶标高及浮浆的处理，必须符合设计要求的施工规范的规定。

一般项目

① 孔底虚土厚度不应超过规定。扩底形状、尺寸符合设计要求。桩底应落在持力土层上，持力层土体不应破坏。

② 灌注桩的桩径、垂直度及桩位偏差必须符合表 3-7 的规定。

表 3-7　灌注桩的桩径、垂直度及桩位允许偏差

序号	成孔方法		桩径允许偏差/mm	垂直度允许偏差	桩位允许偏差/mm
1	泥浆护壁钻孔桩	$D<1000$mm	≥0	≤1/100	≤70+0.01H
		$D≥1000$mm			≤100+0.01H
2	套管成孔灌注桩	$D<500$mm	≥0	≤1/100	≤70+0.01H
		$D≥500$mm			≤100+0.01H

续表

序号	成孔方法	桩径允许偏差/mm	垂直度允许偏差	桩位允许偏差/mm
3	千成孔灌注桩	≥0	≤1/100	≤70+0.01H
4	人工挖孔桩	≥0	≤1/200	≤50+0.005H

注：1. H 为桩基施工面至设计桩顶的距离（mm）；

2. D 为设计桩径（mm）。

4. 成品保护

（1）已挖好的桩孔必须用木板或脚手板、钢筋网片盖好，防止土块、杂物、人员坠落。严禁用草袋、塑料布虚掩。

（2）已挖好的桩孔及时放好钢筋笼，及时浇筑混凝土，间隔时间不得超过 4h，以防坍方。有地下水的桩孔要随挖、随检、随放钢筋笼、随时将混凝土灌好，避免地下水浸泡。

（3）桩孔上口外圈要做好挡土台，防止灌水及掉土。

（4）保护好已成形的钢筋笼，不得扭曲、松动变形。吊入桩孔时，不要碰坏孔壁。串筒要垂直放置防止因混凝土斜向冲击孔壁，破坏护壁土层，造成夹土。

（5）钢筋笼不要被泥浆污染；浇筑混凝土时，在钢筋笼顶部固定牢固，限制钢筋笼上浮。

（6）桩孔混凝土浇筑完毕，要复核桩位和桩顶标高。将桩顶的主筋或插铁扶正，用塑料布或草帘围好，防止混凝土发生收缩、干裂。

（7）施工过程妥善保护好场地的轴线桩、水准点。不得碾压桩头，弯折钢筋。

二、分项工程质量验收标准

干作业成孔灌注桩质量检验标准应符合表 3-8 的规定。泥浆护壁成孔灌注桩质量检验标准见表 3-9。

表 3-8 干作业成孔灌注桩质量检验标准

项目	序号	检查项目	允许值或允许偏差		检查方法
			单位	数值	
主控项目	1	承载力	不小于设计值		静载试验
	2	孔深及孔底土岩性	不小于设计值		测钻杆套管长度或用测绳、检查孔底土岩性报告
	3	桩身完整性	—		钻芯法（大直径嵌岩桩应钻至桩尖下 500mm），低应变法或声波透射法
	4	混凝土强度	不小于设计值		28d 试块强度或钻芯法
	5	桩径	见表 3-7		井径仪或超声波检测，干作业时用钢尺量，人工挖孔桩不包括护壁厚
一般项目	1	桩位	见表 3-7		全站仪或用钢尺量，基坑开挖前量护筒，开挖后量桩中心
	2	垂直度	见表 3-7		经纬仪测量或线锤测量
	3	桩顶标高	mm	+30 −50	水准测量

续表

项目	序号	检查项目		允许值或允许偏差		检查方法
			单位	数值		
一般项目	4	混凝土坍落度	mm	90～150		坍落度仪
	5	钢筋笼质量	主筋间距	mm	±10	用钢尺量
			长度	mm	±100	用钢尺量
			钢筋材质检验	设计要求		抽样送检
			箍筋间距	mm	±20	用钢尺量
			笼直径	mm	±10	用钢尺量

表 3-9　泥浆护壁成孔灌注桩质量检验标准

项目	序号	检查项目		允许值或允许偏差		检查方法
				单位	数值	
主控项目	1	承载力		不小于设计值		静载试验
	2	孔深		不小于设计值		用测绳或井径仪测量
	3	桩身完整性		—		钻芯法,低应变法,声波透射法
	4	混凝土强度		不小于设计值		28d试块强度或钻芯法
	5	嵌岩深度		不小于设计值		取岩样或超前钻孔取样
一般项目	1	垂直度		见表3-7		用超声波或井径仪测量
	2	孔径		见表3-7		用超声波或井径仪测量
	3	桩位		见表3-7		全站仪或用钢尺量开挖前量护筒,开挖后量桩中心
	4	泥浆指标	密度(黏土或砂性土中)	1.10～1.25		用比重计测,清孔后在距孔底500mm处取样
			含砂率	%	≤8	洗砂瓶
			黏度	s	18～28	黏度计
	5	泥浆面标高(高于地下水位)		m	0.5～1.0	目测法
	6	钢筋笼质量	主筋间距	mm	±10	用钢尺量
			长度	mm	±100	用钢尺量
			钢筋材质检验	设计要求		抽样送检
			箍筋间距	mm	±20	用钢尺量
			笼直径	mm	±10	用钢尺量
	7	沉渣厚度	端承桩	mm	≤50	用沉渣仪或重锤测
			摩擦桩	mm	≤150	

续表

项目	序号	检查项目	允许值或允许偏差		检查方法
			单位	数值	
一般项目	8	混凝土坍落度	mm	180～220	坍落度仪
	9	钢筋笼安装深度	mm	+100 0	用钢尺量
	10	混凝土充盈系数	≥1.0		实际灌注量与计算灌注量的比
	11	桩顶标高	mm	+30 -50	水准测量，需扣除桩顶浮浆层及劣质桩体
	12	后注浆	注浆终止条件	注浆量不小于设计要求	查看流量表
				注浆量不小于设计要求80%，且注浆压力达到设计值	查看流量表，检查压力表读数
			水胶比	设计值	实际用水量与水泥等胶凝材料的重量比
	13	扩底桩	扩底直径	不小于设计值	井径仪测量
			扩底高度	不小于设计值	

第四节 土 方 工 程

一、施工过程质量控制

1. 土方开挖工程

（1）土方工程施工前应进行挖、填方的平衡计算，综合考虑土方运距最短、运程合理和各个工程项目的合理施工程序等，做好土方平衡调配，减少重复挖运。

（2）施工区域内及施工区周围的上下障碍物，应做好拆迁处理或防护措施。如建筑物、构筑物、地下管道、电缆、坟墓、树木等。

（3）做好施工场地内机械、运行的道路和排水沟的畅通、牢靠。道路面须高于施工场地地面。

（4）平整场地的表面坡度应符合设计要求，如设计无要求时，排水沟方向的坡度不应少于2‰。平整后的场地表面应逐点检查。检查点为每100m²取1点，但不应少于10点；长度、宽度和边坡均为每20m取1点，每边不应少于1点。

（5）土方开挖一般从上往下分层分段依次进行，随时做成一定的坡势，以利泄水及边坡的稳定。如采用机械挖土，深度在5m内，可一次开挖，在接近设计坑底标高或边坡边界时应预留200～300mm厚的土层，用人工开挖和修坡，边挖边修坡，保证标高符合设计要求。凡挖土标高超深时，不准用松土回填到设计标高，应用砂、碎石或低强度混凝土填实至设计标高。当土挖至设计标高，而全部或局部未挖至老（实）土时，必须通知设计单位等有关人员进行研究处理。

2. 土方回填工程

（1）填方的厚度控制以及压实的要求。填方每层铺土的厚度和压实遍数视土的性质和使用的压（夯）实的机具性能而定。填方应按设计要求预留沉降量，一般不超过填方高度的3%。冬期填方每层铺土厚度应比常温施工时减少20%～25%，预留沉降量比常温时适当增加。填方中不得含冻土块或填土层受冻。铺土厚度和平整度可用小皮数杆控制，每10～20m或100～200m² 设置一处。检验员可用插针检验铺土厚度。填土施工时的分层厚度及压实遍数见表3-10。

表 3-10 填土施工时的分层厚度及压实遍数

压实机具	分层厚度/mm	每层压实遍数
平碾	250～300	6～8
振动压实机	250～350	3～4
柴油打夯机	200～250	3～4
人工打夯	<200	3～4

注：填方工程的施工参数如每层填筑厚度、压实遍数及压实系数对重要工程均应做现场试验后确定，或由设计提供。

（2）回填土的含水量的控制。土的最佳含水率和最少压实遍数可预先试验求得。黏性土料施工含水量与最佳含水量之差可控制在－4%～2%范围内（使用振动碾时，可控制在－6%～2%范围内）。工地检验一般以手握成团，落地即散为适宜。

（3）填方的基底处理的规定

① 基底上的树墩及主根应拨出，坑穴应清除积水、淤泥和杂物等，并分层回填夯实。

② 在建筑物和构筑物地面下的填方或厚度小于0.5m的填方，应清除基底上的草皮和垃圾。

③ 在土质较好的平坦地上（地面坡度不陡于1/10）填方时，可不清除基底上的草皮，但应割去长草。

④ 在稳定山坡上填方，当山坡坡度为1/10～1/5时，应清除基底上的草皮；坡度陡于1/5时，应将基底挖成阶梯形，阶宽不小于1m。

⑤ 当填方基底为耕植土或松土时，应将基底碾压密实后方可填方。

⑥ 在水田、沟渠或池塘上填方前，应根据实际情况采用排水疏干、挖除淤泥或抛填石块、砂砾、矿渣等方法进行处理后，方可填土。

⑦ 填方基底为软土时，大面积填土应在开挖基坑前完成，尽量留有较长的间歇时间；软土层厚度较小时，可采用换土或抛石挤淤等处理方法；软土层厚度较大时，可采用砂垫层、砂井、砂桩等方法加固。

⑧ 填方基土为杂填土时，应按设计要求加固，应妥善处理基底下的软硬点、空洞、旧基、暗塘等。如杂填土堆积的年限较长且较均匀时，填方前可用机械压（夯）处理。填方基底在填方前和处理后应进行隐蔽验收、做好记录。即由施工单位和建设单位或会同设计单位到现场观察检查，并查阅处理中间验收资料，经检验符合要求后作出验收签证，方能进行填方工程。

二、分项工程质量验收标准

1. 土方开挖工程质量检验标准（见表 3-11 至表 3-14）

表 3-11 柱基、基坑、基槽土方开挖工程的质量检验标准

项目	序号	检查项目	允许值或允许偏差		检查方法
			单位	数值	
主控项目	1	标高	mm	0 −50	水准测量
	2	长度、宽度（由设计中心线向两边量）	mm	+200 −50	全站仪或用钢尺量
	3	坡率	设计值		目测法或用坡度尺检查
一般项目	1	表面平整度	mm	±20	用 2m 靠尺
	2	基底土性	设计要求		目测法或土样分析

表 3-12 挖方场地平整土方开挖工程的质量检验标准

项目	序号	检查项目	允许值或允许偏差			检查方法
			单位	数值		
主控项目	1	标高	mm	人工	±30	水准测量
				机械	±50	
	2	长度、宽度（由设计中心线向两边量）	mm	人工	+300 −100	全站仪或用钢尺量
				机械	+500 −150	
	3	坡率	设计值			目测法或用坡度尺检查
一般项目	1	表面平整度	mm	人工	±20	用 2m 靠尺
				机械	±50	
	2	基底土性	设计要求			目测法或土样分析

表 3-13 管沟土方开挖工程的质量检验标准

项目	序号	检查项目	允许值或允许偏差		检查方法
			单位	数值	
主控项目	1	标高	mm	0 −50	水准测量
	2	长度、宽度（由设计中心线向两边量）	mm	+100 0	全站仪或用钢尺量
	3	坡率	设计值		目测法或用坡度尺检查
一般项目	1	表面平整度	mm	±20	用 2m 靠尺
	2	基底土性	设计要求		目测法或土样分析

表 3-14 地（路）面基层土方开挖工程的质量检验标准

项目	序号	检查项目	允许值或允许偏差		检查方法
			单位	数值	
主控项目	1	标高	mm	0 −50	水准测量
	2	长度、宽度（由设计中心线向两边量）	设计值		全站仪或用钢尺量
	3	坡率	设计值		目测法或用坡度尺检查
一般项目	1	表面平整度	mm	±20	用2m靠尺
	2	基底土性	设计要求		目测法或土样分析

注：地（路）面基层的偏差只适用于直接在挖、填方上做地（路）面的基层。

2. 土方回填工程质量检验标准（见表 3-15 和表 3-16）

表 3-15 柱基、基坑、基槽、管沟、地（路）面基础层填方工程质量检验标准

项目	序号	检查项目	允许值或允许偏差		检查方法
			单位	数值	
主控项目	1	标高	mm	0 −50	水准测量
	2	分层压实系数	不小于设计值		环刀法、灌水法、灌砂法
一般项目	1	回填土料	设计要求		取样检查或直接鉴别
	2	分层厚度	设计值		水准测量及抽样检查
	3	含水量	最优含水量±2%		烘干法
	4	表面平整度	mm	±20	用2m靠尺
	5	有机质含量	≤5%		灼烧减量法
	6	辗迹重叠长度	mm	500～1000	用钢尺量

表 3-16 场地平整填方工程质量检验标准

项目	序号	检查项目	允许值或允许偏差			检查方法
			单位		数值	
主控项目	1	标高	mm	人工	±30	水准测量
				机械	±50	
	2	分层压实系数	不小于设计值			环刀法、灌水法、灌砂法
一般项目	1	回填土料	设计要求			取样检查或直接鉴别
	2	分层厚度	设计值			水准测量及抽样检查
	3	含水量	最优含水量±4%			烘干法
	4	表面平整度	mm	人工	±20	用2m靠尺
				机械	±30	
	5	有机质含量	≤5%			灼烧减量法
	6	辗迹重叠长度	mm	500～1000		用钢尺量

复习思考题

一、简答题

1. 灰土地基工程检验批中所含主控项目和一般项目有哪些?

2. 干作业成孔灌注桩检验批中所含主控项目和一般项目有哪些?规范对其质量验收有何规定?

3. 泥浆护壁成孔灌注桩检验批中所含主控项目和一般项目有哪些?规范对其质量验收有何规定?

二、单选题

1. 下列哪项不是灰土地基检验批验收的主控项目。(   )

A. 地基承载力   B. 配合比   C. 压实系数   D. 分层厚度

2. 为验证加固效果的载荷试验,其施加载荷应不低于设计荷载的(   )。

A. 80%   B. 95%   C. 100%   D. 200%

3. 复合地基承载力检验,数量为总数的 0.5%～1%,但不应少于(   )。

A. 1 处   B. 2 处   C. 3 处   D. 5 处

4. 混凝土灌注桩灌注充盈系数不得(   )。

A. 小于 1   B. 大于 1   C. 小于 0.9   D. 大于 0.9

5. 下列哪项不是钢筋混凝土预制桩检验批主控项目。(   )

A. 桩体质量   B. 桩位偏差   C. 桩顶标高   D. 承载力

6. 下列哪项不是钢筋混凝土灌注桩检验批主控项目。(   )

A. 桩径   B. 桩位   C. 孔深   D. 混凝土强度

7. 《建筑地基基础工程施工质量验收规范》中规定,采用人工挖方场地平整的标高允许偏差为(   )。

A. ±10mm   B. ±15mm   C. ±20mm   D. ±30mm

第四章　地下防水工程

第一节　防水混凝土

一、施工过程质量控制

1. 水泥的选择应符合的规定

（1）宜采用普通硅酸盐水泥或硅酸盐水泥，采用其它品种水泥时应经试验确定；

（2）在受侵蚀性介质作用时，应按介质的性质选用相应的水泥品种；

（3）不得使用过期或受潮结块的水泥，并不得将不同品种或强度等级的水泥混合使用；

（4）粉煤灰的级别不应低于二级，烧失量不应大于 5％；

（5）硅粉的比表面积不应小于 15000m²/kg，SiO_2 含量不应小于 85％。

2. 防水混凝土的配合比应经试验确定并应符合的规定

（1）试配要求的抗渗水压值应比设计值提高 0.2MPa；

（2）混凝土胶凝材料总量不宜小于 320kg/m³，其中水泥用量不宜少于 260kg/m³；粉煤灰掺量宜为胶凝材料总量的 20％～30％，硅粉的掺量宜为胶凝材料总量的 2％～5％；

（3）水胶比不得大于 0.50，有侵蚀性介质时水胶比不宜大于 0.45；

（4）砂率宜为 35%～40%，泵送时可增加到 45%；

（5）灰砂比宜为（1∶1.5）～（1∶2.5）；

（6）混凝土拌合物的氯离子含量不应超过胶凝材料总量的 0.1%；混凝土中各类材料的总碱量即 Na_2O 当量不得大于 $3kg/m^3$。

3. 防水混凝土的浇筑

（1）混凝土搅拌时必须严格按照实验室配合比通知单操作，不得擅自修改，散袋水泥、砂、石，务必每车过磅。雨期施工注意每天测定含水率，及时调整用水量。按石子—水泥—砂的下料顺序倒入料斗内，先干拌 0.5～1min 后再加水。加水后搅拌不少于 90s，坍落度控制在规定范围内。

（2）混凝土运输。混凝土从搅拌机卸出后，用翻斗车、手推车或吊斗及时运送到浇灌地点。运输过程中尽量减少周转环节，以防止混凝土产生离析，水泥浆流失。如发现有离析现象，必须在浇灌前进行二次拌和。

（3）混凝土浇筑。底板应连续浇筑，不得留施工缝。在墙体施工缝上浇筑混凝土前，需将表面清理干净，先铺一层 20～25mm 厚的 1∶1 水泥砂浆。浇第一步混凝土高度为 40cm，以后每步浇筑40～50cm。为保证混凝土浇筑时不产生离析，混凝土由高处自由倾落，其落距不应超过 2m，超过时应加串筒和溜槽。防水混凝土要用机械振捣密实，一般采用插入式振捣器，插入要迅速，拔出要缓慢，振动到表面泛浆无气泡为止，插点间距应不大于 40cm，严防漏振。

（4）施工缝的位置及接缝形式。底板防水混凝土应连续施工，不得留施工缝。墙体一般只允许留水平施工缝，其位置按设计要求或规范设置，如需留垂直施工缝，应留在结构变形缝处，或与设计协商解决。施工缝可做成企口缝、高低缝、平缝三种形式，墙厚在 30cm 以上的宜做成企口缝，墙厚小于 30cm 时应用高低缝或止水片。新旧接槎处继续浇筑混凝土前应将其表面凿毛，清除浮浆，用水清洗后保持湿润，铺一层 20～25mm 厚的 1∶1 水泥砂浆，再浇筑混凝土。固定模板用的穿墙螺栓与铅丝尽量不要穿过混凝土防水结构。若需穿过时，应在穿墙螺栓上加焊止水环，要求止水环必须满焊无遗漏。止水环数量依设计要求。在浇筑完混凝土拆模时，将穿墙螺栓外露螺栓头切掉。

（5）变形缝处可采用埋入式橡胶或塑料止水带来处理。此时止水带位置应准确，圆环中心应在变形缝中心线上。止水带应固定好，浇混凝土前必须清理干净，不得有泥土杂物，以确保与混凝土结合良好。

4. 混凝土拌制和浇筑过程控制

混凝土拌制和浇筑过程控制应符合下列规定。

（1）拌制混凝土所用材料的品种、规格和用量，每工作班检查不应少于两次。每盘混凝土各组成材料计量结果的偏差应符合表 4-1 的规定。

表 4-1　混凝土各组成材料计量结果的允许偏差　　　　　　　　　　单位：%

混凝土组成材料	每盘计量	累计计量
水泥、掺合料	±2	±1
粗、细骨料	±3	±2
水、外加剂	±2	±1

注：累计计量仅适用于微机控制计量的搅拌站。

（2）混凝土在浇筑地点的坍落度，每工作班至少检查两次。混凝土的坍落度试验应符合现行《普通混凝土拌合物性能试验方法》（GBJ 80）的有关规定。混凝土实测的坍落度与要求坍落度之间的偏差应符合表4-2的规定。

表 4-2　混凝土坍落度允许偏差　　　　　　　　　　　　单位：mm

要求坍落度	允许偏差
≤40	±10
50～90	±15
≥100	±20

二、分项工程质量验收标准

1. 主控项目

（1）防水混凝土的原材料、配合比及坍落度必须符合设计要求。

检验方法：检查产品合格证、产品性能检测报告、计量措施和材料进场检验报告。

（2）防水混凝土的抗压强度和抗渗性能必须符合设计要求。

检验方法：检查混凝土抗压强度、抗渗性能检验报告。

（3）防水混凝土结构的变形缝、施工缝、后浇带、穿墙管、埋设件等设置和构造必须符合设计要求。

检验方法：观察检查和检查隐蔽工程验收记录。

2. 一般项目

（1）防水混凝土结构表面应坚实、平整，不得有露筋、蜂窝等缺陷；埋设件位置应准确。

检验方法：观察检查。

（2）防水混凝土结构表面的裂缝宽度不应大于0.2mm，且不得贯通。

检验方法：用刻度放大镜检查。

（3）防水混凝土结构厚度不应小于250mm，其允许偏差应为+8mm，−5mm；主体结构迎水面钢筋保护层厚度不应小于50mm，其允许偏差应为±5mm。

检验方法：尺量检查和检查隐蔽工程验收记录。

3. 检查数量

防水混凝土分项工程检验批的抽样检验数量，应按混凝土外露面积每100m²抽查1处，每处10m²，且不得少于3处。

第二节　水泥砂浆防水层

一、施工过程质量控制

1. 水泥砂浆防水层所用的材料应符合的规定

（1）水泥应使用普通硅酸盐水泥、硅酸盐水泥或特种水泥，不得使用过期或受潮结块的水泥；

（2）砂宜采用中砂，含泥量不应大于1%，硫化物和硫酸盐含量不得大于1%；

（3）用于拌制水泥砂浆的水应采用不含有害物质的洁净水；

（4）聚合物乳液的外观为均匀液体，无杂质、无沉淀、不分层；

（5）外加剂的技术性能应符合国家或行业有关标准的质量要求。

2. 普通水泥砂浆防水层的配合比

其应按表4-3选用；掺外加剂、掺合料、聚合物水泥砂浆的配合比应符合所掺材料的规定。

表 4-3　普通水泥砂浆防水层的配合比

名称	配合比（质量比）		水灰比	适用范围
	水泥	砂		
水泥浆	1	—	0.55～0.60	水泥浆防水层的第一层
水泥浆	1	—	0.37～0.40	水泥浆防水层的第三、五层
水泥砂浆	1	1.5～2.0	0.40～0.50	水泥浆防水层的第二、四层

3. 水泥砂浆防水层的基层质量应符合的规定

（1）基层表面应平整、坚实、清洁，并应充分湿润，无明水；

（2）基层表面的孔洞、缝隙应采用与防水层相同的水泥砂浆填塞并抹平；

（3）施工前应将埋设件、穿墙管预留凹槽内嵌填密封材料后，再进行水泥砂浆防水层施工。

4. 水泥砂浆防水层施工要求

（1）分层铺抹或喷涂，铺抹时应压实、抹平和表面压光；

（2）防水层各层应紧密贴合，每层宜连续施工，必须留施工缝时应采用阶梯坡形槎，但离开阴阳角外不得小于200mm；

（3）防水层的阴阳角处应做成圆弧形；

（4）水泥砂浆终凝后应及时进行养护，养护温度不宜低于5℃并保持湿润，养护时间不得少于14日。

5. 水泥砂浆防水层施工应符合的规定

（1）水泥砂浆的配制、应按所掺材料的技术要求准确计量；

（2）分层铺抹或喷涂，铺抹时应压实、抹平，最后一层表面应提浆压光；

（3）防水层各层应紧密黏合，每层宜连续施工；必须留设施工缝时，应采用阶梯坡形槎，但与阴阳角的距离不得小于200mm；

（4）水泥砂浆终凝后应及时进行养护，养护温度不宜低于5℃，并应保持砂浆表面湿润，养护时间不得少于14d。聚合物水泥防水砂浆未达到硬化状态时，不得浇水养护或直接受雨水冲刷，硬化后应采用干湿交替的养护方法。潮湿环境中，可在自然条件下养护。

二、分项工程质量验收标准

1. 主控项目

（1）防水砂浆的原材料及配合比必须符合设计规定。

检验方法：检查产品合格证、产品性能检测报告、计量措施和材料进场检验报告。

（2）防水砂浆的黏结强度和抗渗性能必须符合设计规定。

检验方法：检查砂浆黏结强度、抗渗性能检测报告。

（3）水泥砂浆防水层与基层之间应结合牢固，无空鼓现象。

检验方法：观察和用小锤轻击检查。

2. 一般项目

（1）水泥砂浆防水层表面应密实、平整，不得有裂纹、起砂、麻面等缺陷。

检验方法：观察检查。

（2）水泥砂浆防水层施工缝留槎位置应正确，接槎应按层次顺序操作，层层搭接紧密。

检验方法：观察检查和检查隐蔽工程验收记录。

（3）水泥砂浆防水层的平均厚度应符合设计要求，最小厚度不得小于设计值的85%。

检验方法：用针测法检查。

（4）水泥砂浆防水层表面平整度的允许偏差应为5mm。

检查方法：用2m靠尺和楔形塞尺检查。

3. 检查数量

水泥砂浆防水层分项工程检验批的抽样检验数量，应按施工面积每100m²抽查1处，每处10m²，且不得少于3处。

第三节　卷材防水层

一、施工过程质量控制

1. 对基层的处理和要求

（1）铺贴卷材防水层前应做好降低地下水位和排水处理，地下水位降至防水层底标高50cm以下，并保持到防水层施工完。

（2）卷材防水层的基层应平整、坚固、应将尘土、杂物清扫干净，不得有空鼓、起砂、裂缝等现象，阴阳角处应做成圆弧形或钝角。

（3）基层表面应保持干燥，含水率不大于9%。基层含水率的测定方法是：将1m见方的卷材覆盖在基层表面上，静置2～3h，若覆盖处的基层表面无水印，且紧贴基层一侧的卷材亦无凝结水痕，即可判断基层含水率小于9%。

（4）穿过地面、墙面的管道根部、地漏、排水口、阴阳角、变形缝等处易发生渗漏的部位，局部应先做密封和附加防水层，在防水层铺贴前应进行隐蔽工程检查验收。

（5）防水层在底板混凝土施工前铺贴，应按设计图样要求在找平层上涂冷底子油，铺贴卷材防水层，抹好水泥砂浆保护层。

（6）防水层铺贴不得在雨天、大风天气施工。

2. 施工方法

（1）外防外贴法　外防外贴法是将立面卷材防水层直接铺设在结构外墙的表面，施工程序如下：

① 在垫层上砌筑永久性保护墙，墙的高度为结构底板厚度。

② 在永久性保护墙上用石灰砂浆（为了方便拆除）砌临时保护墙，墙高应不小于15cm。

③ 在垫层和保护墙上抹 1∶3 水泥砂浆找平层，转角处抹成圆弧形，在临时保护墙上抹石灰砂浆找平层。

④ 待找平层基本干燥后，即可根据所选卷材的施工要求在混凝土垫层和保护层之间进行卷材铺贴施工。

⑤ 在大面积铺贴卷材之前，应先在转角处粘贴一层卷材附加层，然后进行大面积铺贴，先铺平面、后铺立面。在垫层和永久性保护墙上应将卷材防水层粘贴牢固，而在临时保护墙上应将卷材防水层临时贴附，并分层临时固定在保护墙最上端。

⑥ 保护墙上的卷材防水层完成后，应做保护层，以免后面工序施工时损坏卷材防水层，此时局部保护墙可作为混凝土墙体的一侧模板。

⑦ 在外墙铺贴卷材防水层时，应先拆除临时保护墙，清除石灰砂浆，将临时固定的卷材分层揭开，清除卷材表面的浮灰及污物，再将卷材分层按错槎搭接向上铺贴。

⑧ 待卷材防水层施工完毕，并经过检查验收合格后，即应及时做好卷材防水层的保护结构。

⑨ 保护墙完工后方可回填土。注意在砌保护墙的过程中切勿损坏防水层。

（2）外防内贴法 外防内贴法是浇筑混凝土垫层后，在垫层上将永久性保护墙全部砌好，将卷材防水层贴在垫层和永久保护墙上，永久保护墙可当一侧模板，施工程序如下：

① 在混凝土垫层上砌筑永久保护墙，保护墙全部砌好后，用 1∶3 水泥砂浆在垫层和永久保护墙上抹找平层。

② 找平层干燥后方可铺贴卷材防水层，铺贴时应先铺立面、后铺平面，先铺转角、后铺大面。在所有转角处应铺贴卷材附加层，附加层可为两层同类卷材或一层抗拉强度较高的卷材，并应仔细粘贴紧密。

③ 卷材防水层铺完即应做好防水保护层。立面可抹水泥砂浆、贴塑料板，或用胶黏剂铺贴石油沥青纸油毡，平面可抹水泥砂浆，或浇筑 30～50mm 厚的细石混凝土。

④ 防水层和防水保护层验收合格后，方可绑扎钢筋，支立模板。浇筑底板和侧墙混凝土结构，要防止损伤防水层。

⑤ 结构完工后，方可回填土。

3. 建筑工程地下防水的卷材铺贴方法

（1）冷粘法铺贴卷材应符合下列规定：胶黏剂涂刷应均匀，不得露底，不堆积；根据胶黏剂的性能，应控制胶结剂涂刷与卷材铺贴的间隔时间；铺贴时不得用力拉伸卷材，排除卷材下面的空气，辊压黏结牢固；铺贴卷材应平整、顺直，搭接尺寸准确，不得有扭曲、皱褶；卷材接缝部位应采用专用黏结剂或胶结带满粘，接缝口应用密封材料封严，其宽度不应小于 10mm。

（2）热熔法铺贴卷材应符合下列规定：火焰加热器加热卷材应均匀，不得加热不足或烧穿卷材；卷材表面热熔后应立即滚铺，排除卷材下面的空气，并黏结牢固；铺贴卷材应平整、顺直，搭接尺寸准确，不得有扭曲、皱褶；卷材接缝部位应溢出热熔的改性沥青胶料，并黏结牢固，封闭严密。

（3）自粘法铺贴卷材应符合下列规定：铺贴卷材时，应将有黏性的一面朝向主体结构；外墙、顶板铺贴时，排除卷材下面的空气，并黏结牢固；铺贴卷材应平整、顺直，搭接尺寸准确，不得有扭曲、皱褶；立面卷材铺贴完成后，应将卷材端头固定，并应用密封材料封严；低温施工时，宜对卷材和基面采用热风适当加热，然后铺贴卷材。

（4）卷材接缝采用焊接法施工应符合下列规定：焊接前卷材应铺放平整，搭接尺寸准确，焊接缝的结合面应清扫干净；焊接前应先焊长边搭接缝，后焊短边搭接缝；控制热风加热温度和时间，焊接处不得漏焊、跳焊或焊接不牢；焊接时不得损害非焊接部位的卷材。

（5）铺贴聚乙烯丙纶复合防水卷材应符合下列规定：应采用配套的聚合物水泥防水黏结材料；卷材与基层粘贴应采用满粘法，黏结面积不应小于 90%，刮涂黏结料应均匀，不得露底、堆积、流淌；固化后的黏结料厚度不应小于 1.3mm；卷材接缝部位应挤出黏结料，接缝表面处应刮 1.3mm 厚 50mm 宽聚合物水泥黏结料封边；聚合物水泥黏结料固化前，不得在其上行走或进行后续作业。

（6）卷材防水层完工并经验收合格后应及时做保护层。保护层应符合下列规定：顶板的细石混凝土保护层与防水层之间宜设置隔离层。细石混凝土保护层厚度：机械回填时不宜小于 70mm，人工回填时不宜小于 50mm；底板的细石混凝土保护层厚度不应小于 50mm；侧墙宜采用软质保护材料或铺抹 20mm 厚 1:2.5 水泥砂浆。

二、分项工程质量验收标准

1. 主控项目

（1）卷材防水层所用卷材及其配套材料必须符合设计要求。

检验方法：检查产品合格证、产品性能检测报告和材料进场检验报告。

（2）卷材防水层在转角处、变形缝、施工缝、穿墙管等部位做法必须符合设计要求。

检验方法：观察检查和检查隐蔽工程验收记录。

2. 一般项目

（1）卷材防水层的搭接缝应粘贴或焊接牢固，密封严密，不得有扭曲、皱褶、翘边和起泡等缺陷。

检验方法：观察检查。

（2）采用外防外贴法铺贴卷材防水层时，立面卷材接槎的搭接宽度，高聚物改性沥青类卷材应为 150mm，合成高分子类卷材应为 100mm，且上层卷材应盖过下层卷材。

检验方法：观察和尺量检查。

（3）侧墙卷材防水层的保护层与防水层应结合紧密、保护层厚度应符合设计要求。

检验方法：观察和尺量检查。

（4）卷材搭接宽度的允许偏差应为 −10mm。

检验方法：观察和尺量检查。

3. 检查数量

卷材防水层分项工程检验批的抽检数量，应按铺贴面积每 $100m^2$ 抽查 1 处，每处 $10m^2$，且不得少于 3 处。

<hr>

复习思考题

一、简答题

1. 防水混凝土检验批主控项目和一般项目各由哪几项内容组成？质量验收规范对它们的要求有哪些规定？

2. 水泥砂浆防水层工程检验批主控项目和一般项目各由哪几项内容组成？质量验收规范对

它们的要求有哪些规定？

3. 卷材防水层工程检验批主控项目和一般项目各由哪几项内容组成？质量验收规范对它们的要求有哪些规定？

二、单选题

1. 地下防水钢筋混凝土，迎水面钢筋保护层厚度（　　　）。

A. 不应小于50mm　　B. 不应大于50mm　　C. 不应小于25mm　　D. 不应大于25mm

2.《地下防水工程施工质量验收规范》中规定，卷材防水层的卷材搭接宽度的允许偏差为（　　　）。

A. −5mm　　　　　　B. −10mm　　　　　　C. −15mm　　　　　　D. −20mm

3. 防水混凝土结构表面的裂缝宽度不应大于（　　　），并不得贯通。

A. 0.1mm　　　　　B. 0.2mm　　　　　C. 0.3mm　　　　　D. 0.4mm

4. 涂料防水层厚度的平均厚度应符合设计要求，最小厚度不得小于设计厚度的（　　　）。

A. 50%　　　　　　B. 80%　　　　　　C. 90%　　　　　　D. 100%

三、多选题

1. 水泥砂浆防水层表面应密实、平整、不得有（　　　）等缺陷。

A. 油污　　　　　　B. 裂纹　　　　　　C. 起砂　　　　　　D. 麻面

2. 卷材防水层的基层应牢固，基面应洁净、平整，不得有（　　　）现象。

A. 空鼓　　　　　　B. 松动　　　　　　C. 起砂　　　　　　D. 脱皮

第五章　混凝土结构工程

学习内容

1. 模板安装工程；
2. 钢筋原材料；
3. 钢筋加工；
4. 钢筋连接；
5. 钢筋安装；
6. 混凝土原材料；
7. 混凝土拌合物；
8. 混凝土施工；
9. 现浇结构外观及尺寸偏差；
10. 装配式结构分项工程。

知识目标

1. 掌握模板安装工程施工过程质量控制，熟悉检验批质量验收标准；
2. 掌握钢筋原材料施工过程质量控制，熟悉检验批质量验收标准；
3. 掌握钢筋加工施工过程质量控制，熟悉检验批质量验收标准；
4. 掌握钢筋连接施工过程质量控制，熟悉检验批质量验收标准；
5. 掌握钢筋安装施工过程质量控制，熟悉检验批质量验收标准；
6. 掌握混凝土原材料施工过程质量控制，熟悉检验批质量验收标准；
7. 掌握混凝土配合比设计施工过程质量控制，熟悉检验批质量验收标准；
8. 掌握混凝土施工施工过程质量控制，熟悉检验批质量验收标准；
9. 掌握现浇结构外观及尺寸偏差施工过程质量控制，熟悉检验批质量验收标准；
10. 了解装配式结构工程质量验收要求及验收步骤，熟悉检验方法。

能力目标

1. 能够对模板安装工程进行验收；
2. 能够对钢筋原材料进行验收；
3. 能够对钢筋加工进行验收；
4. 能够对钢筋连接进行验收；
5. 能够对钢筋安装进行验收；

6. 能够对混凝土原材料进行验收；

7. 能够对混凝土配合比设计进行验收；

8. 能够对混凝土施工进行验收；

9. 能够对现浇结构外观及尺寸偏差进行验收；

10. 能够进行装配式结构工程质量验收。

混凝土结构工程是主体结构分部工程的子分部工程，是以混凝土为主制成的结构，包括素混凝土、钢筋混凝土结构和预应力混凝土结构等。其分项工程有模板、钢筋、混凝土、预应力、现浇结构、装配式结构。

第一节　模板安装工程

模板及其支架应根据工程结构形式、荷载大小、地基土类别、施工设备和材料供应等条件进行设计。模板及其支架应具有足够的承载能力、刚度和稳定性，能可靠地承受浇筑混凝土的质量、侧压力以及施工荷载，不变形，不出现倾覆和失稳。

一、施工过程质量控制

1. 模板安装

其应按编制的模板设计文件和施工技术方案施工。在浇筑混凝土前，应对模板工程进行验收。模板安装和浇筑混凝土时，应检查和维护模板及其支架，发现异常情况时，应按施工技术方案及时进行处理。

组合钢模板、大模板、爬升模板及滑升模板的设计、制作和施工尚应符合国家现行标准的有关规定。

2. 模板安装偏差的控制

（1）木工翻样应考虑建筑装饰装修工程的厚度尺寸，留出装饰厚度。

（2）模板轴线放线后，应有专人进行技术复核，无误后方可支模。

（3）模板安装的根部及顶部应设标高标记，并设限位措施，确保标高尺寸准确。

（4）支模时应拉水平通线，设竖向垂直度控制线，确保横平竖直、位置正确。

（5）基础的杯芯模板应刨光直拼，并钻有排气孔，减少浮力。杯口模板中心线应准确，模板钉牢，防止浇筑混凝土时芯模上浮。

（6）柱子支模前必须先校正钢筋位置。成排柱支模时应先立两端柱模，在底部弹出通线，定出位置并兜方找中，校正与复核位置无误后，顶部拉通线，再立中间柱模。柱箍间距按柱截面大小及高度确定，一般控制为 5～10m，根据柱距选用剪刀撑、水平撑及四面斜撑撑牢，保证柱模板位置准确。

（7）梁模板上口应设临时撑头，侧模下口应贴紧底模或墙面，斜撑与上口钉牢，保持上口呈直线；深梁应根据梁的高度、核算的荷载及侧压力，适当加设横挡。

（8）梁柱节点连接处一般下料尺寸略缩短，采用边模包底模，拼缝应严密，支撑牢靠，发生错位及时纠正。

（9）模板厚度应一致，搁栅面应平整，搁栅木料要有足够的强度和刚度。

（10）墙模板的穿墙螺栓直径、间距和垫块规格应符合设计要求。

3. 模板变形的控制

（1）严格控制木模板含水率，制作时拼缝要严密，木模板安装周期不宜过长。浇混凝土前模板应提前浇水湿润，使其胀开密缝。

（2）脚手板不得搁置在模板上，以防模板变形。

（3）采用钢管卡具组装模板时，发现有钢管卡具滑扣的应立即调换。

（4）高度超过 3m 的大型模板侧模应留门子板，模板应留清扫口。

（5）浇筑混凝土高度应控制在允许范围内，浇筑时应均匀、对称下料，避免局部侧压力过大造成胀模。

（6）控制模板起拱高度，消除在施工中因结构自重、施工荷载作用引起的挠度。跨度不小于 4m 的现浇钢筋混凝土梁、板，其模板应按设计要求起拱；当设计无具体要求时，起拱高度宜为跨度的 1/1000～3/1000。

4. 支架稳定的控制

（1）用作模板的地坪、胎模等应平整光洁，不得产生影响构件质量的下沉、裂缝、起砂或起鼓等缺陷。

（2）支架的立柱底部应铺设垫板，并应有足够有效的支撑面积，使上部荷载通过立柱均匀传递到支撑面上，支撑在疏松土质上时，基土必须经过夯实，并应通过计算，确定其有效支撑面积。必要时采取排水措施，防止基土下沉。

（3）立柱与立柱之间的带锥销横杆应用锤子敲紧，防止立柱失稳，支撑完毕应有专人检查。

（4）安装现浇结构的上层模板及其支架时，下层楼板应具有承受上层荷载的承载能力或加设支架支撑，确保有足够的刚度和稳定性；多层楼盖下层支架系统的立柱应安装在同一垂直线上。

5. 模板上的预埋件、预留孔及模板清理

（1）固定在模板上的预埋件、预留孔和预留洞，应按图样逐个核对其质量、数量、位置，不得遗漏，并应安装牢固。

（2）模板与混凝土的接触面应清理干净并涂刷隔离剂，严禁隔离剂玷污钢筋和混凝土接槎处。

（3）浇筑混凝土前，模板内的杂物应清理干净。

二、模板安装工程检验批质量验收标准

1. 主控项目

（1）模板及支架用材料的技术指标应符合国家现行有关标准的规定。进场时应抽样检验模板和支架材料的外观、规格和尺寸。

检查数量：按国家现行相关标准的规定确定。

检验方法：检查质量证明文件，观察，尺量。

（2）现浇混凝土结构模板及支架的安装质量，应符合国家现行有关标准的规定和施工方案的要求。

检查数量：按国家现行相关标准的规定确定。

检验方法：按国家现行有关标准的规定执行。

（3）后浇带处的模板及支架应独立设置。

检查数量：全数检查。

检验方法：观察。

（4）支架竖杆和竖向模板安装在土层上时，应符合下列规定：

① 土层应坚实、平整，其承载力或密实度应符合施工方案的要求；

② 应有防水、排水措施；对冻胀性土，应有预防冻融措施；

③ 支架竖杆下应有底座或垫板。

检查数量：全数检查。

检验方法：观察；检查土层密实度检测报告、土层承载力验算或现场检测报告。

2. 一般项目

（1）模板安装质量应符合下列规定：

① 模板的接缝应严密；

② 模板内不应有杂物、积水或冰雪等；

③ 模板与混凝土的接触面应平整、清洁；

④ 用作模板的地坪、胎膜等应平整、清洁，不应有影响构件质量的下沉、裂缝、起砂或起鼓；

⑤ 对清水混凝土及装饰混凝土构件，应使用能达到设计效果的模板。

检查数量：全数检查。

检验方法：观察。

（2）脱模剂的品种和涂刷方法应符合施工方案的要求。脱模剂不得影响结构性能及装饰施工；不得沾污钢筋、预应力筋、预埋件和混凝土接槎处；不得对环境造成污染。

检查数量：全数检查。

检验方法：检查质量证明文件；观察。

（3）模板的起拱应符合现行国家标准《混凝土结构工程施工规范》（GB 50666）的规定，并应符合设计及施工方案的要求。

检查数量：在同一检验批内，对于梁，跨度大于18m时应全数检查，跨度不大于18m时应抽查构件数量的10%，且不应少于3件；对于板，应按有代表性的自然间抽查10%，且不应少于3间；对于大空间结构，板可按纵、横轴线划分检查面，抽查10%，且不应少于3面。

检验方法：用水准仪或尺量。

（4）现浇混凝土结构多层连续支模应符合施工方案的规定。上下层模板支架的竖杆宜对准。竖杆下垫板的设置应符合施工方案的要求。

检查数量：全数检查。

检验方法：观察。

（5）固定在模板上的预埋件和预留孔洞不得遗漏，且应安装牢固。有抗渗要求的混凝土结构中的预埋件，应按设计及施工方案的要求采取防渗措施。

预埋件和预留孔洞的位置应满足设计和施工方案的要求。当设计无具体要求时，其位置偏差应符合表5-1的规定。

检查数量：在同一检验批内，对梁、柱和独立基础，应抽查构件数量的10%，且不应少于3件；对墙和板，应按有代表性的自然间抽查10%，且不应少于3间；对大空间结构墙可按相邻轴线间高度5m左右划分检查面，板可按纵、横轴线划分检查面，抽查10%，且均不应少于3面。

表 5-1　预埋件和预留孔洞的位置允许偏差

项目		允许偏差/mm
预埋板中心线位置		3
预埋管、预留孔中心线位置		3
插筋	中心线位置	5
	外露长度	+10,0
预埋螺栓	中心线位置	2
	外露长度	+10,0
预留洞	中心线位置	10
	尺寸	+10,0

注：检查中心线位置时，沿纵、横两个方向量测，并取其中偏差的较大值。

检验方法：观察、尺量。

（6）现浇结构模板安装的尺寸允许偏差及检验方法应符合表 5-2 的规定。

表 5-2　现浇结构模板安装的尺寸允许偏差及检验方法

项目		允许偏差/mm	检验方法
轴线位置		5	尺量检查
底模上表面标高		±5	水准仪或拉线、尺量
模板内部尺寸	基础	±10	尺量
	柱、墙、梁	±5	尺量
	楼梯相邻踏步高差	±5	尺量
垂直度	柱、墙层高≤6m	8	经纬仪或吊线、尺量
	柱、墙层高>6m	10	经纬仪或吊线、尺量
相邻两块模板表面高差		2	尺量
表面平整度		5	2m 靠尺和塞尺量测

注：检查轴线位置当有纵横两个方向时，沿纵、横两个方向量测，并取其中偏差的较大值。

检查数量：在同一检验批内，对梁、柱和独立基础，应抽查构件数量的 10%，且不应少于 3 件；对墙和板，应按有代表性的自然间抽查 10%，且不应少于 3 间；对大空间结构，墙可按相邻轴线间高度 5m 左右划分检查面，板可按纵、横轴线划分检查面，抽查 10%，且均不应少于 3 面。

（7）预制构件模板安装的偏差及检验方法应符合表 5-3 的规定。

表 5-3　预制构件模板安装的允许偏差及检验方法

项目		允许偏差/mm	检验方法
长度	梁、板	±4	尺量两侧边，取其中较大值
	薄腹梁、桁架	±8	
	柱	0，−10	
	墙板	0，−5	
宽度	板、墙板	0，−5	尺量两端及中部，取其中较大值
	梁、薄腹梁、桁架	+2，−5	

续表

项目		允许偏差/mm	检验方法
高(厚)度	板	+2,-3	尺量两端及中部,取其中较大值
	墙板	0,-5	
	梁、薄腹梁、桁架、柱	+2,-5	
侧向弯曲	梁、板、柱	L/1000且≤15	拉线、尺量最大弯曲处
	墙板、薄腹梁、桁架	L/1500且≤15	
板的表面平整度		3	2m靠尺和塞尺量测
相邻两板表面高低差		1	尺量
对角线差	板	7	尺量两对角线
	墙板	5	
翘曲	板、墙板	L/1500	水平尺在两端量测
设计起拱	薄腹梁、桁架、梁	±3	拉线、尺量跨中

注: L 为构件长度（mm）。

检查数量：首次使用及大修后的模板应全数检查；使用中的模板应抽查10%，且不应少于5件，不足5件时应全数检查。

第二节　钢筋原材料

在浇筑混凝土之前，应进行钢筋隐蔽工程验收，其内容如下。

（1）纵向受力钢筋的品种、规格、数量、位置等。

（2）钢筋的连接方式、接头位置、接头数量、接头面积百分率等。

（3）箍筋、横向钢筋的品种、规格、数量、间距等。

（4）预埋件的规格、数量、位置等。

一、施工过程质量控制

钢筋的种类很多，建筑工程中常用的钢筋按不同的方式可分为不同类型。按生产工艺可分为热轧钢筋、冷拔钢丝、热处理钢筋、碳素钢丝、刻痕钢丝和钢绞线；按化学成分可分为碳素钢钢筋和普通合金钢钢筋；按轧制外形可分为光圆钢筋和变形钢筋；按供应形式又可分为盘圆钢筋和直条钢筋等。

1. 钢筋的验收

钢筋进场应具有出厂证明书或试验报告单，每捆（盘）钢筋应有标牌，同时应按有关标准和规定进行外观检查和分批做力学性能试验。钢筋在使用时，如发现脆断、焊接性能不良或力学性能显著不正常等，则应进行钢筋化学成分检验。

2. 钢筋的存储

钢筋进场后，必须严格按批分等级、牌号、直径、长度挂配存放，不得混淆。钢筋应尽量堆入仓库或料棚内。条件不具备时，应选择地势较高，土质坚硬的场地存放。堆放时，钢筋下部应垫高，离地至少20cm，以防钢筋锈蚀。在堆场周围应挖排水沟，以利排水。

二、钢筋原材料检验批质量验收标准

1. 主控项目

（1）钢筋进场时，应按国家现行标准的规定抽取试件作屈服强度、抗拉强度、伸长率、弯曲性能和重量偏差检验，检验结果应符合相关标准的规定。

检验数量：按进场批次和产品的抽样检验方案确定。

检验方法：检查质量证明文件和抽样检验报告。

（2）成型钢筋进场时，应抽取试件做屈服强度、抗拉强度、伸长率和重量偏差检验，检验结果应符合国家现行相关标准的规定。

对由热轧钢筋制成的成型钢筋，当有施工单位或监理单位的代表驻厂监督生产过程，并提供原材钢筋力学性能第三方检验报告时，可仅进行重量偏差检验。

检查数量：同一厂家、同一类型、同一钢筋来源的成型钢筋，不超过 30t 为一批，每批中每种钢筋牌号、规格均应至少抽取 1 个钢筋试件，总数不应少于 3 个。

检验方法：检查质量证明文件和抽样检验报告。

（3）对按一、二、三级抗震等级设计的框架和斜撑构件（含梯段）中的纵向受力普通钢筋应采用 HRB335E、HRB400E、HRB500E、HRBF335E、HRBF400E 或 HRBF500E 钢筋，其强度和最大力下总伸长率的实测值应符合下列规定：

① 抗拉强度实测值与屈服强度实测值的比值不应小于 1.25；

② 屈服强度实测值与屈服强度标准值的比值不应大于 1.30；

③ 最大力下总伸长率不应小于 9%。

检查数量：按进场的批次和产品的抽样检验方案确定。

检验方法：检查抽样检验报告。

2. 一般项目

（1）钢筋应平直、无损伤，表面不得有裂纹、油污、颗粒状或片状老锈。

检查数量：全数检查。

检验方法：观察。

（2）成型钢筋的外观质量和尺寸偏差应符合国家现行相关标准的规定。

检查数量：同一厂家、同一类型的成型钢筋，不超过 30t 为一批，每批随机抽取 3 个成型钢筋试件。

检查方法：观察，尺量。

（3）钢筋机械连接套筒、钢筋锚固板以及预埋件等的外观质量应符合国家现行相关标准的规定。

检查数量：按国家现行相关标准的规定确定。

检验方法：检查产品质量证明文件；观察，尺量。

第三节　钢 筋 加 工

一、施工过程质量控制

1. 钢筋冷拉

（1）钢筋调直宜采用机械方法，也可采用冷拉方法。当采用冷拉方法调直钢筋时，HPB300 级钢筋的冷拉率不宜大于 4%，HRB335 级、HRB400 级和 RRB400 钢筋的冷拉率不宜大于 1%。

（2）控制冷拉力的计算公式如下。

$$N = \sigma_{YK} A_0$$

式中 σ_{YK}——控制应力，N/mm^2；

A_0——冷拉前截面面积，mm^2。

冷拉钢筋至控制应力后，应剔除个别超过最大冷拉率的钢筋。如较多钢筋超过最大冷拉率，则应进行抗拉强度试验，符合有关标准规定者仍可使用。冷拉控制应力及最大冷拉率应控制在表 5-4 的范围内。

表 5-4 冷拉控制应力及最大冷拉率

钢筋级别	钢筋直径/mm	冷拉控制应力/(N/mm²)	最大冷拉率/%
HPB300	≤12	280	10.0
HRB335	≤25	450	5.5
	28～40	430	
HRB400	8～40	500	5.0

（3）控制冷拉率。冷拉钢筋的冷拉率由试验确定，测定同炉罐批次钢筋冷拉率时，钢筋的冷拉应力应符合表 5-5 的规定，其试件不少于 4 个，取其平均值为冷拉率。计算冷拉伸长值的公式如下

$$\Delta L = \gamma L$$

式中 γ——钢筋冷拉率；

L——钢筋冷拉前长度，m。

表 5-5 测定冷拉率时钢筋的冷拉应力

钢筋级别	钢筋直径/mm	冷拉应力/(N/mm²)
HPB300	12	310
HRB400	8～40	530
HRB335	25	480
	28～40	460

注：当钢筋平均冷拉率低于 1% 时，仍应按 1% 进行冷拉。

（4）冷拉控制要点

① 冷拉前，使用的测力器和各项计算数据应进行校验和复核。

② 冷拉速度不宜过快。

③ 自然时效的冷拉钢筋，需放置 7～15 日方可使用。

④ 冷拉钢筋力学性能试验必须符合有关标准的规定。

⑤ 预应力钢筋应先对焊、后冷拉。

2. 钢筋冷拔

（1）冷拔总压缩率的公式如下

$$\beta = \frac{d_0^2 - d^2}{d_0^2} \times 100\%$$

式中 β——冷拔总压缩率（盘条拔成钢丝的横截面总压缩率）；

d_0——盘条钢筋直径，m；

d——成品钢筋直径，m。

（2）冷拔控制要点

① 原材料必须符合 HPB300 钢盘圆。

② 必须控制总压缩率，否则塑性差。

③ 控制冷拔的次数，冷拔次数过多钢丝易发脆，冷拔次数过少易断丝。钢筋冷拔施工中，应保证后道钢筋的直径为 0.85～0.9 倍前道钢丝直径。

④ 合理选择润滑剂。

⑤ 冷拔钢筋力学性能试验必须符合有关标准规定。

3. 钢筋除锈

钢筋由于保管不善或存放时间过久，就会受潮生锈。在生锈初期，钢筋表面呈黄褐色，称为水锈或色锈，这种水锈除在焊点附近必须清除外，一般可不处理；但是当钢筋锈蚀进一步发展，钢筋表面已形成一层锈皮，受锤击或碰撞可见其剥落，这种铁锈不能很好地与混凝土粘接，影响钢筋和混凝土的握裹力，并且在混凝土中会继续发展，需要清除。

4. 钢筋加工尺寸

审核钢筋翻样图样及加工料单，其加工的形状、尺寸应符合设计要求，偏差应符合表5-6 的规定。

表 5-6　钢筋加工尺寸的偏差限值

项　　目	偏差限值/mm	检查方法
受力钢筋顺长度方向全长的净尺寸	±10	用尺量测
弯起钢筋的弯折位置	±20	用尺量测
箍筋内净尺寸	±5	用尺量测

检查数量：每工作班组同一设备、同一类型的钢筋抽查不少于 3 件。

5. 受力钢筋的弯钩和弯折

（1）HPB300 级钢筋末端应做 180°弯钩，其弯弧内直径不应小于钢筋直径的 2.5 倍，弯钩的弯后平直部分长度不应小于钢筋直径的 3 倍。

（2）当设计要求钢筋末端做 135°弯钩时，HRB335 级、HRB400 级钢筋的弯弧内直径不应小于钢筋直径的 4 倍，弯钩的弯后平直部分长度应符合设计要求。

（3）钢筋做不大于 90°的弯钩时，弯折处的弯弧内直径不应小于钢筋直径的 5 倍。

6. 箍筋末端弯钩形式

除焊接封闭环式箍筋外，箍筋的末端应做弯钩，弯钩形式应符合设计要求。当设计无具体要求时，应符合下列规定。

（1）箍筋弯钩的弯弧内直径除应满足上述第 5 条规定外，尚应不小于受力钢筋直径。

（2）箍筋弯钩的弯折角度。一般结构不应小于 90°，有抗震等要求的结构应为 135°。

（3）箍筋弯后平直部分长度。一般结构不宜小于箍筋直径的 5 倍，有抗震等要求的结构不应小于箍筋直径的 10 倍。

二、钢筋加工检验批质量验收标准

1. 主控项目

（1）钢筋弯折的弯弧内直径应符合下列规定。

① 光圆钢筋，不应小于钢筋直径的 2.5 倍；

② 335MPa 级、400MPa 级带肋钢筋，不应小于钢筋直径的 4 倍；

③ 500MPa 级带肋钢筋，当直径为 28mm 以下时不应小于钢筋直径的 6 倍，当直径为 28mm 及以上时不应小于钢筋直径的 7 倍；

④ 箍筋弯折处尚不应小于纵向受力钢筋的直径。

检查数量：按每工作班同一类型钢筋、同一加工设备抽查不应少于 3 件。

检验方法：尺量。

（2）纵向受力钢筋的弯折后平直段长度应符合设计要求。光圆钢筋末端作 180°弯钩时，弯钩的平直段长度不应小于钢筋直径的 3 倍。

检查数量：按每工作班同一类型钢筋、同一加工设备抽查不应少于 3 件。

检验方法：尺量。

（3）箍筋、拉筋的末端应按设计要求作弯钩，并应符合下列规定。

① 对一般结构构件，箍筋弯钩的弯折角度不应小于 90°，弯折后平直段长度不应小于箍筋直径的 5 倍；对有抗震设防要求或设计有专门要求的结构构件，箍筋弯钩的弯折角度不应小于 135°，弯折后平直段长度不应小于箍筋直径的 10 倍；

② 圆形箍筋的搭接长度不应小于其受拉锚固长度，且两末端弯钩的弯折角度不应小于 135°，弯折后平直段长度对一般结构构件不应小于箍筋直径的 5 倍，对有抗震设防要求的结构构件不应小于箍筋直径的 10 倍；

③ 梁、柱复合箍筋中的单肢箍筋两端弯钩的弯折角度均不应小于 135°，弯折后平直段长度应符合本条第 1 款对箍筋的有关规定。

检查数量：按每工作班同一类型钢筋、同一加工设备抽查不应少于 3 件。

检验方法：尺量。

（4）盘卷钢筋调直后应进行力学性能和重量偏差的检验，其强度应符合国家现行有关标准的规定，其断后伸长率、重量偏差应符合表 5-7 的规定。力学性能和重量偏差检验应符合下列规定。

表 5-7　盘卷钢筋调直后的断后伸长率、重量偏差要求

钢筋牌号	断后伸长率 $A/\%$	重量偏差/%	
		直径 6~12mm	直径 14~16mm
HPB300	≥21	≥−10	—
HRB335、HRBF335	≥16		
HRB400、HRBF400	≥15	≥−8	≥−6
RRB400	≥13		
HRB500、HRBF500	≥14		

注：断后伸长率 A 的量测标距为 5 倍钢筋直径。

① 3 个试件先进行重量偏差检验，再取其中 2 个试件进行力学性能检验。

② 重量偏差应按下式计算：

$$\Delta = (W_d - W_o) \times 100/W_o$$

式中　Δ——重量偏差，%；

W_d——3 个调直钢筋试件的实际重量之和，kg；

W_o——钢筋理论重量，kg，取每米理论重量（kg/m）与 3 个调直钢筋试件长度之和（m）的乘积。

③ 检验重量偏差时，试件切口应平滑并与长度方向垂直，其长度不应小于 500mm；长度和重量的量测精度分别不应低于 1mm 和 1g。

采用无延伸功能的机械设备调直的钢筋，可不进行本条规定的检验。

检查数量：同一加工设备、同一牌号、同一规格的调直钢筋，重量不大于 30t 为一批，每批见证抽取 3 个试件。

检验方法：检查抽样检验报告。

2. 一般项目

钢筋加工的形状、尺寸应符合设计要求，其允许偏差应符合表 5-8 的规定。

表 5-8　钢筋加工的形状、尺寸允许偏差

项目	允许偏差/mm
受力钢筋沿长度方向的净尺寸	±10
弯起钢筋的弯折位置	±20
箍筋外廓尺寸	±5

检查数量：按每工作班同一类型钢筋、同一加工设备抽查不应少于 3 件。

检验方法：尺量。

第四节　钢 筋 连 接

一、施工过程质量控制

钢筋的连接有机械连接接头、焊接接头和绑扎接头，纵向受力钢筋的连接方式应符合设计要求。在施工现场，应按国家现行标准 JCJ 107《钢筋机械连接通用技术规程》和 JGJ 18《钢筋焊接及验收规程》的规定，抽取钢筋机械连接接头、焊接接头试件做力学性能检验，并按规定进行外观检查，其质量应符合有关规程的规定。

1. 钢筋焊接接头质量控制

（1）闪光对焊操作要点

① 合理选择焊接参数　应根据不同工艺合理选择调伸长度、闪光留量、闪光速度、预锻留量、顶锻速度、顶锻压力、变压器级次、一、二次烧化留量和预热时间等参数。

② 夹紧钢筋，均匀加热，保证钢筋端面凸出部分接触，焊缝和钢筋轴线垂直，接头处的钢筋轴线偏移不大于 0.1d（d 为钢筋直径）或不大于 2mm。

③ 烧化过程应稳、强烈，防止焊缝金属氧化，与电极接触处的钢筋表面不得有明显的烧伤。

④ 顶锻应在足够大的压力下快速完成，保证焊口闭合良好，使接头处产生适当的镦粗变形。接头处不得有横向裂纹。

⑤ 接头焊完待冷却后方能移动，防止堆放时弯折，接头处的弯折不得大于 4°。

（2）电弧焊有帮条焊、搭接焊、坡口焊和熔槽帮条焊四种形式操作要点

① 焊接地线应与钢筋接触良好，防止因起弧而烧伤钢筋。

② 焊接带有钢板或帮条的接头，引弧在钢板或帮条上进行，搭接钢筋引弧在一端开始，

收弧在端头上，不得随意引弧，防止烧伤主筋。

③ 根据钢筋级别、直径、接头形式和焊接位置，选择适宜的焊条型号、直径和焊接电流，保证焊缝与钢筋熔合良好。焊缝表面应平整，弧坑应填满，不应有较大凹陷、焊瘤，接头处不应有裂缝。

④ 搭接焊的预弯和搭接，应保证两根钢筋在同一直线上，焊缝长度不小于搭接长度。

⑤ 帮条焊的两根主筋之间应留 $2\sim5$mm 的间隙。

⑥ 接头处钢筋轴线的偏移不得超过 $0.1d$ 或 3mm，接头弯折不得超过 $4°$，帮条焊的帮条沿接头中心线纵向偏移不得超过 $0.5d$。

⑦ 坡口焊的钢筋坡面应加工平顺，切口不应有裂缝、缺棱和钝边；钢筋根部最大间隙不宜超过 10mm；加强焊缝的宽度应超过 V 形坡口边缘 $2\sim3$mm，高度为 $2\sim3$mm。为防止接头过热，可采用几个接头轮流施焊。

⑧ 熔槽帮条焊的两根钢筋端头应加工平整，端面间隙为 $10\sim16$mm。焊接时电流宜稍大，从焊缝根部引弧连续施焊，形成熔池，保证钢筋端部熔和良好。

焊平后进行加强焊缝焊接，其高度为 $2\sim3$mm。焊接过程中要及时清渣。

⑨ 采用钢筋电弧焊时，应考虑到因焊接引起的结构变形，可采取选用合理的焊接顺序、分层轮流施焊或对称施焊等措施。

（3）电渣压力焊操作要点

① 按工艺流程操作，钢筋电渣压力焊流程如图 5-1 所示，选择合适的焊接参数（表5-9）施焊。

图 5-1　钢筋电渣压力焊流程

表 5-9　钢筋电渣压力焊焊接参数

钢筋直径 /mm	焊接电流 /A	焊接电压/V		焊接通电时间/s	
		电弧过程 U_1	电渣过程 U_2	电弧过程 t_1	电渣过程 t_2
14	$200\sim220$			12	3
16	$200\sim250$			14	4
18	$250\sim300$			15	5
20	$300\sim350$			17	5
22	$350\sim400$			18	6
25	$400\sim450$	$40\sim45$	$22\sim27$	21	6
28	$500\sim550$			24	6
32	$600\sim650$			27	7
36	$700\sim750$			30	8
40	$850\sim900$			33	9

② 根据施焊钢筋直径选择具有足够容量的焊接变压器，配备电源开关和电源线。施焊钢筋端部如有锈斑、水泥、油污等附着物，必须清理干净，端部的弯折、扭曲部位应矫直或切除。

③ 施焊前检查电源及控制电路是否正常，如电源的电压降大于 5%，不宜进行焊接。

④ 钢筋安装应上下同心，竖肋对齐，夹具紧固，严防晃动。引弧过程力求可靠，引弧后，应控制焊接电压值为 40～50V，进入全部电弧过程，使其达到全部焊接时间的 3/4；随着电弧过程的完成，稍快送上钢筋，保持焊接电压值在 22～27V，转变为电渣过程的延时，使其为全部焊接时间的 1/4；顶压钢筋时，压力适当，保持压力数秒后方可松开操纵杆，以免接头偏斜或接合不良。

⑤ 在焊接过程中，要准确掌握好焊接通电时间，注意工作电压变化情况提升或降低上钢筋，使工作压力稳定在参数内。在施焊过程中，应采取措施扶正钢筋上端，防止上下钢筋错位和夹具变形。

⑥ 接头焊接完毕应停歇至少 30s 后，方可卸下焊接夹具，清除熔渣。

⑦ 接头周围焊包应均匀，突出部分最少高出钢筋表面 4mm；电极与钢筋接触处，应无明显的烧伤缺陷。

⑧ 接头处的轴线偏移应不超过 0.1 倍钢筋直径，同时不大于 2mm，接头处的弯折角不大于 4°。

⑨ 外观检查不合格的接头应切除重焊，或采取补强措施。

（4）埋弧压力焊操作要点

① 进行埋弧压力焊时，当接通电源引弧后，根据钢筋直径大小，延续时间进行熔化，待钢筋端部和钢板熔化后，应及时迅速顶压。

② 施焊中随时清除电极钳口的铁锈和污物，及时修正电极槽口的形状，以确保焊接质量。

③ 焊接外观质量应达到焊包均匀，钢板无焊穿、凹陷现象；钢筋咬边深度不得超过 0.5mm，钢筋相对钢板的直角偏差不大于 4°，钢筋间距偏差不大于 ±10mm。

（5）气压焊操作要点

① 施焊的钢筋端头约 100mm 范围内应清理洁净无污物，端头的端面应平整，并且与钢筋轴线垂直。

② 钢筋安装时，上、下钢筋应对齐、垂直，压焊区两钢筋轴线的相对偏心值不大于 0.15d，同时不应大于 4mm。夹具应上紧，利用加压器对钢筋施加约 30MPa 的预压力。

③ 加热焊缝温度达到 1000～1100℃、焊缝闭合时，立即施加顶锻压力镦粗焊缝至钢筋直径的 1.4 倍，镦粗区长度不应小于钢筋直径的 1.2 倍，镦粗区凸起部分应平缓圆滑。

④ 接头处两根钢筋轴线弯折不得大于 4°。

2. 钢筋机械连接接头质量控制

（1）接头性能等级及应用

① 钢筋机械连接接头的设计，应满足接头强度（屈服强度及抗拉强度）及变形性能的要求。

② 钢筋机械连接件的屈服承载力和抗拉承载力的标准值，不应小于被连接钢筋的屈服承载力和抗拉承载力标准值的 1.10 倍。

③ 钢筋接头应根据接头的性能等级和应用场合，对静力单向拉伸性能、高应力反复拉

压、大变形反复拉压、抗疲劳、耐低温等各项性能确定相应的检验项目。

④ 接头应根据静力单向拉伸性能，以高应力和大变形条件下反复拉、压性能的差异，分为下列三个性能等级。

A级：接头抗拉强度达到或超过母材抗拉强度标准值，并具有高延性及反复拉压性能。

B级：接头抗拉强度达到或超过母材屈服强度标准值的1.35倍，具有一定的延性及反复拉压性能。

C级：接头仅能承受压力。

⑤ 接头性能等级的选定应符合下列规定。

a. 混凝土结构中要求充分发挥钢筋强度或对接头延性要求较高的部位，应采用A级接头。

b. 混凝土结构中钢筋受力小或对接头延性要求不高的部位，可采用B级接头。

c. 非抗震设防和不承受动力荷载的混凝土结构中钢筋只承受压力的部位，可采用C级接头。

⑥ 钢筋连接件的混凝土保护层厚度应满足国家现行标准《混凝土结构设计规范》（GB 50010）中受力钢筋混凝土保护层最小厚度的要求，且不得小于15mm。连接件之间的横向净距不宜小于25mm。

⑦ 受力钢筋机械连接接头的位置应相互错开。在任一接头中心至长度为钢筋直径35倍的区段范围内，有接头的受力钢筋截面面积占受力钢筋总截面面积的百分率，应符合下列规定：

a. 受拉区的受力钢筋接头百分率不宜超过50%。

b. 在受拉区的钢筋受力小的部位，A级接头百分率可不受限制。

c. 接头宜避开有抗震设防要求的框架梁端和柱端的箍筋加密区；当无法避开时，接头应采用A级，且接头百分率不应超过50%。

d. 受压区和装配式构件中钢筋受力较小部位，A级和B级接头百分率可不受限制。

⑧ 当对具有钢筋接头的构件进行试验并取得可靠数据时，接头的应用范围可根据工程实际情况进行适当调整。

（2）钢筋锥（直）螺纹接头

① 钢筋锥（直）螺纹接头套丝和锥螺纹钢筋连接的操作人员，必须经过培训、考核、持证上岗。

② 使用的力矩扳手，每半年用扭力仪检定一次，其精度为±5%。质量检验与施工安装用的力矩扳手分开使用，不得混用。

③ 加工的钢筋接头套丝的规格（锥度、牙形、螺距等）必须与连接套的规格一致，且经配套的量规检测合格。

④ 经检验合格的锥螺纹丝头、连接套的丝扣应采取保护措施，确保干净、完好无损。

⑤ 钢筋连接时，应对准轴线方向将锥螺纹丝头拧入连接套，并用力矩扳手拧紧，其拧紧力矩值见表5-10。按规定的力矩值施拧，不得超拧，拧紧后的接头应做标志。

表 5-10 接头拧紧力矩值

钢筋直径/mm	16	18	20	22	25～28	32	36～40
拧紧力矩/(N·m)	118	145	177	216	275	314	343

⑥ 接头的外观要求。钢筋与连接套的规格一致，无完整接头丝扣外露。施工现场钢筋锥（直）螺纹接头质量检查记录见表 5-11。

表 5-11 钢筋锥（直）螺纹接头质量检查记录

工程名称						检验日期	
结构所在层数						构件种类	
钢筋规格	接头位置	无完整丝扣外露	规定力矩值 /(N·m)	施工力矩值 /(N·m)	检验力矩值 /(N·m)	检验结论	

注：检验结论：合格"√"；不合格"×"。

检查单位：　　　　　　　　　　　　　检查人员：

检验日期：　　　　　　　　　　　　　负 责 人：

（3）带肋钢筋套筒挤压连接

① 检查挤压设备，有下列情况之一时，应对挤压机的挤压力进行标定。

a. 新挤压设备使用前。

b. 旧挤压设备大修后。

c. 油压表受损或强烈震动后。

d. 套筒压痕异常且查不出其它原因时。

e. 挤压设备使用超过一年。

f. 挤压的接头数超过 5000 个。

② 挤压前应做下列准备工作。

a. 钢筋端头的锈皮、泥沙、油污等杂物应清理干净。

b. 应对套筒做外观尺寸检查。

c. 应对钢筋与套筒进行试套，如钢筋有马蹄、弯折或纵肋尺寸过大，应预先矫正或用砂轮打磨。不同直径钢筋的套筒不得相互串用。

d. 检查挤压设备，并进行试压，符合要求后方可作业。

③ 挤压操作应符合下列要求。

a. 挤压操作时采用的挤压力、压模宽度、压痕直径或挤压后套筒长度的波动范围、挤压道数，均应符合经形式检验确定的技术参数要求。

b. 压模、套筒与钢筋应配套使用，压模上应有对应的连接钢筋规格标记。

c. 钢筋连接端应画出明显的定位标记，确保在挤压时和挤压后按定位标记检查钢筋伸入套筒内的长度。

d. 应按标记检查钢筋插入套筒内的深度，钢筋端头离套筒长度中点不宜超过 10mm。

e. 挤压时，挤压机与钢筋轴线应保持垂直。

f. 挤压宜从套筒中央开始，并依次向两端挤压。

g. 宜先挤压一端套筒，在施工作业区插入待接钢筋后，再挤压另一端套筒。

④ 施工现场挤压接头外观检查记录见表 5-12。

⑤ 不同直径的带肋钢筋可采用挤压接头连接。当套筒两端外径和壁厚相同时，被连接

表 5-12 施工现场挤压接头外观检查记录

工程名称		楼层号		构件类型	
验收批号		验收批数量		抽检数量	
连接钢筋直径/mm			套筒外径(或长度)/mm		

外观检查内容		压痕处套筒外径 (或挤压后套筒长度)		规定挤压道次		接头弯折 ≤4°		套筒无肉眼 可见裂缝	
		合格	不合格	合格	不合格	合格	不合格	合格	不合格
外观检查不合格接头的编号	1								
	2								
	3								
	4								
	5								
	6								
	7								
	8								
	9								
	10								
评定结论									

注: 1. 接头外观检查抽检数量应不少于验收批接头数量的 10%。

2. 外观检查内容共四项, 其中压痕处套筒外径 (或挤压后套筒长度)、挤压道次的合格标准, 由产品供应单位根据形式检验结果提供。接头弯折≤4°为合格, 套筒表面有无裂缝以无肉眼可见裂缝为合格。

3. 仅要求对外观检查不合格接头做记录, 四项外观检查内容中, 任一项不合格即为不合格, 记录时可在合格与不合格栏中打"√"。

4. 外观检查不合格接头数超过抽检数的 10% 时, 该验收批外观质量评为不合格。

检查人: 　　　　　　　负责人: 　　　　　　　　　　　　　　日期:

钢筋的直径相差不应大于 5mm。

⑥ 挤压连接的操作人员必须经过培训、考核, 持证上岗。

(4) 钢筋接头设置

① 钢筋的接头宜设置在受力较小处, 同一纵向受力钢筋不宜设置两个或两个以上接头。接头末端至钢筋弯起点的距离不应小于钢筋直径的 10 倍。

② 当受力钢筋采用机械连接接头或焊接接头时, 设置在同一构件内的接头宜相互错开。

纵向受力钢筋机械连接接头及焊接接头连接区段的长度为 $35d$ (d 为纵向受力钢筋的较大直径) 且不小于 500mm, 凡接头中点位于该连接区段长度内的接头, 均属于同一连接区段。同一连接区段内, 纵向受力钢筋机械连接及焊接的接头面积百分率为该区段内有接头的纵向受力钢筋截面面积与全部纵向受力钢筋截面面积的比值。

同一连接区段内, 纵向受力钢筋的接头面积百分率应符合设计要求。当设计无具体要求时, 应符合下列规定。

a. 在受拉区不宜大于 50%。

b. 接头不宜设置在有抗震设防要求的框架梁端、柱端的箍筋加密区; 当无法避开时, 等强度、高质量机械连接接头不应大于 50%。

c. 直接承受动力荷载的结构构件中, 不宜采用焊接接头; 当采用机械连接接头时, 不应大于 50%。

③ 同一构件中相邻纵向受力钢筋的绑扎搭接接头应相互错开。绑扎搭接接头中钢筋的横向净距不应小于钢筋直径，且不应小于 25mm。

钢筋绑扎搭接接头连接区段的长度为 $1.3l_1$（l_1 为搭接长度），凡搭接接头中点位于该连接区段长度内的搭接接头，均属于同一连接区段。同一连接区段内，纵向钢筋搭接接头面积百分率为该区段内有搭接接头的纵向受力钢筋截面面积与全部纵向受力钢筋截面面积的比值，如图 5-2 所示。

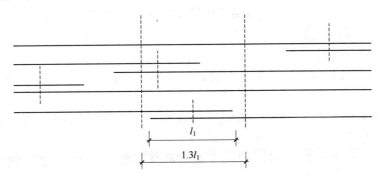

图 5-2 钢筋绑扎搭接接头连接区段及接头面积百分率

注：图中所示搭接头同一连接区段内的搭接钢筋为两根，

当各钢筋直径相同时，接头面积百分率为 50%。

同一连接区段内，纵向受拉钢筋搭接接头面积百分率应符合设计要求。当设计无具体要求时，应符合下列规定。

a. 梁类、板类及墙类构件不宜大于 25%。

b. 柱类构件不宜大于 50%。

c. 当工程中确有必要增大接头面积百分率时，梁类构件不应大于 50%，其它构件可根据实际情况放宽。纵向受拉钢筋绑扎搭接接头的最小搭接长度应符合表 5-13 的规定。

表 5-13 纵向受拉钢筋绑扎搭接接头的最小搭接长度

项　　目		C15	C20～C25	C30～C35	≥C40
光圆钢筋	HPB300 级	$45d$	$35d$	$30d$	$25d$
带肋钢筋	HRB335 级	$55d$	$45d$	$35d$	$30d$
	HRB400 级、RRB400 级		$55d$	$40d$	$35d$

注：两根直径不同的钢筋搭接长度，以较细钢筋的直径计算。

④ 在梁、柱类构件的纵向受力钢筋搭接长度范围内，应按设计要求配置箍筋。当设计无具体要求时，应符合下列规定。

a. 箍筋直径不应小于搭接钢筋较大直径的 0.25 倍。

b. 受拉搭接区段的箍筋间距不应大于搭接钢筋较小直径的 5 倍，且不应大于 100mm。

c. 受压搭接区段的箍筋间距不应大于搭接钢筋较小直径的 10 倍，且不应大于 200mm。

d. 当柱中纵向受力钢筋直径大于 25mm 时，应在搭接接头两个端面外 100mm 范围内各设置两个箍筋，其间距宜为 50mm。

（5）纵向受力钢筋的最小搭接长度

① 当纵向受拉钢筋的绑扎搭接接头面积百分率不大于 25% 时，其最小搭接长度应符合

表 5-13 的规定。

② 当纵向受拉钢筋搭接接头面积百分率大于 25%，但不大于 50% 时，其最小搭接长度应按表 5-13 中的数值乘以系数 1.2 取用；当接头面积百分率大于 50% 时，应按表 5-13 中的数值乘以系数 1.35 取用。

③ 当符合下列条件时，纵向受拉钢筋的最小搭接长度应根据①条、②条确定后，按下列规定进行修正。

a. 当带肋钢筋的直径大于 25mm 时，其最小搭接长度应按相应数值乘以系数 1.1 取用。

b. 环氧树脂涂层的带肋钢筋，其最小搭接长度应按相应数值乘以系数 1.25 取用。

c. 当在混凝土凝固过程中受力钢筋易受扰动时（如滑模施工），其最小搭接长度应按相应数值乘以系数 1.1 取用。

d. 末端采用机械锚固措施的带肋钢筋，其最小搭接长度可按相应数值乘以系数 0.7 取用。

e. 当带肋钢筋的混凝土保护层厚度大于搭接钢筋直径的 3 倍且配有箍筋时，其最小搭接长度可按相应数值乘以系数 0.8 取用。

f. 有抗震设防要求的结构构件，其受力钢筋的最小搭接长度，一、二级抗震等级应按相应数值乘以系数 1.15 取用，三级抗震等级应按相应数值乘以系数 1.05 取用。在任何情况下，受拉钢筋的搭接长度不应小于 300mm。

g. 纵向受压钢筋搭接时，其最小搭接长度应根据上述①至③条的规定确定相应数值后，乘以系数 0.7 取用。在任何情况下，受压钢筋的搭接长度不应小于 200mm。

二、钢筋连接检验批质量验收标准

1. 主控项目

（1）钢筋的连接方式应符合设计要求。

检查数量：全数检查。

检验方法：观察。

（2）钢筋采用机械连接或焊接连接时，钢筋机械连接接头、焊接接头的力学性能、弯曲性能应符合国家现行相关标准的规定。接头试件应从工程实体中截取。

检查数量：按现行行业标准《钢筋机械连接技术规程》（JGJ 107）和《钢筋焊接及验收规程》（JGJ 18）的规定确定。

检验方法：检查质量证明文生和抽样检验报告。

（3）螺纹接头应检验拧紧扭矩值，挤压接头应量测压痕直径，检验结果应符合现行行业标准《钢筋机械连接技术规程》（JGJ 107）的相关规定。

检查数量：按现行行业标准《钢筋机械连接技术规程》（JGJ 107）的规定确定。

检验方法：采用专用扭力扳手或专用量规检查。

2. 一般项目

（1）钢筋接头的位置应符合设计和施工方案要求。有抗震设防要求结构中，梁端、柱端箍筋加密区范围内不应进行钢筋搭接。接头末端至钢筋弯起点距离不应小于钢筋直径的 10 倍。

检查数量：全数检查。

检验方法：观察，尺量。

（2）钢筋机械连接接头、焊接接头的外观质量应符合现行行业标准《钢筋机械连接技术规程》（JGJ 107）和《钢筋焊接及验收规程》（JGJ 18）的规定。

检查数量：按现行行业标准《钢筋机械连接技术规程》（JGJ 107）和《钢筋焊接及验收规程》（JGJ 18）的规定确定。

检验方法：观察，尺量。

（3）当纵向受力钢筋采用机械连接接头或焊接接头时，同一连接区段内纵向受力钢筋的接头面积百分率应符合设计要求；当设计无具体要求时，应符合下列规定。

① 受拉接头，不宜大于 50%；受压接头，可不受限制；

② 直接承受动力荷载的结构构件中，不宜采用焊接；当采用机械连接时，不应超过 50%。

检查数量：在同一检验批内，对梁、柱和独立基础，应抽查构件数量的 10%，且不应少于 3 件；对墙和板，应按有代表性的自然间抽查 10%，且不应少于 3 间；对大空间结构，墙可按相邻轴线间高度 5m 左右划分检查面，板可按纵横轴线划分检查面，抽查 10%，且均不应少于 3 面。

检验方法：观察，尺量。

【注】 1. 接头连接区段是指长度为 35d 且不小于 500mm 的区段，d 为相互连接两根钢筋的直径较小值。

2. 同一连接区段内纵向受力钢筋接头面积百分率为接头中点位于该连接区段内的纵向受力钢筋截面面积与全部纵向受力钢筋截面面积的比值。

（4）当纵向受力钢筋采用绑扎搭接接头时，接头的设置应符合下列规定：

① 接头的横向净间距不应小于钢筋直径，且不应小于 25mm；

② 同一连接区段内，纵向受拉钢筋的接头面积百分率应符合设计要求；当设计无具体要求时，应符合下列规定。

a. 梁类、板类或墙类构件，不宜超过 25%；基础筏板，不宜超过 50%。

b. 柱类构件，不宜超过 50%。

c. 当工程中确有必要增大接头面积百分率时，对梁类构件，不应大于 50%。

检查数量：在同一检验批内，对梁、柱和独立基础，应抽查构件数量的 10%，且不应少于 3 件；对墙和板，应按有代表性的自然间抽查 10%，且不应少于 3 间；对大空间结构，墙可按相邻轴线间高度 5m 左右划分检查面，板可按纵横轴线划分检查面，抽查 10%，且均不应少于 3 面。

检验方法：观察，尺量。

【注】 1. 接头连接区段是指长度为 1.3 倍搭接长度的区段。搭接长度取相互连接两根钢筋中较小直径计算。

2. 同一连接区段内纵向受力钢筋接头面积百分率为接头中点位于该连接区段长度内的纵向受力钢筋截面面积与全部纵向受力钢筋截面面积的比值。

（5）梁、柱类构件的纵向受力钢筋搭接长度范围内箍筋的设置应符合设计要求；当设计无具体要求时，应符合下列规定。

① 箍筋直径不应小于搭接钢筋较大直径的 1/4；

② 受拉搭接区段的箍筋间距不应大于搭接钢筋较小直径的 5 倍，且不应大于 100mm；

③ 受压搭接区段的箍筋间距不应大于搭接钢筋较小直径的 10 倍，且不应大于 200mm；

④ 当柱中纵向受力钢筋直径大于 25mm 时，应在搭接接头两个端面外 100mm 范围内各设置二个箍筋，其间距宜为 50mm。

检查数量：在同一检验批内，应抽查构件数量的 10%，且不应少于 3 件。

检验方法：观察，尺量。

第五节　钢筋安装

一、施工过程质量控制

（1）钢筋安装时，施工人员必须熟悉施工图纸，合理安排钢筋安装进度和施工顺序，检查钢筋品种、级别、规格、数量是否符合设计要求。

（2）钢筋应绑扎牢固，防止钢筋移位。

板和墙的钢筋网，除靠近外围两行钢筋的交叉点全部扎牢外，中间部分交叉点可间隔交错扎牢，但必须保证受力钢筋不产生位置偏移；双向受力的钢筋必须全部扎牢。

梁和柱的箍筋，除设计有特殊要求外，应与受力钢筋垂直设置；箍筋弯钩叠合处，应沿受力钢筋方向错开设置。

在柱中竖向钢筋搭接时，角部钢筋的弯钩平面与模板面的夹角，矩形柱应为 45°角，多边形柱应为模板内角的平分角，圆形柱钢筋的弯钩平面应与模板的切平面垂直；中间钢筋的弯钩平面应与模板面垂直；当采用插入式振捣器浇筑小型截面柱时，弯钩平面与模板面的夹角不得小于 15°。

面积大的竖向钢筋网可采用钢筋斜向拉结加固，各交叉点的绑扎扣应变换方向绑扎。

（3）墙体中配置双层钢筋时，可采用 S 钩等细钢筋撑件加以固定；板中配置双层钢筋网时，需用撑脚支托钢筋网片，撑脚可用相应的钢筋制成。

（4）梁和柱的箍筋，应按事先画线确定的位置，将各箍筋弯钩处沿受力钢筋方向错开放置。绑扎扣应变换方向绑扎，以防钢筋骨架斜向一方。

（5）根据钢筋的直径、间距，均匀、适量、可靠地垫好混凝土保护层砂浆垫块，竖向钢筋可采用带铁丝的垫块绑在钢筋骨架外侧；当梁中配有两排钢筋时，可采用短钢筋作为垫筋垫在下排钢筋上。

受力钢筋的混凝土保护层厚度应符合设计要求；当设计无具体要求时，不应小于受力钢筋直径，并应符合表 5-14 的规定。

表 5-14　受力钢筋的混凝土保护层厚度　　　　　　　　　　　单位：mm

环境与条件	构件名称	混凝土强度等级		
		低于 C25	C25 及 C30	高于 C30
室内正常环境	板、墙、壳	15		
	梁和柱	25		
露天或室内高湿度环境	板、墙、壳	35	25	15
	梁和柱	45	35	25
有垫层	基础	35		
无垫层		70		

注：1. 处于室内正常环境由工厂生产的预制构件，当混凝土强度等级不低于 C20 且施工质量有可靠保证时，其保护层厚度可按表中规定减少 5mm，但预制构件中的预应力钢筋（包括冷拔低碳钢丝）的保护层厚度不应小于 15mm；处于露天或室内高湿度环境的预制构件，当表面另做水泥砂浆抹面层且有质量保证措施时，保护层厚度可采用表中室内正常环境中构件的数值。

2. 钢筋混凝土受弯构件，钢筋端头的保护层厚度一般为 10mm；预制的肋形板，其主肋的保护层厚度可按梁考虑。

3. 板、墙、壳中分布钢筋的保护层厚度应不小于 10mm，梁柱中箍筋和构造钢筋的保护层厚度不应小于 15mm。

（6）必须严格控制梁、板、悬挑构件上部纵向受力钢筋位置正确，浇筑混凝土时，应有专人负责看钢筋，有松脱或位移的及时纠正，以免影响构件承载能力和抗裂性能。

（7）基础内的柱子插筋，其箍筋应比柱的箍筋小一个箍筋直径，以便连接。下层柱的钢筋露出楼面部分，宜用工具式箍筋将其收进一个柱筋直径，以便上层柱的钢筋搭接。

（8）钢筋骨架吊装入模时，应力求平稳。钢筋骨架用"扁担"起吊，吊点应根据骨架外形预先确定，骨架钢筋各交叉点应绑扎牢固，必要时焊接牢固。绑扎和焊接的钢筋网和钢筋骨架，不得变形、松脱和开焊。

（9）安装钢筋时，配置的钢筋品种、级别、规格和数量必须符合设计图纸的要求。钢筋安装位置的允许偏差和检验方法应符合表 5-15 的要求。

表 5-15　钢筋安装位置允许偏差和检验方法

项目		允许偏差/mm	检验方法
绑扎钢筋网	长、宽	±10	尺量
	网眼尺寸	±20	尺量连续三档，取最大偏差值
绑扎钢筋骨架	长	±10	尺量
	宽、高	±5	尺量
纵向受力钢筋	锚固长度	−20	尺量
	间距	±10	尺量两端、中间各一点，取最大偏差值
	排距	±5	
纵向受力钢筋、箍筋的混凝土保护层厚度	基础	±10	尺量
	柱、梁	±5	尺量
	板、墙、壳	±3	尺量
绑扎箍筋、横向钢筋间距		±20	尺量连续三档，取最大偏差值
钢筋弯起点位置		20	尺量，沿纵、横两个方向量测，并取其中偏差的较大值
预埋件	中心线位置	5	尺量
	水平高差	+3,0	塞尺量测

注：检查中心线位置时，沿纵、横两个方向量测，并取其中偏差的较大值。

二、　钢筋安装检验批质量验收标准

1. 主控项目

（1）钢筋安装时，受力钢筋的牌号、规格和数量必须符合设计要求。

检查数量：全数检查。

检验方法：观察，尺量。

（2）受力钢筋的安装位置、锚固方式应符合设计要求。

检查数量：全数检查。

检验方法：观察，尺量。

2. 一般项目

钢筋安装位置允许偏差及检验方法应符合表 5-15 的规定。受力钢筋保护层厚度的合格点率应达到 90% 及以上，且不得有超过表中数值 1.5 倍的尺寸检查。

检查数量：在同一检验批内，对梁、柱和独立基础，应抽查构件数量的 10%，且不少于 3 件；对墙和板，应按有代表性的自然间抽查 10%，且不少于 3 间；对大空间结构，墙可按相邻轴线间高度 5m 左右划分检查面，板可按纵横轴线划分检查面，抽查 10%，且均不少于 3 面。

第六节　混凝土原材料

混凝土分项工程是从水泥、砂、石、水、外加剂、矿物掺合料等原材料进场检验，混凝土配合比设计及其称量、拌制、运输、浇筑、养护、试件制作直至混凝土达到预定强度等一系列技术工作和完成实体的总称。在整个过程中，各个工序紧密联系，相互影响，如其中任一个工序处理不当，都会影响混凝土工程的最终质量。混凝土分项所含的检验批可根据施工工序和验收的需要确定。

一、施工过程质量控制

1. 水泥和矿物掺合料

（1）水泥应当选用质量稳定的旋窑生产的散装水泥（硅酸盐水泥和普通硅酸盐水泥）。水泥进场时必须查验质量保证书，对水泥的品种、强度等级、批号、出场日期等进行核实登记。按相关国家标准对水泥强度、安定性及其它必要性能指标进行复验。

（2）应选用Ⅱ级及以上的矿物掺和料，按相关标准要求抽样复验，复验合格后方可使用。粉煤灰取代水泥的最大限量应通过试验确定，使用普通硅酸盐水泥的钢筋混凝土最大限量为 25%。其它种类的混凝土或使用其他品种水泥，不得超过国家标准 GB/T 50146《粉煤灰混凝土应用技术规范》的规定。对露天工程和道路使用的混凝土应严格按相关规范的规定限制添加粉煤灰等火山灰质掺合料。

（3）水泥和掺合料筒仓应定期清仓，并做好记录。水泥出现受潮、结块等现象，不得使用，超过质保期及对其质量有怀疑的，应根据复验结果确定如何使用。

（4）用于钢筋混凝土结构及预应力混凝土结构时，严禁使用含氯化物的水泥和掺合料。

2. 外加剂

（1）混凝土外加剂的质量及应用应符合相关标准规范的规定。混凝土生产前必须按标准规范的规定检验合格后方可使用。不具备外加剂检验能力的企业应委托具备相应资质和能力的检测机构进行检验。应做好外加剂与水泥的适应性试验，其合理掺量通过试验确定。在预应力混凝土结构中，严禁使用含有氯化物的外加剂，混凝土拌合物氯化物总量应符合 GB 50164《混凝土质量控制标准》的规定，混凝土中氯化物和碱的总含量亦应符合 GB 50010《混凝土结构设计规范》要求。

（2）应定期清除外加剂贮仓中的沉渣，要经常检查贮仓内外加剂的密度、称量装置的阀门，防止漏液。

3. 粗细骨料

粗、细骨料质量应符合 JGJ 52《普通混凝土用砂、石质量标准及检验方法》的规定。

对于质量有明显外观差异及波动性较大的粗、细骨料，应该增加检验批次，骨料堆放应有隔仓板，各种不同规格材料，不得混堆。严禁使用海砂。

4. 拌和用水

预拌混凝土宜使用饮用水，当采用其它水源时，水质应符合 JGJ 63《混凝土用水标准》的规定，并对氯离子含量进行检验，合格后方可使用。

二、混凝土原材料检验批

1. 主控项目

（1）水泥进场时，应对其品种、代号、强度等级、包装或散装仓号、出厂日期等进行检查，并应对水泥的强度、安定性和凝结时间进行检验，检验结果应符合现行国家标准《通用硅酸盐水泥》（GB 175）的相关规定。

检查数量：按同一厂家、同一品种、同一代号、同一强度等级、同一批号且连续进场的水泥，袋装不超过 200t 为一批，散装不超过 500t 为一批，每批抽样数量不应少于一次。

检验方法：检查质量证明文件和抽样检验报告。

（2）混凝土外加剂进场时，应对其品种、性能、出厂日期等进行检查，并应对外加剂的相关性能指标进行检验，检验结果应符合现行国家标准《混凝土外加剂》（GB 8076）和《混凝土外加剂应用技术规范》（GB 50119）的规定。

检查数量：按同一厂家、同一品种、同一性能、同一批号且连续进场的混凝土外加剂，不超过 50t 为一批，每批抽样数量不应少于一次。

检验方法：检查质量证明文件和抽样检验报告。

2. 一般项目

（1）混凝土用矿物掺合料进场时，应对其品种、性能、出厂日期等进行检查，并应对矿物掺合料的相关性能指标进行检验，检验结果应符合国家现行有关标准的规定。

检查数量：按同一厂家、同一品种、同一批号且连续进场的矿物掺合料，粉煤灰、矿渣粉、磷渣粉、钢铁渣粉和复合矿物掺合料不超过 200t 为一批，沸石粉不超过 120t 为一批，硅灰不超过 30t 为一批，每批抽样数量不应少于一次。

检验方法：检查质量证明文件和抽样检验报告。

（2）混凝土原材料中的粗骨料、细骨料质量应符合现行行业标准《普通混凝土用砂、石质量及检验方法标准》（JGJ 52）的规定，使用经过净化处理的海砂应符合现行行业标准《海砂混凝土应用技术规范》（JGJ 206）的规定，再生混凝土骨料应符合现行国家标准《混凝土用再生粗骨料》（GB/T 25177）和《混凝土和砂浆用再生细骨料》（GB/T 25176）的规定。

检查数量：按现行行业标准《普通混凝土用砂、石质量及检验方法标准》（JGJ 52）的规定确定。

检验方法：检查抽样检验报告。

（3）混凝土拌制及养护用水应符合现行行业标准《混凝土用水标准》（JGJ 63）的规定。采用饮用水作为混凝土用水时，可不检验；采用中水、搅拌站清洗水、施工现场循环水等其他水源时，应对其成分进行检验。

检查数量：同一水源检查不应少于一次。

检验方法：检查水质检验报告。

第七节　混凝土拌合物

一、施工过程质量控制

（1）混凝土应按国家现行标准 JGJ 55《普通混凝土配合比设计规程》的有关规定，根据混凝土强度等级、耐久性和工作性等要求进行配合比设计。有特殊要求的混凝土，其配合比设计尚应符合国家现行有关标准的专门规定。

① 混凝土配合比，由试验室根据工程特点、组成材料的质量、施工方法等因素，经过理论计算和试配来合理确定。泵送混凝土配合比应考虑泵送的垂直和水平距离、弯头设置、泵送设备的技术条件等因素，按有关规定设计，并应符合现行国家标准 GB 50204《混凝土结构工程施工质量验收规范》的规定。

② 根据试验室经试配确定的配合比设计资料，在施工中测定砂、石含水率，并根据测试结果调整材料用量，提出施工配合比。

（2）为了确保混凝土强度等级、耐久性和工作性，在检验中应控制混凝土的最大水灰比和最小水泥用量，见表 5-16。同时混凝土的最大水泥用量也不宜大于 $550kg/m^3$。

（3）混凝土浇筑时的坍落度，应按表 5-17 选用。

表 5-16　混凝土的最大水灰比和最小水泥用量

环境条件		结构物类别	最大水灰比			最小水泥用量/（kg/m³）		
			素混凝土	钢筋混凝土	预应力混凝土	素混凝土	钢筋混凝土	预应力混凝土
1. 干燥环境		正常的居住或办公用房屋内部件	不做规定	0.65	0.60	200	260	300
2. 潮湿环境	无冻害	高湿度的室内部件、室外部件、在非侵蚀性土和（或）水中的部件	0.70	0.60	0.60	225	280	300
	有冻害	经受冻害的室外部件、在非侵蚀性土和（或）水中且经受冻害的部件、高湿度且经受冻害的室内部件	0.55	0.55	0.55	250	280	300
3. 有冻害和除冰剂的潮湿环境		经受冻害和除冰剂作用的室内和室外部件	0.50	0.50	0.50	300	300	300

注：1. 当用活性掺合料取代部分水泥时，表中的最大水灰比及最小水泥用量即为代替前的水灰比和水泥用量。

2. 配制 C15 级及其以下等级的混凝土，可不受本表限制。

3. 冬季施工应优先选用硅酸盐水泥和普通硅酸盐水泥，最少水泥用量不应少于 300，水灰比不应大于 0.60。

表 5-17　混凝土浇筑时的坍落度

结 构 种 类	坍落度/mm
基础或地面等的垫层、无配筋的大体积结构（挡土墙、基础等）或配筋稀疏的结构	10～30
板、梁和大型及中型截面的柱子等	30～50
配筋密列的结构（薄壁、斗仓、筒仓、细柱等）	50～70
配筋特密的结构	70～90

（4）首次使用的混凝土配合比应进行开盘鉴定，其工作性应满足设计配合比的要求。开始生产时应至少留置一组标准养护试件，作为验证配合比的依据。

二、混凝土拌合物检验批质量验收标准

1. 主控项目

（1）预拌混凝土进场时，其质量应符合现行国家标准《预拌混凝土》（GB/T 14902）的规定。

检查数量：全数检查。

检查方法：检查质量证明文件。

（2）混凝土拌合物不应离析。

检查数量：全数检查。

检查方法：观察。

（3）混凝土中氯离子含量和碱总含量应符合现行国家标准《混凝土结构设计规范》（GB 50010）的规定和设计要求。

检查数量：同一配合比的混凝土检查不应少于一次。

检查方法：检查原材料试验报告和氯离子、碱的总含量计算书。

（4）首次使用的混凝土配合比应进行开盘鉴定，其原材料、强度、凝结时间、稠度等应满足设计配合比的要求。

检查数量：同一配合比的混凝土检查不应少于一次。

检验方法：检查开盘鉴定资料和强度试验报告。

2. 一般项目

（1）混凝土拌合物稠度应满足施工方案的要求。

检查数量：对同一配合比混凝土，取样应符合下列规定：

① 每拌制 100 盘且不超过 100m³ 时，取样不得少于一次；

② 每工作班拌制不足 100 盘时，取样不得少于一次；

③ 每次连续浇筑超过 1000m³ 时，每 200m³ 取样不得少于一次；

④ 每一楼层取样不得少于一次。

检验方法：检查稠度抽样检验记录。

（2）混凝土有耐久性指标要求时，应在施工现场随机抽取试件进行耐久性检验，其检验结果应符合国家现行有关标准的规定和设计要求。

检查数量：同一配合比的混凝土，取样不应少于一次，留置试件数量应符合国家现行标准《普通混凝土长期性能和耐久性能试验方法标准》（GB/T 50082）和《混凝土耐久性检验评定标准》（JGJ/T 193）的规定。

检验方法：检查试件耐久性试验报告。

（3）混凝土有抗冻要求时，应在施工现场进行混凝土含气量检验，其检验结果应符合国家现行有关标准的规定和设计要求。

检查数量：同一配合比的混凝土，取样不应少于一次，取样数量应符合现行国家标准《普通混凝土拌合物性能试验方法标准》（GB/T 50080）的规定。

检验方法：检查混凝土含气量检验报告。

第八节 混凝土施工

一、施工过程质量控制

混凝土施工质量控制包括混凝土原材料计量、混凝土拌合物的搅拌、运输、浇筑和养护工序的控制。

1. 混凝土原材料的计量

（1）在混凝土每一工作班组正式称量前，应先检查原材料质量，必须使用合格材料。各种量器应定期校核，每次使用前进行零点校核，保持计量准确。

（2）施工中应测定骨料的含水率，当雨天施工含水率有显著变化时，应增加测定次数，依据测试结果及时调整配合比中的用水量和骨料用量。

（3）水泥、砂、石子、掺合料等干料的配合比，应采用质量法计量，严禁采用容积法；水的计量是在搅拌机上配置的水箱或定量水表上按体积计量；外加剂中的粉剂可按比例稀释为溶液，按用水量加入，也可将粉剂按比例与水泥拌匀，按水泥计量。混凝土原材料每盘称量的允许偏差见表5-18。

表5-18 原材料每盘称量的允许偏差

材料名称	水泥、混合材料	粗、细骨料	水、外加剂
允许偏差	±2%	±3%	±2%

2. 混凝土搅拌的质量控制

混凝土搅拌的最短时间可按表5-19采用。混凝土的搅拌时间，每一工作班组至少抽查两次。混凝土搅拌完毕后，应在搅拌地点和浇筑地点分别取样检测坍落度，每一工作班组不应少于两次，评定时应以浇筑地点的测值为准。

表5-19 混凝土搅拌的最短时间　　　　单位：s

混凝土坍落度/mm	搅拌机机型	搅拌机出料量/L		
		<250	250~500	>500
≤30	强制式	60	90	120
	自落式	90	120	150
>30	强制式	60	60	90
	自落式	90	90	120

注：1. 混凝土搅拌的最短时间指自全部材料装入搅拌筒中起，到开始卸料止的时间。

2. 当掺有外加剂时，搅拌时间应适当延长。

3. 全轻混凝土宜采用强制式搅拌机搅拌，砂轻混凝土可采用自落式搅拌机搅拌，但搅拌时间应延长60~90s。

4. 采用强制式搅拌机搅拌轻骨料混凝土的加料顺序是：当轻骨料在搅拌前预湿时，先加粗、细骨料和水泥搅拌30s，再加水继续搅拌；当轻骨料在搅拌前未预湿时，先加1/2的总用水量和粗、细骨料搅拌60s，再加水泥和剩余用水继续搅拌。

5. 当采用其它形式的搅拌设备时，搅拌的最短时间应按设备说明书的规定或经试验确定。

3. 混凝土运输、浇筑的质量控制

（1）混凝土运输过程中，应控制混凝土不离析、不分层、组成成分不发生变化，并保证卸料及输送通畅。如混凝土拌合物运送至浇筑地点出现离析或分层现象，应对其进行二次搅拌。

（2）混凝土浇筑前，应对模板、支架、钢筋和预埋件的质量、数量、位置等逐一检查，并做好记录，符合要求后方能浇筑混凝土。模板内的杂物和钢筋上的油污等清理干净，将模板的缝隙、孔洞堵严，并浇水湿润；在地基或基土上浇筑混凝土时，应清除淤泥和杂物，并应有排水和防水措施；干燥的非黏性土应先用水湿润，未风化的岩石应用水清洗，但其表面不得留有积水。

（3）混凝土自高处倾落的自由高度，不应超过 2m。当浇筑高度超过 3m 时，应采用串筒、溜管或振动溜管使混凝土下落。

（4）当混凝土需要分层浇筑时，其浇筑层厚度应符合表 5-20 的规定。

表 5-20 混凝土浇筑层厚度

捣实混凝土的方法		浇筑层厚度/mm
插入式振捣		振捣器作用部分长度的 1.25 倍
表面振动		200
人工捣固	在基础、无筋混凝土或配筋稀疏的结构中	250
	在梁、墙板、柱结构中	200
	在配筋密列的结构中	150
轻骨料混凝土	插入式振捣	300
	表面振动（振动时需加荷）	200

（5）混凝土运输、浇筑及间歇的全部时间不应超过混凝土的初凝时间。同一施工段的混凝土应连续浇筑，并应在底层混凝土初凝之前将上一层混凝土浇筑完毕。混凝土运输、浇筑及间歇的允许时间不得超过表 5-21 的规定。当底层混凝土初凝后浇筑上一层混凝土时，应按施工技术方案中对施工缝的要求进行处理。

表 5-21 混凝土运输、浇筑及间歇的允许时间

项 目	低于 25	高于 25
≤C30	210	180
>C30	180	150

注：当混凝土中掺有促凝剂或缓凝剂时，其允许时间应根据试验结果确定。

（6）采用振捣器捣实混凝土时，每一振点的振捣时间，应使混凝土表面呈现浮浆并不再下沉。

① 当采用插入式振捣器时，捣实普通混凝土的移动间距，不宜大于振捣器作用半径的 1.5 倍；捣实轻骨料混凝土的移动间距，不宜大于其作用半径；振捣器与模板的距离，不应大于其作用半径的 0.5 倍，并应避免碰撞钢筋、模板、芯管、吊环、预埋件或空心胶囊等；振捣器插入下层混凝土内的深度应不小于 50mm。

② 当采用表面振动器时，其移动间距应保证振动器的平板能覆盖已振实部分的边缘。

③ 当采用附着式振动器时，其设置间距应通过试验确定，并应与模板紧密连接。

④ 当采用振动台振实干硬性混凝土和轻骨料混凝土时，宜采用加压振动的方法，压力为 $1\sim3kN/m^2$。

（7）在浇筑与柱和墙连成整体的梁和板时，应在柱和墙浇筑完毕后停歇 $1\sim1.5h$，再继续浇筑。梁和板宜同时浇筑混凝土。起拱和高度大于 1m 的梁等结构，可单独浇筑混凝土。

（8）大体积混凝土的浇筑应合理分段分层进行，使混凝土沿高度均匀上升。

浇筑应在室外气温较低时进行，混凝土浇筑温度不宜超过 28℃（混凝土浇筑温度指混凝土振捣后，在混凝土 $50\sim100mm$ 深处的温度）。

（9）施工缝的位置应在混凝土浇筑前，按设计要求和施工技术方案确定。施工缝应留置在结构受力较小且便于施工的部位。

① 柱的施工缝应留置在基础的顶面、梁或吊车梁牛腿的下面、吊车梁的上面、无梁楼板柱帽的下面。

② 与板连成整体的大截面梁，施工缝应留置在板底面以下 $20\sim30mm$ 处。当板下有梁托时，施工缝应留置在梁托下部。

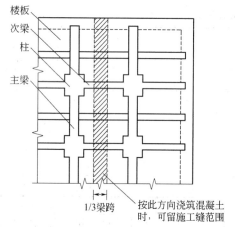

图 5-3 浇筑混凝土

③ 单向板的施工缝留置在平行于板的短边的任何位置。

④ 有主次梁的楼板宜顺着次梁方向浇筑，施工缝应留置在次梁跨度的中间 1/3 范围内，如图 5-3 所示。

⑤ 墙的施工缝留置在门洞口过梁跨中 1/3 范围内，也可留在纵横墙的交接处。

⑥ 双向受力楼板、大体积混凝土结构、拱、穹拱、薄壳、蓄水池、斗仓、多层钢架及其它结构复杂的工程，施工缝的位置应按设计要求留置。

（10）施工缝的处理应按施工技术方案执行。在施工缝处继续浇筑混凝土时，应符合下列规定。

① 已浇筑的混凝土，其抗压强度不应小于 $1.2N/mm^2$。

② 在已硬化的混凝土接缝面上，清除水泥薄膜、松动石子以及软弱混凝土层，并用水冲洗干净，且不得积水。

③ 在浇筑混凝土前，铺一层厚度为 $10\sim15mm$、与混凝土内成分相同的水泥砂浆。

④ 新浇筑的混凝土应仔细捣实，使新旧混凝土紧密结合。

（11）混凝土后浇带的留置位置应按设计要求和施工技术方案确定。后浇带混凝土浇筑应按施工技术方案进行。

4. 混凝土的养护

混凝土浇筑完毕后，应按施工技术方案及时采取有效的养护措施，并应符合下列规定。

（1）应在浇筑完毕后的 12h 以内，对混凝土加以覆盖并保湿养护。

（2）混凝土浇水养护的时间。采用硅酸盐水泥、普通硅酸盐水泥或矿渣硅酸盐水泥拌制的混凝土，不得少于 7 天；掺用缓凝型外加剂或有抗渗要求的混凝土，不得少于 14 天。

（3）浇水次数应能保持混凝土处于湿润状态，混凝土养护用水应与拌制用水相同。

（4）采用塑料布覆盖养护的混凝土，其敞露的全部表面应覆盖严密，并应保持塑料布内有凝结水。

（5）混凝土强度达到 1.2N/mm² 前，不得在其上踩踏或安装模板及支架。

① 当日平均气温低于 5℃ 时，不得浇水。

② 当采用其它品种水泥时，混凝土的养护时间应根据所采用水泥的技术性能确定。

③ 混凝土表面不便浇水或使用塑料布时，宜涂刷养护剂。

④ 大体积混凝土的养护，应根据气候条件按施工技术方案采取控温措施。

混凝土的冬期施工应符合国家现行标准 JGJ 104《建筑工程冬期施工规程》和施工技术方案的规定。

5. 混凝土质量检查

混凝土在拌制和浇筑过程中应进行以下检查。

（1）坍落度检查　检查拌制混凝土所用原材料的品种、规格和用量，每一工作班组至少两次；检查混凝土在浇筑地点的坍落度，每一工作班组不少于两次。

（2）强度检查　在混凝土的浇筑地点随机抽取混凝土试件，检查构件混凝土强度。

① 试件取用。检验评定混凝土强度用的混凝土试件的尺寸及强度的尺寸换算系数应按表 5-22 取用，其标准成型方法、标准养护条件及强度试验方法应符合普通混凝土力学性能试验方法标准的规定。

表 5-22　混凝土试件尺寸及强度的尺寸换算系数

骨料最大粒径/mm	试件尺寸/mm	强度的尺寸换算系数
≤31.5	100×100×100	0.95
≤40	150×150×150	1.00
≤63	200×200×200	1.05

注：强度等级为 C60 及以上的混凝土试件，其强度的尺寸换算系数可通过试验确定。

② 强度确定。

a. 每组三个试件应在同盘混凝土中取样制作，其试件的混凝土强度代表值应符合下列规定。

（a）取三个试件强度的平均值。

（b）当三个试件强度中的最大值或最小值与中间值之差超过中间值的 15％ 时，取中间值。

（c）当三个试件强度中的最大值和最小值与中间值之差均超过中间值的 15％ 时，该组试件不应作为强度评定依据。

b. 标准试件混凝土强度　评定结构构件的混凝土强度应采用标准试件的混凝土强度。即按标准方法制作的边长为 150mm 的标准尺寸立方体试件，在温度为 20℃±3℃、相对湿度为 90％ 以上的环境或水中标准条件下，养护至 28 天龄期时，按标准试验方法测得的混凝土立方体抗压强度。

③ 取样与试件留置应符合下列规定。

a. 每拌制 100 盘且不超过 100m³ 的同配合比混凝土，取样不得少于一次。

b. 每工作班组拌制的同一配合比混凝土不足 100 盘时，取样不得少于一次。

c. 当一次连续浇筑超过 1000m³ 时，同一配合比的混凝土每 200m³ 取样不得少于一次。

d. 每一楼层、同一配合比的混凝土，取样不得少于一次。

e. 每次取样应至少留置一组标准养护试件，同条件养护试件的留置组数应根据实际需要确定。

（3）抗渗检查。有抗渗要求的混凝土结构，其混凝土试件应在浇筑地点随机取样。同一工程、同一配合比的混凝土，取样不应少于一次，留置组数可根据实际需要确定。

（4）结构混凝土的强度等级必须符合设计要求。

二、混凝土施工检验批质量验收标准

1. 主控项目

混凝土的强度等级必须符合设计要求。用于检验混凝土强度的试件应在浇筑地点随机抽取。

检查数量：对同一配合比的混凝土，取样与试件留置应符合下列规定。

（1）每拌制 100 盘且不超过 100m³ 时，取样不得少于一次；

（2）每工作班拌制不是 100 盘时，取样不得少于一次；

（3）连续浇筑超过 1000m³ 时，每 200m³ 取样不得少于一次；

（4）每一楼层取样不得少于一次；

（5）每次取样应至少留置一组试件。

检验方法：检查施工记录及混凝土强度试验报告。

2. 一般项目

（1）后浇带的留设位置应符合设计要求，后浇带和施工缝的留设及处理方法应符合施工方案要求。

检查数量：全数检查。

检验方法：观察。

（2）混凝土浇筑完毕后应及时进行养护，养护时间以及养护方法应符合施工方案要求。

检查数量：全数检查。

检验方法：观察，检查混凝土养护记录。

【小提示】 钢筋混凝土混凝土分项工程应具备的技术资料包括以下内容。

① 水泥产品合格证、出厂检验报告、进场复验报告。

② 外加剂产品合格证、出厂检验报告、进场复验报告。

③ 混凝土中氯化物、碱的总含量计算书。

④ 掺和料出厂合格证、进场复试报告。

⑤ 粗、细骨料进场复验报告。

⑥ 水质试验报告。

⑦ 混凝土配合比设计资料。

⑧ 砂、石含水率测试结果记录。

⑨ 混凝土配合比通知单。

⑩ 混凝土试件强度试验报告。

⑪ 混凝土试件抗渗试验报告。

⑫ 施工记录。

⑬ 检验批质量验收记录。

⑭ 混凝土分项工程质量验收记录。

第九节　现浇结构外观及尺寸偏差

一、施工过程质量控制

现浇结构拆模后，应由监理（建设）单位、施工单位对外观质量和尺寸偏差进行检查、做好记录，并应及时按施工技术方案对缺陷进行处理。

1. 现浇结构的外观质量不应有严重缺陷

对已经出现的严重缺陷，应由施工单位提出技术处理方案，并经监理（建设）单位认可后进行处理。对经处理的部位，应重新检查验收。

2. 现浇结构的外观质量不宜有一般缺陷

对已经出现的一般缺陷，应由施工单位按技术处理方案进行处理，并重新检查验收。

3. 外观质量缺陷的确定

现浇结构的外观质量缺陷，应由监理（建设）单位、施工单位等各方根据其对结构性能和使用功能影响的严重程度，按表 5-23 确定。

表 5-23　现浇结构外观质量缺陷

名称	现象	严重缺陷	一般缺陷
露筋	构件内钢筋未被混凝土包裹而外露	纵向受力钢筋有露筋	其它钢筋有少量露筋
蜂窝	混凝土表面缺少水泥砂浆而形成石子外露	构件主要受力部位有蜂窝	其它部位有少量蜂窝
孔洞	混凝土中孔穴深度和长度均超过保护层厚度	构件主要受力部位有孔洞	其它部位有少量孔洞
夹渣	混凝土中夹有杂物且深度超过保护层厚度	构件主要受力部位有夹渣	其它部位有少量夹渣
疏松	混凝土中局部不密实	构件主要受力部位有疏松	其它部位有少量疏松
裂缝	缝隙从混凝土表面延伸至混凝土内部	构件主要受力部位有影响结构性能或使用功能的裂缝	其它部位有少量不影响结构性能或使用功能的裂缝
连接部位缺陷	构件连接处混凝土缺陷及连接钢筋、连件松动	连接部位有影响结构传力性能的缺陷	连接部位有基本不影响结构传力性能的缺陷
外形缺陷	缺棱掉角、棱角不直、翘曲不平、飞边凸肋等	清水混凝土构件有影响使用功能或装饰效果的外形缺陷	其它混凝土构件有不影响使用功能的外形缺陷
外表缺陷	构件表面麻面、掉皮、起砂、玷污等	具有重要装饰效果的清水混凝土构件有外表缺陷	其它混凝土构件有不影响使用功能的外表缺陷

4. 混凝土表面缺陷的修整应符合的规定

（1）面积较小且数量不多的蜂窝或露石子的混凝土表面，可用 1∶2 或 1∶2.5 的水泥砂浆抹平，在抹砂浆之前，必须用钢丝刷或加压水冲刷基层。

（2）较大面积的蜂窝、露石子或露筋，应按其全部深度凿去薄弱的混凝土层和个别突出的骨料颗粒，然后用钢丝刷或加压水洗刷表面，再用比原混凝土强度等级提高一级的细骨料混凝土填塞，并仔细捣实。

（3）对影响混凝土结构性能的缺陷，必须会同设计等有关单位研究处理。

5. 现浇结构尺寸偏差不能过大

现浇结构不应有影响结构性能和使用功能的尺寸偏差，混凝土设备基础不应有影响结构性能和设备安装的尺寸偏差。

对超过尺寸允许偏差且影响结构性能和安装、使用功能的部位，应由施工单位提出技术处理方案，并经监理（建设）单位认可后进行处理。对经处理的部位，应重新检查验收。

（1）现浇混凝土结构位置、尺寸允许偏差和检验方法应符合表 5-24 的规定。

表 5-24　现浇混凝土结构位置、尺寸允许偏差及检验方法

项目			允许偏差/mm	检验方法
轴线位置	整体基础		15	经纬仪及尺量
	独立基础		10	经纬仪及尺量
	柱、墙、梁		8	尺量
垂直度	柱、墙层高	≤6m	10	经纬仪或吊线、尺量
		>6m	12	经纬仪或吊线、尺量
	全高(H)≤300m		$H/30000+20$	经纬仪、尺量
	全高(H)>300m		$H/10000$ 且≤80	经纬仪、尺量
标高	层高		±10	水准仪或拉线、尺量
	全高		±30	水准仪或拉线、尺量
截面尺寸	基础		+15，-10	尺量
	柱、梁、板、墙		+10，-5	尺量
	楼梯相邻踏步高差		±6	尺量
电梯井洞	中心位置		10	尺量
	长、宽尺寸		+25，0	尺量
表面平整度			8	2m 靠尺和塞尺检查
预埋件中心位置	预埋板		10	尺量
	预埋螺栓		5	尺量
	预埋管		5	尺量
	其它		10	尺量
预留洞、孔中心线位置			15	尺量

注：1. 检查轴线、中心线位置时，沿纵、横两个方向测量，并取其中偏差的较大值。

2. H 为全高，单位为 mm。

（2）混凝土设备基础位置和尺寸允许偏差和检验方法应符合表 5-25 的规定。

表 5-25　现浇混凝土设备基础位置和尺寸允许偏差及检验方法

项目	允许偏差/mm	检验方法
坐标位置	20	经纬仪及尺量
不同平面标高	0，-20	水准仪或拉线、尺量
平面外形尺寸	±20	尺量
凸台上平面外形尺寸	0，-20	尺量
凹槽尺寸	+20，0	尺量

续表

项目		允许偏差/mm	检验方法
平面水平度	每米	5	水平尺、塞尺量测
	全长	10	水准仪或拉线、尺量
垂直度	每米	5	经纬仪或吊线、尺量
	全高	10	经纬仪或吊线、尺量
预埋地脚螺栓	中心位置	2	尺量
	顶标高	+20,0	水准仪或拉线、尺量
	中心距	±2	尺量
	垂直度	5	吊线、尺量
预埋地脚螺栓孔	中心线位置	10	尺量
	截面尺寸	+20,0	尺量
	深度	+20,0	尺量
	垂直度	$h/100$,且≤10	吊线、尺量
预埋活动地脚螺栓锚板	中心线位置	5	尺量
	标高	+20,0	水准仪或拉线、尺量
	带槽锚板平整度	5	直尺、塞尺量测
	带螺纹孔锚板平整度	2	直尺、塞尺量测

注：1. 检查坐标、中心线位置时，应沿纵、横两个方向测量，并取其中偏差的较大值。

2. h 为预埋地脚螺栓孔孔深，单位为 mm。

6. 现浇结构尺寸偏差检验批应按规定确定

现浇结构和混凝土设备基础拆模后的尺寸偏差检查，按楼层、结构缝或施工段划分检验批。在同一检验批内的检查数量如下。

（1）梁、柱和独立基础，应检查构件数量的 10%，且不少于 3 件。

（2）墙和板应按有代表性的自然间抽查 10%，且不少于 3 间。

（3）大空间结构，墙可按相邻轴线间高度 5m 左右划分检查面，板可按纵、横轴线划分检查面，抽查 10%，且均不少于 3 面。

（4）电梯井应全数检查。

（5）设备基础应全数检查。

二、现浇结构外观及位置和尺寸偏差检验批质量验收标准

1. 外观质量

（1）主控项目　现浇结构的外观质量不应有严重缺陷。对已经出现的严重缺陷，应由施工单位提出技术处理方案，并经监理（建设）单位认可后进行处理。经处理的部位，应重新检查验收。

检查数量：全数检查。

检验方法：观察，检查技术处理方案。

（2）一般项目　现浇结构的外观质量不应有一般缺陷。对已经出现的一般缺陷，应由施

工单位按技术处理方案进行处理，并重新检查验收。

检查数量：全数检查。

检验方法：观察，检查技术处理方案。

2. 位置和尺寸偏差

（1）主控项目　现浇结构不应有影响结构性能和使用功能的尺寸偏差，混凝土设备基础不应有影响结构性能和设备安装的尺寸偏差。

对超过尺寸允许偏差且影响结构性能和安装、使用功能的部位，应由施工单位提出技术处理方案，并经监理（建设）单位认可后进行处理。经处理的部位应重新检查验收。

检查数量：全数检查。

检验方法：量测，检查技术处理方案。

（2）一般项目

① 现浇混凝土结构的位置和尺寸偏差及检验方法应符合表 5-24 的规定。

检查数量：按楼层、结构缝或施工段划分检验批。在同一检验批内，梁、柱和独立基础应抽查构件数量的 10%，且不少于 3 件；墙和板应按有代表性的自然间抽查 10%，且不少于 3 间；大空间结构，墙可按相邻轴线间高度 5m 左右划分检查面，板可按纵、横轴线划分检查面，抽查 10%，且均不少于 3 面；电梯井和设备基础，应全数检查。

② 现浇混凝土设备基础的位置和尺寸应符合设计和设备安装的要求。其位置和尺寸偏差及检验方法应符合表 5-25 的规定。

3. 现浇结构分项工程的检验批验收内容

① 现浇结构的外观质量、尺寸偏差检验合格。

② 现浇结构外观质量严重缺陷或一般缺陷已经处理，重新检查验收合格。

③ 有关技术资料完备。

4. 应具备的技术资料

① 现浇结构外观质量检查验收记录。

② 现浇结构质量缺陷修整记录。

③ 现浇结构及混凝土设备基础尺寸偏差检查记录。

④ 技术处理方案。

⑤ 检验批质量验收记录。

⑥ 现浇结构分项工程质量验收记录。

第十节　装配式结构分项工程

一、一般规定

装配式结构分项工程的验收包括预制构件进场、预制构件安装以及装配式结构特有的钢筋连接和构件连接等内容。对于装配式结构现场施工中涉及的钢筋绑扎、钢筋浇筑等内容，应分别纳入钢筋、混凝土、预应力等分项工程进行验收。

（1）装配式结构连接节点及叠合构件浇筑混凝土之前，应进行隐蔽工程验收。隐蔽工程验收应包括下列主要内容。

① 混凝土粗糙面的质量，键槽的尺寸、数量、位置；

② 钢筋的牌号、规格、数量、位置、间距，箍筋弯钩的弯折角度及平直段长度；

③ 钢筋的连接方式、接头位置、接头数量、接头面积百分率、搭接长度、锚固方式及锚固长度；

④ 预埋件、预留管线的规格、数量、位置。

（2）装配式结构的接缝施工质量及防水性能应符合设计要求和国家现行相关标准的要求。

二、预制构件检验批质量验收标准

1. 主控项目

（1）预制构件的质量应符合本规范、国家现行相关标准的规定和设计的要求。

检查数量：全数检查。

检验方法：检查质量证明文件或质量验收记录。

（2）混凝土预制构件专业企业生产的预制构件进场时，预制构件结构性能检验应符合下列规定：

① 梁板类简支受弯预制构件进场时应进行结构性能检验，并应符合下列规定：

a. 结构性能检验应符合国家现行相关标准的有关规定及设计的要求，检验要求和试验方法应符合本规范附录 B 的规定。

b. 钢筋混凝土构件和允许出现裂缝的预应力混凝土构件应进行承载力、挠度和裂缝宽度检验；不允许出现裂缝的预应力混凝土构件应进行承载力、挠度和抗裂检验。

c. 对大型构件及有可靠应用经验的构件，可只进行裂缝宽度、抗裂和挠度检验。

d. 对使用数量较少的构件，当能提供可靠依据时，可不进行结构性能检验。

② 对其它预制构件，除设计有专门要求外，进场时可不做结构性能检验。

③ 对进场时不做结构性能检验的预制构件，应采取下列措施：

a. 施工单位或监理单位代表应驻厂监督制作过程；

b. 当无驻厂监督时，预制构件进场时应对预制构件主要受力钢筋数量、规格、间距及混凝土强度等进行实体检验。

检验数量：每批进场不超过 1000 个同类型预制构件为一批，在每批中应随机抽取一个构件进行检验。

检验方法：检查结构性能检验报告或实体检验报告。

【注】"同类型"是指同一钢种、同一混凝土强度等级、同一生产工艺和同一结构形式。抽取预制构件时，宜从设计荷载最大、受力最不利或生产数量最多的预制构件中抽取。

（3）预制构件的外观质量不应有严重缺陷，且不应有影响结构性能和安装、使用功能的尺寸偏差。

检查数量：全数检查

检验方法：观察、尺量；检查处理记录。

（4）预制构件上的预埋件、预留插筋、预埋管线等的材料质量、规格和数量以及预留孔、预留洞的数量应符合设计要求。

检查数量：全数检查

检验方法：观察。

2. 一般项目

（1）预制构件应有标识。

检查数量：全数检查。

检验方法：观察。

（2）预制构件的外观质量不应有一般缺陷。

检查数量：全数检查。

检验方法：观察，检查处理记录。

（3）预制构件的尺寸允许偏差及检验方法应符合表 5-26 的规定；设计有专门规定时，尚应符合设计要求。施工过程中临时使用的预埋件，其中心线位置允许偏差可取表 5-26 中规定数值的 2 倍。

表 5-26　预制构件尺寸的允许偏差及检验方法

项目			允许偏差/mm	检验方法
长度	楼板、梁、柱、桁架	<12m	±5	尺量
		≥12m 且 <18m	±10	
		≥18m	±20	
	墙板		±4	
宽度、高（厚）度	楼板、梁、柱、桁架		±5	尺量一端及中部，取其中偏差绝对值较大处
	墙板		±4	
表面平整度	楼板、梁、柱、墙板内表面		5	2m 靠尺和塞尺量测
	墙板外表面		3	
侧向弯曲	楼板、梁、柱		l/750 且 ≤20	拉线、直尺量测最大侧向弯曲处
	墙板、桁架		l/1000 且 ≤20	
翘曲	楼板		l/750	调平尺在两端量测
	墙板		l/1000	
对角线	楼板		10	尺量两个对角线
	墙板		5	
预留孔	中心线位置		5	尺量
	孔尺寸		±5	
预留洞	中心线位置		10	尺量
	洞口尺寸、深度		±10	
预埋件	预埋板中心线位置		5	尺量
	预埋板与混凝土面平面高差		0，−5	
	预埋螺栓		2	
	预埋螺栓外露长度		+10，−5	
	预埋套筒、螺母中心线位置		2	
	预埋套筒、螺母与混凝土面平面高差		±5	
预留插筋	中心线位置		5	尺量
	外露长度		+10，−5	
键槽	中心线位置		5	尺量
	长度、宽度		±5	
	深度		±10	

注：1. l 为构件长度，mm；

2. 检查中心线、螺栓和孔道位置偏差时，沿纵、横两个方向量测，并取其中偏差较大值。

检查数量：按同一类型的构件，不超过 100 件为一批，每批应抽查构件数量的 5%，且不应少于 3 件。

（4）预制构件的粗糙面的质量及键槽的数量应符合设计要求。

检查数量：全数检查。

检验方法：观察。

三、安装与连接检验批质量验收标准

1. 主控项目

（1）预制构件临时固定措施的安装质量应符合施工方案的要求。

检查数量：全数检查。

检验方法：观察。

（2）钢筋采用套筒灌浆连接或浆锚搭接连接时，其连接接头质量应符合国家现行相关标准的规定。

检查数量：按国家现行相关标准的有关规定确定。

检验方法：检查质量证明文件及平行加工试件的检验报告。

（3）钢筋采用焊接连接时，其接头质量应符合现行行业标准《钢筋焊接及验收规程》（JGJ 18）的规定。

检查数量：按现行行业标准《钢筋焊接及验收规程》（JGJ 18）的有关规定确定。

检验方法：检查质量证明文件及平行加工试件的检验报告。

（4）钢筋采用机械连接时，其接头质量应符合现行行业标准《钢筋机械连接技术规程》（JGJ 107）的规定。

检查数量：按现行行业标准《钢筋机械连接技术规程》（JGJ 107）的规定确定。

检验方法：检查质量证明文件、施工记录及平行加工试件的检验报告。

（5）预制构件采用焊接、螺栓连接等连接方式时，其材料性能及施工质量应符合国家现行标准《钢结构工程施工质量验收规范》（GB 50205）和《钢筋焊接及验收规程》（JGJ 18）的相关规定。

检查数量：按国家现行标准《钢结构工程施工质量验收规范》（GB 50205）和《钢筋焊接及验收规程》（JGJ 18）的规定确定。

检验方法：检查施工记录及平行加工试件的检验报告。

（6）装配式结构采用现浇混凝土连接构件时，构件连接处后浇混凝土的强度应符合设计要求。

检查数量：按规范规定确定。

检验方法：检查混凝土强度试验报告。

（7）装配式结构施工后，其外观质量不应有严重缺陷，且不应有影响结构性能和安装、使用功能的尺寸偏差。

检查数量：全数检查。

检验方法：观察，量测；检查处理记录。

2. 一般项目

（1）装配式结构施工后，其外观质量不应有一般缺陷。

检查数量：全数检查。

检验方法：观察，检查处理记录。

（2）装配式结构施工后，预制构件位置、尺寸的允许偏差及检验方法应符合设计要求；当设计无具体要求时，应符合表 5-27 的规定。预制构件与现浇结构连接部位的表面平整度应符合表 5-27 的规定。

表 5-27　装配式结构预制构件位置和尺寸的允许偏差及检验方法

项目			允许偏差/mm	检验方法
构件轴线位置	竖向构件(柱、墙板、桁架)		8	经纬仪及尺量
	水平构件(梁、楼板)		5	
标高	梁、柱、墙板、楼板底面或顶面		±5	水准仪或拉线、尺量
构件垂直度	柱、墙板 安装后的高度	≤6m	5	经纬仪或吊线、尺量
		>6m	10	
构件倾斜度	梁、桁架		5	经纬仪或吊线、尺量
相邻构件平整度	梁、楼板底面	外露	5	2m靠尺和塞尺测量
		不外露	3	
	柱、墙板	外露	5	
		不外露	8	
构件搁置长度	梁、板		±10	尺量
支座、支垫中心位置	板、梁、柱、墙板、桁架		10	尺量
墙板接缝宽度			±5	尺量

检查数量：按楼层、结构缝或施工段划分检验批。在同一检验批内，对梁、柱和独立基础，应抽查构件数量的 10%，且不少于 3 件；对墙和板，应按有代表性的自然间抽查 10%，且不少于 3 间；对大空间结构，墙可按相邻轴线间高度 5m 左右划分检查面，板可按纵、横轴线划分检查面，抽查 10%，且均不少于 3 面。

复习思考题

1. 混凝土工程中模板安装工程检验批主控项目和一般项目由哪些内容组成？
2. 混凝土工程中钢筋原材料检验批主控项目和一般项目由哪些内容组成？
3. 混凝土工程中钢筋加工检验批主控项目和一般项目由哪些内容组成？
4. 混凝土工程中钢筋连接检验批主控项目和一般项目由哪些内容组成？
5. 混凝土工程中钢筋安装检验批主控项目和一般项目由哪些内容组成？
6. 混凝土原材料检验批主控项目和一般项目由哪些内容组成？
7. 混凝土拌合物检验批主控项目和一般项目由哪些内容组成？
8. 混凝土施工检验批主控项目和一般项目由哪些内容组成？

第六章 砌体工程

知识目标

1. 掌握砖砌体工程施工过程质量控制，熟悉分项工程质量验收标准；

2. 掌握混凝土小型空心砌块砌体工程施工过程质量控制，熟悉分项工程质量验收标准；

3. 掌握石砌体工程施工过程质量控制，熟悉分项工程质量验收标准；

4. 掌握配筋砌体工程施工过程质量控制，熟悉分项工程质量验收标准；

5. 掌握填充墙砌体工程施工过程质量控制，熟悉分项工程质量验收标准及检验方法。

能力目标

1. 能够对砖砌体工程进行验收；

2. 能够对混凝土小型空心砌块砌体工程进行验收；

3. 能够对石砌体工程进行验收；

4. 能够对配筋砌体工程进行验收；

5. 能够对填充墙砌体工程进行验收。

第一节　砖砌体工程

一、施工过程质量控制

1. 材料要求

（1）砖的品种、强度等级必须符合设计要求，并应有产品合格证书和性能检测报告。

（2）砖进场后应进行复检，复检抽样数量为在同一生产厂家同一品种同一强度等级的普通砖15万块、多孔砖5万块、灰砂砖或粉煤砖10块中各抽查一组。

（3）砌筑时蒸压灰砂砖、粉煤灰砖的产品龄期不得少于 28 天。

（4）砌筑砖砌体时，砖应提前 1～2 天浇水湿润。普通砖、多孔砖的含水率宜为 10%～15%；灰砂砖、粉煤灰砖含水率宜为 8%～12%（含水率以水重占砖重量的百分数计）。施工现场抽查砖的含水率的简化方法可采用现场断砖，砖截面四周融水深度为 15～20mm 视为符合要求。

2. 质量控制要点

（1）放线和皮数杆

① 建筑物的标高，应引自标准水准点或设计指定的水准点。基础施工前，应在建筑物的主要轴线部位设置标志板。标志板上应标明基础、墙身和轴线的位置及标高。外形或构造简单的建筑物，可用控制轴线的引桩代替标志板。

② 砌筑前，弹好墙基大放脚外边沿线、墙身线、轴线、门窗洞口位置线，并且必须用钢尺校核放线尺寸。

③ 砌筑基础前，应校核放线尺寸，允许偏差应符合表 6-1 的规定。

表 6-1　放线尺寸的允许偏差

长度 L、宽度 B/m	允许偏差/mm	长度 L、宽度 B/m	允许偏差/mm
L（或 B）$\leqslant$30	±5	60<L（或 B）$\leqslant$90	±15
30<L（或 B）$\leqslant$60	±105	L（或 B）>90	±20

注：本表摘自 GB 50203《砌体工程施工质量验收规范》。

④ 按设计要求，在基础及墙身的转角及某些交接处立好皮数杆，其间距每隔 10～15m 立一根，皮数杆上划有每皮砖和灰缝厚度及门窗洞口、过梁、楼板等竖向构造的变化位置，控制楼层及各部位构件的标高。砌筑完每一楼层（或基础）后，应校正砌体的轴线和标高。

（2）砌体工作段的划分

① 相邻工作段的分段位置，应设在伸缩缝、沉降缝、防震缝构造柱或门窗洞口处。

② 相邻工作段的高度差，不得超过一个楼层的高度，且不得大于 4m。

③ 砌体临时间断处的高度差，不得超过一步脚手架的高度。

④ 砌体施工时，楼面堆载不得超过楼板允许荷载值。

⑤ 尚未安装楼板或屋面的墙和柱，当可能遇到大风时，其允许自由高度不得超过表 6-2 的规定。如超过规定，必须采取临时支撑等有效措施以保证墙或柱在施工中的稳定性。

表 6-2　墙和柱的允许自由高度　　　　　　　　　　　　单位：m

墙（柱）厚/mm	砌体密度>1600kg/m³			砌体密度 1300～1600kg/m³		
	风载/(kN/m²)					
	0.3(约 7 级风)	0.4(约 8 级风)	0.5(约 9 级风)	0.3(约 7 级风)	0.4(约 8 级风)	0.5(约 9 级风)
190	—	—	—	1.4	1.1	0.7
240	2.8	2.1	1.4	2.2	1.7	1.1
370	5.2	3.9	2.6	4.2	3.2	2.1
490	8.6	6.5	4.3	7.0	5.2	3.5
620	14.0	10.5	7.0	11.4	8.6	5.7

注：1. 本表适用于施工处相对标高（H）在 10mm 范围内的情况。如 10m<$H$$\leqslant$15m，15m<$H$$\leqslant$20m 时，表中的允许自由高度应分别乘以 0.9、0.8 的系数；如 H>20m 时，应通过抗倾覆验算确定其允许自由高度。

　　2. 当所砌筑的墙有横墙或其它结构与其连接，而且间距小于列表值的 2 倍时，砌筑高度可不受本表的限制。

（3）砌体留槎和拉结筋

① 砖砌体接槎时必须将接槎处的表面清理干净，浇水湿润，填实砂浆并保持灰缝平直。

② 多层砌体结构中，后砌的非承重砌体隔墙，应沿墙高每隔500mm配置2Φ6的钢筋与承重墙或柱拉结，每边伸入墙内不应小于500mm。抗震设防烈度为8度和9度区，长度大于5m的后砌隔墙的墙顶，尚应与楼板或梁拉接。隔墙砌至梁板底时，应留一定空隙，间隔一周后再补砌挤紧。

（4）砖砌体灰缝

① 水平灰缝砌筑方法宜采用"三一"砌砖法，即"一铲灰、一块砖、一揉挤"的操作方法。竖向灰缝宜采用挤浆法，使其砂浆饱满，严禁用水冲浆灌浆。如采用铺浆法砌筑，铺浆长度不得超过750mm。施工期间气温超过30℃时，铺浆长度不得超过500mm。水平灰缝的砂浆饱满度不得低于80%，竖向灰缝不得出现透明缝、瞎缝和假缝。

② 清水墙面不应有上下二皮砖搭接长度小于25mm的通缝，不得有三分头砖，不得在上部随意变化乱缝。

③ 空斗墙的水平灰缝厚度和竖向灰缝宽度一般为10mm，但不应小于7mm，也不应大于13mm。

④ 筒拱拱体灰缝应全部用砂浆填满，拱底灰缝宽度宜为5～8mm，筒拱的纵向缝应与拱的横断面垂直。筒拱的纵向两端，不宜砌入墙内。

⑤ 为保持清水墙面立缝垂直一致，当砌至一步架子高时，水平间距每隔2m，在丁砖竖缝位置弹两道垂直立线，控制游丁走缝。

⑥ 清水墙勾缝应采用加浆勾缝，勾缝砂浆宜采用细砂拌制的1∶1.5水泥砂浆。勾凹缝时深度为4～5mm，多雨地区或多孔砖可采用稍浅的凹缝或平缝。

⑦ 砖砌平拱过梁的灰缝应砌成楔形缝。灰缝宽度，在过梁底面不应小于5mm；在过梁的顶面不应大于15mm。拱脚下面应伸入墙内不小于20mm，拱底应有1%起拱。

⑧ 砌体的伸缩缝、沉降缝、防震缝中，不得夹有砂浆、碎砖和杂物等。

（5）砖砌体预留孔洞和预埋件

① 设计要求的洞口、管道、沟槽，应在砌筑时按要求预留或预埋。未经设计同意，不得打凿墙体和在墙体上开凿水平沟槽。超过300mm的洞口上部应设过梁。

② 砌体中的预埋件应作防腐处理，预埋木砖的木纹应与钉子垂直。

③ 在墙上留置临时施工洞口，其侧边离高楼处墙面不应小于500mm，洞口净宽度不应超过1m，洞顶部应设过梁。

抗震设防烈度为9度的地区建筑物的临时施工洞口位置，应会同设计单位确定。临时施工洞口应做好补砌。

④ 不得在下列墙体或部位设置脚手眼。

a. 120mm厚墙、料石清水墙和独立柱；

b. 过梁上与过梁成60°角的三角形范围及过梁净跨度1/2的高度范围内；

c. 宽度小于1m的窗间墙；

d. 砌体门窗洞口两侧200mm（石砌体为300mm）和转角处450mm（石砌体为600mm）范围内；

e. 梁或梁垫下及其左右500mm范围内；

f. 设计不允许设置脚手眼的部位。

⑤ 预留外窗洞口位置应上下挂线，保持上下楼层洞口位置垂直；洞口尺寸应准确。

二、 砖砌体工程检验批质量验收标准

1. 主控项目

（1）砖和砂浆的强度等级必须符合设计要求。

抽检数量：每一生产厂家，烧结普通砖、混凝土实心砖每 15 万块，烧结多孔砖、混凝土多孔砖、蒸压灰砂砖及蒸压粉煤灰砖每 10 万块各为一验收批，不足上述数量时按 1 批计，抽检数量为 1 组。

检验方法：查砖和砂浆试块试验报告。

（2）砌体灰缝砂浆应密实饱满，砖墙水平灰缝的砂浆饱满度不得低于 80%；砖柱水平灰缝和竖向灰缝饱满度不得低于 90%。

抽检数量：每检验批抽查不应少于 5 处。

检验方法：用百格网检查砖底面与砂浆的黏结痕迹面积。每处检测 3 块砖，取其平均值。

（3）砖砌体的转角处和交接处应同时砌筑，严禁无可靠措施的内外墙分砌施工。在抗震设防烈度为 8 度及 8 度以上的地区，对不能同时砌筑而又必须留置的临时间断处应砌成斜槎，普通砖砌体斜槎水平投影长度不应小于高度的 2/3。多孔砖砌体的斜槎长高比不应小于 1/2。斜槎高度不得超过一步脚手架的高度。

抽检数量：每检验批抽查不应少于 5 处。

检验方法：观察检查。

（4）非抗震设防及抗震设防烈度为 6 度、7 度地区的临时间断处，当不能留斜槎时，除转角处外，可留直槎，但直槎必须做成凸槎，且应加设拉结钢筋，拉结钢筋应符合下列规定。

① 每 120mm 墙厚放置 1φ6 拉结钢筋（120mm 厚墙应放置 2φ6 拉结钢筋）；

② 间距沿墙高不应超过 500mm；且竖向间距偏差不应超过 100mm；

③ 埋入长度从留槎处算起每边均不应小于 500mm，对抗震设防烈度 6 度、7 度的地区，不应小于 1000mm；

④ 末端应有 90°弯钩。

抽检数量：每检验批抽查不应少于 5 处。

检验方法：观察和尺量检查。

2. 一般项目

（1）砖砌体组砌方法应正确，内外搭砌，上、下错缝。清水墙、窗间墙无通缝；混水墙中不得有长度大于 300mm 的通缝，长度 200～300mm 的通缝每间不超过 3 处，且不得位于同一面墙体上。砖柱不得采用包心砌法。

抽检数量：每检验批抽查不应少于 5 处。

检验方法：观察检查。砌体组砌方法抽检每处应为 3～5m。

（2）砖砌体的灰缝应横平竖直，厚薄均匀。水平灰缝厚度及竖向灰缝宽度宜为 10mm，但不应小于 8mm，也不应大于 12mm。

抽检数量：每检验批抽查不应少于 5 处。

检验方法：水平灰缝厚度用尺量 10 皮砖砌体高度折算。竖向灰缝宽度用尺量 2m 砌体长度折算。

（3）砖砌体尺寸、位置的允许偏差及检验应符合表 6-3 的规定。

表 6-3 砖砌体尺寸、位置的允许偏差及检验

序号	项目			允许偏差 /mm	检验方法	抽检数量
1	轴线位移			10	用经纬仪和尺或用其它测量仪器检查	承重墙、柱全数检查
2	基础、墙、柱顶面标高			±15	用水准仪和尺检查	不应小于 5 处
3	墙面垂直度	每层		5	用 2m 托线板检查	不应小于 5 处
		全高	10m	10	用经纬仪、吊线和尺或其它测量仪器检查	外墙全部阳角
			10m	20		
4	表面平整度	清水墙、柱		5	用 2m 靠尺和楔形塞尺检查	不应小于 5 处
		混水墙、柱		8		
5	水平灰缝平直度	清水墙		7	拉 5m 线和尺检查	不应小于 5 处
		混水墙		10		
6	门窗洞口高、宽(后塞口)			±10	用尺检查	不应小于 5 处
7	外墙下下窗口偏移			20	以底层窗口为准,用经纬仪或吊线检查	不应小于 5 处
8	清水墙游丁走缝			20	以每层第一皮砖为准,用吊线和尺检查	不应小于 5 处

第二节 混凝土小型空心砌块砌体工程

一、 施工过程质量控制

1. 材料要求

（1）小砌块包括普通混凝土小型空心砌块和轻集料混凝土小型空心砌块，施工时所用的小砌块的产品龄期不应小于 28 天。

（2）砌筑小砌块时，应清除表面污物和芯柱用小砌块孔洞底部的毛边，剔除外观质量不合格的小砌块。

（3）普通小砌块砌筑时，可为自然含水率；当天气干燥时，可提前洒水湿润。轻集料小砌块，因吸水率大，宜提前一天浇水湿润。当小砌块表面有浮水时，为避免游砖，不应进行砌筑。

（4）施工时所用的砂浆，宜选用专用的小砌块砌筑砂浆。

2. 质量控制要点

（1）小砌块砌筑

① 小砌块砌筑前应预先绘制砌块排列图，并应确定皮数。不够主规格尺寸的部位，应采用辅助规格小砌块。

② 小砌块砌筑墙体时应对孔错缝搭砌；当不能对孔砌筑时，搭接长度不得小于 90mm；当个别部位不能满足时，应在水平灰缝中设置拉结钢筋网片，网片两端距竖缝长度均不得小于 300mm。竖向通缝（搭接长度小于 90mm）不得超过两皮。

③ 小砌块砌筑应将底面朝上反砌于墙上。

④ 常温下，普通混凝土小砌块日砌高度控制在 1.8m 以内；轻集料混凝土小砌块日砌高度控制在 2.4m 以内。

⑤ 需要移动砌体中的小砌块或砌体被撞动后，应重新铺砌。

⑥ 厕浴间和有防水要求的楼面，墙底部应浇筑高度不宜小于 200mm 的混凝土坎。

⑦ 雨天砌筑应有防雨措施，砌筑完毕应对砌体进行掩盖。

（2）小砌块砌体灰缝

① 小砌块砌体铺灰长度不宜超过两块主规格块体的长度。

② 小砌块清水墙的勾缝应采用加浆勾缝，当设计无具体要求时宜采用平缝形式。

（3）混凝土芯柱

① 砌筑芯柱（构造柱）部位的墙体，应采用不封底的通孔小砌块，砌筑时要保证上下孔通畅且不错孔，确保混凝土浇筑时不侧向流窜。

② 在芯柱部位，每层楼的第一皮块体，应采用开口小砌块或 U 形小砌块砌出操作孔，操作孔侧面宜预留连通孔；砌筑开口小砌块或 U 形小砌块时，应随时刮去灰缝内凸出的砂浆，直至一个楼层高度。

③ 浇灌芯柱的混凝土，宜选用专用的小砌块灌孔混凝土，当采用普通混凝土时，其坍落度不应小于 90mm。

④ 浇灌芯柱混凝土，应遵守下列规定。

a. 清除孔洞内砂浆等杂物，并用水冲洗。

b. 砌筑砂浆强度大于 1MPa 时，以方便浇灌芯柱混凝土。

c. 在浇灌芯柱混凝土前应先注入适量与芯柱混凝土相同的去石水泥砂浆，再浇灌混凝土。

二、 混凝土小型空心砌块砌体工程检验批质量验收标准

1. 主控项目

（1）小砌块和芯柱混凝土、砌筑砂浆的强度等级必须符合设计要求。

抽检数量：每一生产厂家，每 1 万块小砌块为一验收批，不足 1 万块按一批计，抽检数量为一组。用于多层以上建筑的基础和底层的小砌块抽检数量不应少于 2 组。

检验方法：检查小砌块和芯柱混凝土、砌筑砂浆试块试验报告。

（2）砌体水平灰缝和竖向灰缝的砂浆饱满度，按净面积计算不得低于 90%。

抽检数量：每检验批抽查不应少于 5 处。

检验方法：用专用百格网检测小砌块与砂浆黏结痕迹，每处检测 3 块小砌块，取其平均值。

（3）墙体转角处和纵横墙交接处应同时砌筑。临时间断处应砌成斜槎，斜槎水平投影长度不应小于斜槎高度。施工洞口可预留直槎，但在洞口砌筑和补砌时，应在直槎上下搭砌的小砌块孔洞内用强度等级不低于 C20（或 Cb20）的混凝土灌实。

抽检数量：每检验批抽查不应少于 5 处。

检验方法：观察检查。

（4）小砌块砌体的芯柱在楼盖处应贯通，不得削弱芯柱截面尺寸；芯柱混凝土不得漏灌。

抽检数量：每检验批抽查不应少于 5 处。

检验方法：观察检查。

2. 一般项目

（1）砌体的水平灰缝厚度和竖向灰缝宽度宜为 10mm，但不应大于 12mm，也不应小于 8mm。

抽检数量：每检验批抽查不应少于 5 处。

抽检方法：水平灰缝用尺量 5 皮小砌块的高度折算；竖向灰缝宽度用尺量 2m 砌体长度折算。

（2）小砌块砌体尺寸、位置的允许偏差应按表 6-3 的规定执行。

第三节　石砌体工程

一、 施工过程质量控制

1. 材料要求

（1）石砌体采用的石材应质地坚实，无风化剥落和裂纹。用于清水墙、柱表面的石材，还应色泽均匀。

（2）石材表面的泥垢、水锈等杂质，砌筑前应清除干净。

（3）当有振动荷载时，墙、柱不宜采用毛石砌体。

（4）细料石。通过细加工，外表规则，叠砌面凹入深度不应大于 10mm，截面宽度、高度不应小于 200mm，且不应小于长度的 1/4。

（5）半细料石。规格尺寸同上，但叠砌面凹入深度不应大于 15mm。

（6）粗料石。规格尺寸同上，但叠砌面凹入深度不应大于 20mm。

（7）毛料石。外形大致方正，高度不应小于 200mm，叠砌面凹入深度不应大于 25mm。

2. 质量控制要点

（1）石砌体接槎

① 石砌体的转角处和交接处应同时砌筑。对不能同时砌筑而必须留置的临时间断处，应砌成踏步槎。

② 在毛石和实心砖的组合墙中，毛石砌体与砖砌体应同时砌筑，并 4～6 皮砖用 2～3 皮丁砖与毛石砌体拉结砌合。两种砌体间的空隙应用砂浆填满。

③ 毛石墙和砖墙相接的转角处和交接处应同时砌筑。转角处应自纵墙（或横墙）每隔 4～6 皮砖高度引出不小于 120mm 与横墙（或纵墙）相接；交接处应自纵墙每隔 4～6 皮砖高度引出不小于 120mm 与横墙相接。

④ 在料石和毛石或砖的组合墙中，料石砌体和毛石砌体或砖砌体应同时砌筑，并每隔 2～3 皮料石层用丁砌层与毛石砌体或砖砌体拉结砌合。丁砌料石的长度宜与组合墙厚度相同。

（2）石砌体错缝与灰缝

① 毛石砌体宜分皮卧砌，各皮石块间应利用自然形状经敲打修整，使能与先砌石块基本吻合，搭砌紧密；并应上下错缝、内外搭砌，不得采用外面侧立石块中间填心的砌筑方法；中间不得有铲口石（尖石倾斜向外的石块）、斧刃石和过桥石（仅在两端搭砌石块）。

② 料石砌体应上下错缝搭砌。砌体厚度等于或大于两块料石宽度时，如同皮内全部采用顺砌，每砌两皮后，应砌一皮丁砌层；如同皮内采用丁顺组砌，丁砌石应交错设置，其中心间距不应大于 2m。

③ 毛石砌体的灰缝厚度宜为 20～30mm，砂浆应饱满，石块间不得有相互接触现象。石块间较大的空隙应先填砂浆后用碎石块嵌实，不得采用先摆碎石块后塞砂浆或干填碎石块的方法。

④ 料石砌体的灰缝厚度。细料石不宜大于 5mm；粗、毛料石不宜大于 20mm。砌筑时，砂浆铺设厚度应略高于规定灰缝厚度。

⑤ 当设计未作规定时，石墙勾缝应采用凸缝或平缝，毛石墙尚应保持砌合的自然缝。

（3）石砌体基础

① 砌筑毛石基础的第一皮石块应坐浆，并将大面向下。毛石基础如做成阶梯形，上级阶梯的石块应至少压砌下级阶梯的 1/2，相邻阶梯的毛石应相互错缝搭砌。

② 砌筑料石基础的第一皮应用丁砌层坐浆砌筑。阶梯形料石基础，上级阶梯的料石应至少压砌下级阶梯的 1/3。

（4）石砌挡土墙

① 毛石的中部厚度不宜小于 200mm。

② 毛石每砌 3～4 皮为一个分层高度，每个分层高度应找平一次。

③ 毛石外露面的灰缝厚度不得大于 40mm，两个分层高度间分层处毛石的错缝不得小于 80mm。

④ 料石挡土墙应采用同皮内丁顺相同的砌筑形式。当中间部分用毛石填砌时，丁砌料石伸入毛石部分长度应大于 200mm。

⑤ 石砌挡土墙泄水孔当设计无规定时，应符合下列规定。

泄水孔应均匀设置，在海拔高度上间隔 2m 左右设置一个排水孔；泄水孔与土体间铺设长宽各为 300mm、厚 200mm 的卵石或碎石作疏水层。

⑥ 挡土墙内侧回填土必须分层夯填，分层松土厚度应为 300mm。墙顶土面应有坡度使水流向挡土墙外侧。

二、石砌体工程检验批质量验收标准

1. 主控项目

（1）石材及砂浆强度等级必须符合设计要求。

抽检数量：同一产地的同类石材抽检不应小于一组。

检验方法：料石检查产品质量证明书，石材、砂浆检查试块试验报告。

（2）砌体灰缝的砂浆饱满度不应小于 80%。

抽检数量：每检验批抽查不应少于 5 处。

检验方法：观察检查。

2. 一般项目

（1）石砌体尺寸、位置的允许偏差及检验方法应符合表 6-4 的规定。

表 6-4　石砌体尺寸、位置的允许偏差及检验方法

序号	项　目		允许偏差/mm							检验方法
			毛石砌体		料石砌体					
					毛料石		粗料石		细料石	
			基础	墙	基础	墙	基础	墙	墙、柱	
1	轴线位置		20	15	20	15	15	10	10	用经纬仪和尺检查，或用其它测量仪器检查
2	基础和墙砌体顶面标高		±25	±15	±25	±15	±15	±15	±10	用水准仪和尺检查
3	砌体厚度		+30	+20 −10	+30	+20 −10	+15	+10 −5	+10 −5	用尺检查
4	墙面垂直度	每层	—	20	—	20	—	10	7	用经纬仪、吊线和尺检查，或用其它测量仪器检查
		全高	—	30	—	30	—	25	10	
5	表面平整度	清水墙、柱	—	—	—	20	—	10	5	细料石用 2m 靠尺和楔形塞尺检查，其它用两直尺垂直于灰缝拉 2m 线和尺检查
		混水墙、柱	—	—	—	30	—	15	—	用两直尺垂直于灰缝拉 2m 线和尺检查
6	清水墙水平灰缝平直度		—	—	—	—	—	10	5	拉 10m 线和尺检查

抽检数量：每检验批抽查不应少于 5 处。

（2）石砌体的组砌形式应符合下列规定。

① 内外搭砌，上下错缝，拉结石、丁砌石交错设置；

② 毛石墙拉结石每 0.7m² 墙面不应少于 1 块。

检查数量：每检验批抽查不应少于 5 处。

检验方法：观察检查。

第四节　配筋砌体工程

一、 施工过程质量控制

1. 材料要求

（1）用于砌体工程的钢筋品种、强度等级必须符合设计要求。并应有产品合格证书和性能检测报告，进场后应进行复验。

（2）设置在潮湿或有化学侵蚀性介质环境中的砌体灰缝内的钢筋，应采用镀锌钢材、不锈钢或有色金属材料，或对钢筋表面涂刷防腐涂料或防锈剂。

2. 质量控制要点

（1）配筋砖砌体配筋

① 砌体水平灰缝中钢筋的锚固长度不宜小于 $50d$（d 为钢筋直径），且其水平或垂直弯折段长度不宜小于 $20d$ 和 150mm；钢筋的搭接长度不应小于 $55d$。

② 配筋砌块砌体剪力墙的灌孔混凝土中竖向受拉钢筋，钢筋搭接长度不应小于 $35d$ 且不小于 300mm。

③ 砌体与构造柱、芯柱的连接处应设 2Φ6 拉结钢筋或 ϕ4 钢筋网片，间距沿墙高不应超过 500mm（小砌块为 600mm）；埋入墙内长度每边不宜小于 600mm；对抗震设防地区不宜小于 1m；钢筋末端应有 90°弯钩。

④ 钢筋网可采用连弯网或方格网。钢筋直径应采用 3～4mm；当采用连弯网时，钢筋的直径不应大于 8mm。

⑤ 钢筋网中钢筋的间距应为 30～120mm 之间。

（2）构造柱、芯柱

① 构造柱浇灌混凝土前，必须将砌体留槎部位和模板浇水湿润，将模板内的落地灰、砖渣和其它杂物清理干净，并在结合面处注入适量与构造柱混凝土相同的去石水泥砂浆。振捣时，应避免触碰墙体，严禁通过墙体传振。

② 配筋砌块芯柱在楼盖处应贯通，并不得削弱芯柱截面尺寸。

③ 构造柱纵筋应穿过圈梁，保证纵筋上下贯通；构造柱箍筋在楼层上下各 500mm 范围内应进行加密，间距宜为 100mm。

④ 墙体与构造柱连接处应砌成马牙槎，从每层柱脚起，先退后进，马牙槎的高度不应大于 300mm；并应先砌墙后浇混凝土构造柱。

⑤ 小砌块墙中设置构造柱时，与构造柱相邻的砌块孔洞，当设计未具体要求时，6 度（抗震设防烈度，下同）时宜灌实，7 度时应灌实，8 度时应灌实并插筋。

（3）构造柱、芯柱中箍筋

① 当纵向钢筋的配筋率大于 0.25%，且柱承受的轴向力大于受压承载力设计值的 25% 时，柱应设箍筋；当配筋率等于或小于 0.25% 时，或柱承受的轴向力小于受压承载力设计值的 25% 时，柱中可不设置箍筋。

② 箍筋直径不宜小于 6mm。

③ 箍筋的间距不应大于 16 倍的纵向钢筋直径、48 倍箍筋直径及柱截面短边尺寸中较小者。

④ 箍筋应做成封闭式，端部应弯钩。

⑤ 箍筋应设置在灰缝或灌孔混凝土中。

二、 配筋砌体工程检验批质量验收标准

1. 主控项目

（1）钢筋的品种、规格、数量和设置部位应符合设计要求。

检验方法：检查钢筋的合格证书、钢筋性能复试试验报告、隐蔽工程记录。

（2）构造柱、芯柱、组合砌体构件、配筋砌体剪力墙构件的混凝土及砂浆的强度等级应符合设计要求。

抽检数量：每检验批砌体，试块不应小于 1 组，验收批砌体试块不得小于 3 组。

检验方法：检查混凝土和砂浆试块试验报告。

（3）构造柱与墙体的连接处应符合下列规定。

① 墙体应砌成马牙槎，马牙槎凹凸尺寸不宜小于 60mm，高度不应超过 300mm，马牙槎应先退后进，对称砌筑；马牙槎尺寸偏差每一构造柱不应超过 2 处；

② 预留拉结钢筋的规格、尺寸、数量及位置应正确，拉结钢筋应沿墙高每隔 500mm 设 2φ6，伸入墙内不宜小于 600mm，钢筋的竖向移位不应超过 100mm，且竖向移位每一构造柱不得超过 2 处；

③ 施工中不得任意弯折拉结钢筋。

抽检数量：每检验批抽查不应少于 5 处。

检验方法：观察检查和尺量检查。

（4）配筋砌体中受力钢筋的连接方式及锚固长度、搭接长度应符合设计要求。

抽检数量：每检验批抽查不应少于 5 处。

检验方法：观察检查。

2. 一般项目

（1）构造柱一般尺寸允许偏差及检验方法应符合表 6-5 的规定。

表 6-5 构造柱一般尺寸允许偏差及检验方法

序号	项 目			允许偏差/mm	检验方法
1	中心线位置			10	用经纬仪和尺检查或用其它测量仪器检查
2	层间错位			8	用经纬仪和尺检查，或用其它测量仪器检查
3	垂直度	每层		10	用 2m 托线板检查
		全高	≤10m	15	用经纬仪、吊线和尺检查，或用其它测量仪器检查
			>10m	20	

抽检数量：每检验批抽查不应少于 5 处。

（2）设置在砌体灰缝中钢筋的防腐保护应符合规范第 3.0.16 条的规定，且钢筋保护层完好，不应有肉眼可见裂纹、剥落和擦痕等缺陷。

抽检数量：每检验批抽查不应少于 5 处。

检验方法：观察检查。

（3）网状配筋砖砌体中，钢筋网规格及放置间距应符合设计规定。每一构件钢筋网沿砌体高度位置超过设计规定一皮砖厚不得多于 1 处。

抽检数量：每检验批抽查不应少于 5 处。

检验方法：通过钢筋网成品检查钢筋规格，钢筋网放置间距采用局部剔缝观察，或用探针刺入灰缝内检查，或用钢筋位置测定仪测定。

（4）钢筋安装位置的允许偏差及检验方法应符合表 6-6 的规定。

表 6-6 钢筋安装位置的允许偏差及检验方法

项 目		允许偏差/mm	检验方法
受力钢筋保护层厚度	网状配筋砌体	±10	检查钢筋网成品，钢筋网放置位置局部剔缝观察，或用探针刺入灰缝内检查，或用钢筋位置测定仪测定
	组合砖砌体	±5	支模前观察与尺量检查
	配筋小砌块砌体	±10	浇筑灌孔混凝土前观察检查与尺量检查
配筋小砌块砌体墙凹槽中水平钢筋间距		±10	钢尺量连续三档，取最大值

抽检数量：每检验批抽查不应少于 5 处。

第五节　填充墙砌体工程

填充墙砌体工程是指空心砖、蒸压加气混凝土砌块、轻骨料混凝土小型空心砌块等砌筑墙体工程。

一、施工过程质量控制

1. 材料要求

（1）蒸压加气混凝土砌块、轻集料混凝土小型空心砌块砌筑时，其产品龄期应超过 28 天。

（2）空心砖、蒸压加气混凝土砌块、轻集料混凝土小型空心砌块等的运输、装卸过程中，严禁抛掷和倾倒。进场后应按品种、规格分别堆放整齐，堆置高度不宜超过 2m。加气混凝土砌块应防止雨淋。

（3）填充墙砌体砌筑前块材应提前 2 天浇水湿润。蒸压加气混凝土砌块砌筑时，应向砌筑面适量浇水。

（4）加气混凝土砌块不得在以下部位砌筑。

① 建筑物底层地面以下部位。

② 长期浸水或经常干湿交替部位。

③ 受化学环境侵蚀部位。

④ 经常处于 80℃ 以上高温环境中。

2. 质量控制要点

（1）砌块、空心砖应提前 2 天浇水湿润；加气砌块砌筑时，应向砌筑面适量洒水；当采用黏结剂砌筑时不得浇水湿润。用砂浆砌筑时的含水率控制在：轻集料小砌块应为 5%～8%，空心砖为 10%～15%，加气砌块应小于 15%，对于粉煤灰加气混凝土制品应小于 20%。

（2）轻集料小砌块、加气砌块和薄壁空心砖（如三孔砖）砌筑时，墙底部应砌筑烧结普通砖、多孔砖、普通小砖块（采用混凝土灌孔更好）或浇筑混凝土，其高度不应小于 200mm。

（3）厕浴间和有防水要求的空间，所有墙底部 200mm 高度内均应浇筑混凝土坎台。

（4）轻集料小砌块和加气砌块砌体，由于干缩值大（是烧结黏土砖的数倍），不应与其它块材混砌。但对于因构造需要的墙底部、顶部、门窗固定部位等，可局部适量镶嵌其它块材。不同砌体交接处可采用构造柱连接。

（5）填充墙的水平灰缝砂浆饱满度均应不小于 80%；小砌块、加气砌块砌体的竖向灰缝也不应小于 80%，其它砖砌体的竖向灰缝应填满砂浆，并不得有透明缝、瞎缝、假缝。

（6）填充墙砌筑时应错缝搭砌。单排孔小砌块应对孔错缝砌筑，当不能对孔时，搭接长度不应小于 90mm，加气砌块搭接长度不小于砌块长度的 1/3；当不能满足时，应在水平灰缝中设置钢筋加强。

（7）填充墙砌至梁、板底部时，应留一定空隙，至少间隔 14 天后再砌筑、挤紧；或用坍落度较小的混凝土或水泥砂浆填嵌密实。在封砌施工洞口及外墙井架洞口时，尤其应严格控制，千万不能一次到顶。

（8）钢筋混凝土结构中砌筑填充墙时，应沿框架柱（剪力墙）全高每隔 500mm（砌块模数不能满足时可为 600mm）设 2Φ6 拉结筋，拉结筋伸入墙内的长度应符合设计要求；当设计没有具体要求时：非抗震设防及抗震设防烈度为 6 度、7 度时，不应小于墙长的 1/5 且不小于 700mm；烈度为 8 度、9 度时宜沿墙全长贯通。

二、 填充墙砌体工程检验批质量验收标准

1. 主控项目

（1）烧结空心砖、小砌块和砌筑砂浆的强度等级应符合设计要求。

抽检数量：烧结空心砖每 10 万块为一验收批，小砌块每 1 万块为一验收批，不足上述数量时按一批计，抽检数量为一组。

检验方法：检查砖、小砌块进场复验报告和砂浆试块试验报告。

（2）填充墙砌体应与主体结构可靠连接，其连接构造应符合设计要求，未经设计同意，不得随意改变连接构造方法。每一填充墙与柱的拉结筋的位置超过一皮块体高度的数量不得多于一处。

抽检数量：每检验批抽查不应少于 5 处。

检验方法：观察检查。

（3）填充墙与承重墙、柱、梁的连接钢筋，当采用化学植筋的连接方式时，应进行实体检测。锚固钢筋拉拔试验的轴向受拉非破坏承载力检验值应为 6.0kN。抽检钢筋在检验值作用下应基材无裂缝、钢筋无滑移宏观裂损现象；持荷 2min 期间荷载值降低不大于 5%。检验批验收可按《砌体结构工程施工质量验收规范》（GB 50203—2011）表 B.0.1 通过正常检验一次、两次抽样判定。填充墙砌体植筋锚固力检测记录可按规范表 C.0.1 填写。

抽检数量：按《砌体结构工程施工质量验收规范》（GB 50203—2011）表 9.2.3 确定。

检验方法：原位试验检查。

2. 一般项目

（1）填充墙砌体尺寸、位置的允许偏差及检验方法应符合表 6-7 的规定。

表 6-7 填充墙砌体尺寸、位置的允许偏差及检验方法

序号	项　目		允许偏差/mm	检验方法
1	轴线位移		10	用尺检查
2	垂直度	≤3m	5	用 2m 托线板或吊线、尺检查
	（每层）	>3m	10	
3	表面平整度		8	用 2m 靠尺和楔形尺检查
4	门窗洞口高、宽(后塞口)		±10	用尺检查
5	外墙上、下窗口偏移		20	用经纬仪或吊线检查

抽检数量：每检验批抽查不应少于 5 处。

（2）填充墙砌体的砂浆饱满度及检验方法应符合表 6-8 的规定。

抽检数量：每检验批抽查不应少于 5 处。

（3）填充墙留置的拉结钢筋或网片的位置应与块体皮数相符合。拉结钢筋或网片应置于灰缝中，埋置长度应符合设计要求，竖向位置偏差不应超过一皮高度。

表 6-8 填充墙砌体的砂浆饱满度及检验方法

砌体分类	灰缝	饱满度及要求	检验方法
空心砖砌体	水平	≥80%	采用百格网检查块体底面或侧面砂浆的黏结痕迹面积
	垂直	填满砂浆、不得有透明缝、瞎缝、假缝	
蒸压加气混凝土砌块、轻骨料混凝土小型空心砌块砌体	水平	≥80%	
	垂直	≥80%	

抽检数量：每检验批抽查不应少于 5 处。

检验方法：观察和用尺量检查。

(4) 砌筑填充墙时应错缝搭砌，蒸压加气混凝土砌块搭砌长度不应小于砌块长度的1/3；轻骨料混凝土小型空心砌块搭砌长度不应小于 90mm；竖向通缝不应大于 2 皮。

抽检数量：每检验批抽检不应少于 5 处。

检查方法：观察和用尺检查。

(5) 填充墙的水平灰缝厚度和竖向灰缝宽度应正确。烧结空心砖、轻骨料混凝土小型空心砌块砌体的灰缝应为 8～12mm。蒸压加气混凝土砌块砌体当采用水泥砂浆、水泥混合砂浆或蒸压加气混凝土砌块砌筑砂浆时，水平灰缝厚度及竖向灰缝宽度不应超过 15mm；当蒸压加气混凝土砌块砌体采用蒸压加气混凝土砌块黏结砂浆时，水平灰缝厚度和竖向灰缝宽度宜为 3～4mm。

抽检数量：每检验批抽查不应少于 5 处。

检查方法：水平灰缝厚度用尺量 5 皮小砌块的高度折算；竖向灰缝宽度用尺量 2m 砌体长度折算。

复习思考题

1. 砖砌体工程检验批主控项目和一般项目由哪些内容组成？

2. 砖砌体组砌方法有哪些？规范对其检查数量有何规定？

3. 砖砌体表面平整度的检查方法是什么？规范对其检查数量有何规定？

4. 混凝土小型空心砌块砌体工程检验批主控项目和一般项目由哪些内容组成？

5. 配筋砌体工程检验批主控项目和一般项目由哪些内容组成？

6. 填充墙砌体工程检验批主控项目和一般项目由哪些内容组成？

 第七章 建筑屋面工程

第一节　概　述

1. 屋面防水等级、防水层合理使用年限和设防要求

屋面防水等级主要是指防水层能满足正常使用要求的年限长短，同时也表征渗漏造成的影响程度的不同。屋面防水等级涉及防水构造、防水设防层次、防水材料选用的依据。

根据建筑物的性质、重要程度、使用功能要求、建筑结构特点，将屋面工程划分为不同的等级。屋面防水等级和设防要求见表7-1。

其中，特别重要或对防水有特殊要求的建筑，一般是指重要的纪念性建筑、国家政治活动场所、国家级图书馆、特殊要求的工业厂房、科研试验楼等；一般建筑一般是指住宅和公共建筑，这类建筑占的比例高。重要建筑物和一般建筑物使用的防水材料及防水构造应有所区别，否则难以保证使用功能的要求。

表 7-1 屋面防水等级和设防要求

防水等级	建筑类别	设防要求
Ⅰ级	重要建筑和高层建筑	两道防水设防
Ⅱ级	一般建筑	一道防水设防

2. 屋面工程各分项工程的施工质量检查数量的规定

（1）宜按屋面面积每 500～1000m² 划分为一个检验批，不足 500m² 应按一个检验批。

（2）接缝密封防水，每 50m 应抽查一处，每处 5m，且不得少于 3 处。

（3）细部构造根据分项工程的内容，应全部进行检查。

第二节 屋面找平层

一、 施工过程质量控制

1. 基本要求

（1）屋面找平层的厚度和技术要求应符合表 7-2 的规定。

表 7-2 屋面找平层的厚度和技术要求

类别	基层种类	厚度/mm	技术要求
水泥砂浆找平层	整体混凝土	15～20	（1：2.5）～（1：3）（水泥∶砂）体积比，水泥强度等级不低于 32.5 级
	整体或板状材料保温层	20～25	
	装配式混凝土板，松散材料保温层	20～30	
细石混凝土找平层	松散材料保温层	30～35	混凝土强度等级不低于 C20
沥青砂浆找平层	整体混凝土	15～20	1：8（沥青∶砂）质量比
	装配式混凝土板，整体或板状材料保温层	20～25	

（2）屋面找平层的基层采用装配式钢筋混凝土板时，应符合下列规定。

① 板端、侧缝应用细石混凝土灌缝，其强度等级不应低于 C20。

② 板缝宽度大于 40mm 或上窄下宽时，板缝内应设置构造钢筋。

③ 板端缝应进行密封处理。

2. 基层处理

（1）水泥砂浆，细石混凝土找平层的基层，施工前必须先清理干净和浇水湿润。

（2）沥青砂浆找平层的基层，施工前必须干净、干燥。满涂冷底子油 1～2 道，要求薄而均匀，不得有气泡和空白。

3. 分格缝留设

（1）找平层宜设分格缝，其纵横缝的最大间距：水泥砂浆或细石混凝土找平层，不宜大于 6m；沥青砂浆找平层，不宜大于 4m。

（2）按照设计要求，应先在基层上弹线标出分格缝位置。若基层为预制屋面板，则分格缝应与板缝对齐。

（3）安放分格缝的木条应平直、连续，其高度与找平层厚度一致，宽度应符合设计要求，断面为上宽下窄，便于取出。

4. 找平层施工

屋面找平层是指防水层基层采用水泥砂浆、细石混凝土或沥青砂浆的整体找平层。

（1）水泥砂浆找平层表面应压实，无脱皮、起砂等缺陷；沥青砂浆找平层的铺设，是在干燥的基层上满涂冷底子油1～2道，干燥后再铺设沥青砂浆，滚压后表面应平整、密实、无蜂窝、无压痕。

（2）水泥砂浆、细石混凝土找平层，在收水后，应做二次压光处理，确保表面坚固密实和平整。终凝后应采取浇水、覆盖浇水、喷养护剂等养护措施，保证水泥充分水化，确保找平层质量。同时严禁过早堆物、上人或进行其他操作。特别应注意：在气温低于0℃或终凝前可能下雨的情况下，不宜进行施工。

（3）沥青砂浆找平层施工，应在冷底子油干燥后开始铺设。虚铺厚度一般应按1.3～1.4倍压实厚度的要求控制。对沥青砂浆在拌制、铺设、滚压过程中的温度，必须按规定准确控制，常温下沥青砂浆的拌制温度为140～170℃，铺设温度为90～120℃。待沥青砂浆铺设于屋面并刮平后，应立即用火滚子进行滚压（夏天温度较高时，滚筒可不生火），直至表面平整、密实、无蜂窝和压痕为止，滚压后的温度为60℃。火滚子滚压不到的地方，可用烙铁烫压。施工缝应留斜槎，继续施工时，接槎处应刷热沥青一道，然后再铺设。

（4）内部排水的水落口杯应牢固的固定在承重结构上，均应预先清除铁锈，并涂上专用底漆（锌磺类或磷化底漆等）。水落口杯与竖管承口的连接处，应用沥青与纤维材料拌制的填料或油膏填塞。

（5）准确设置转角圆弧。对各类转角处的找平层宜采用细石混凝土或沥青砂浆，做成圆弧形。施工前可按照设计规定的圆弧半径，采用木材、铁板或其它光滑材料制成简易圆弧操作工具，用于压实、拍平和抹光，并统一控制圆弧形状和半径。

二、层面找平层检验批质量验收标准

1. 主控项目

（1）找坡层和找平层所用材料的质量及配合比，应符合设计要求。

检验方法：检查出厂合格证、质量检验报告和计量措施。

（2）找坡层和找平层的排水坡度，应符合设计要求。

检验方法：坡度尺检查。

2. 一般项目

（1）找平层应抹平、压光，不得有酥松、起砂、起皮现象。

检验方法：观察检查。

（2）卷材防水层的基层与突出屋面结构的交接处，以及基层的转角处，找平层应做成圆弧形，且应整齐平顺。

检验方法：观察检查。

（3）找平层分格格缝的宽度和间距，均应符合设计要求。

检查方法：观察和尺量检查

（4）找坡层表面平整度的允许偏差为7mm，找平层表面平整度的允许偏差为5mm。

检验方法：2m靠尺和塞尺检查。

第三节 屋面保温隔热层

一、施工过程质量控制

1. 基本规定

(1) 本章适用于板状材料、纤维材料、喷涂硬泡聚氨酯、现浇泡沫混凝土保温层和种植、架空、蓄水隔热层分项工程的施工质量验收。

(2) 铺设保温层的基层应平整、干燥和干净。

(3) 保温材料在施工过程中应采取防潮、防水和防火等措施。

(4) 保温与隔热工程的构造及选用材料应符合设计要求。

(5) 保温与隔热工程质量验收除应符合本章规定外，尚应符合现行国家标准《建筑节能工程施工质量验收规范》(GB 50411) 的有关规定。

(6) 保温材料使用时的含水率，应相当于该材料在当地自然风干状态下的平衡含水率。

(7) 保温材料的热导率、表观密度或干密度、抗压强度或压缩强度、燃烧性能，必须符合设计要求。

(8) 种植、架空、蓄水隔热层施工前，防水层均应验收合格。

2. 板状材料保温层

(1) 板状材料保温层采用干铺法施工时，板状保温材料应紧靠在基层表面上，应铺平垫稳；分层铺设的板块上下层接缝应相互错开，板间缝隙应采用同类材料的碎屑嵌填密实。

(2) 板状材料保温层采用粘贴法施工时，胶黏剂应与保温材料的材性相容，并应贴严、粘牢；板状材料保温层的平面接缝应挤紧拼严，不得在板块侧面涂抹胶黏剂，超过 2mm 的缝隙应采用相同材料板条或片填塞严实。

(3) 板状保温材料采用机械固定法施工时，应选择专用螺钉和垫片；固定件与结构层之间应连接牢固。

3. 纤维材料保温层

(1) 纤维保温材料应紧靠在基层表面上，平面接缝应挤紧拼严，上下层接缝应相互错开。

(2) 屋面坡度较大时，宜采用金属或专用固定件将纤维保温材料与基层固定。

(3) 纤维材料填充后，不得上人踩踏。

(4) 装配式骨架纤维保温材料施工时，应先在基层上铺设保温龙骨或金属龙骨，龙骨之间应填充纤维保温材料，再在龙骨上铺钉水泥纤维板。金属龙骨和固定件应经防锈处理，金属龙骨与基层之间应采取隔热断桥措施。

4. 喷涂硬泡聚氨酯保温层

(1) 保温层施工前应对喷涂设备进行调试，并应制备试样进行硬泡聚氨酯的性能检测。

(2) 喷涂硬泡聚氨酯的配比应准确计量，发泡厚度应均匀一致。

(3) 喷涂时喷嘴与施工基面的间距应由试验确定。

(4) 一个作业面应分遍喷涂完成，每遍厚度不宜大于 15mm；当日的作业面应当日连续地喷涂施工完毕。

(5) 硬泡聚氨酯喷涂后 20min 内严禁上人；喷涂硬泡聚氨酯保温层完成后，应及时做保护层。

5. 种植隔热层

（1）种植隔热层与防水层之间宜设细石混凝土保护层。

（2）种植隔热层的屋面坡度大于 20％时，其排水层、种植土层应采取防滑措施。

（3）排水层施工应符合下列要求：陶粒的粒径不应小于 25mm，大粒径应在下，小粒径应在上；凹凸形排水板宜采用搭接法施工，网状交织排水板宜采用对接法施工；排水层上应铺设过滤层土工布；挡墙或挡板的下部应设泄水孔，孔周围应放置疏水粗细骨料。

（4）过滤层土工布应沿种植土周边向上铺设至种植土高度，并应与挡墙或挡板粘牢；土工布的搭接宽度不应小于 100mm，接缝宜采用黏合或缝合。

（5）种植土的厚度及自重应符合设计要求。种植土表面应低于挡墙高度 100mm。

6. 架空隔热层

（1）架空隔热层的高度应按屋面宽度或坡度大小确定。设计无要求时，架空隔热层的高度宜为 180～300mm。

（2）当屋面宽度大于 10m 时，应在屋面中部设置通风屋脊，通风口处应设置通风箅子。

（3）架空隔热制品支座底面的卷材、涂膜防水层，应采取加强措施。

（4）架空隔热制品的质量应符合下列要求：

非上人屋面的砌块强度等级不应低于 MU7.5；上人屋面的砌块强度等级不应低于 MU10；

混凝土板的强度等级不应低于 C20，板厚及配筋应符合设计要求。

检查数量：保温与隔热工程各分项工程每个检验批的抽检数量，应按屋面面积每 100m² 抽查 1 处，每处应为 10m²，且不得少于 3 处。

二、屋面保温层检验批质量验收标准

（一）板状材料保温层

1. 主控项目

（1）板状保温材料的质量，应符合设计要求。

检验方法：检查出厂合格证、质量检验报告和进场检验报告。

（2）板状材料保温层的厚度应符合设计要求，其正偏差应不限，负偏差应为 5％，且不得大于 4mm。

检验方法：钢针插入和尺量检查。

（3）屋面热桥部位处理应符合设计要求。

检验方法：观察检查。

2. 一般项目

（1）板状保温材料铺设应紧贴基层，应铺平垫稳，拼缝应严密，粘贴应牢固。

检验方法：观察检查。

（2）固定件的规格、数量和位置均应符合设计要求；垫片应与保温层表面齐平。

检验方法：观察检查。

（3）板状材料保温层表面平整度的允许偏差为 5mm。

检验方法：2m 靠尺和塞尺检查。

（4）板状材料保温层接缝高低差的允许偏差为 2mm。

检验方法：直尺和塞尺检查。

（二）纤维材料保温层

1. 主控项目

（1）纤维保温材料的质量，应符合设计要求。

检验方法：检查出厂合格证、质量检验报告和进场检验报告。

（2）纤维材料保温层的厚度应符合设计要求，其正偏差应不限，不得有负偏差，板负偏差应为 4%，且不得大于 3mm。

检验方法：钢针插入和尺量检查。

（3）屋面热桥部位处理应符合设计要求。

检验方法：观察检查。

2. 一般项目

（1）纤维保温材料铺设应紧贴基层，拼缝应严密，表面应平整。

检验方法：观察检查。

（2）固定件的规格、数量和位置应符合设计要求；垫片应与保温层表面齐平。

检验方法：观察检查。

（3）装配式骨架和水泥纤维板应铺钉牢固，表面应平整；龙骨间距和板材厚度应符合设计要求。

检验方法：观察和尺量检查。

（4）具有抗水蒸气渗透外覆面的玻璃棉制品，其外覆面应朝向室内，拼缝应用防水密封胶带封严。

检验方法：观察检查。

（三）喷涂硬泡聚氨酯保温层

1. 主控项目

（1）喷涂硬泡聚氨酯所用原材料的质量及配合比，应符合设计要求。

检验方法：检查原材料出厂合格证、质量检验报告和计量措施。

（2）喷涂硬泡聚氨酯保温层的厚度应符合设计要求，其正偏差应不限，不得有负偏差。

检验方法：钢针插入和尺量检查。

（3）屋面热桥部位处理应符合设计要求。

检验方法：观察检查。

2. 一般项目

（1）喷涂硬泡聚氨酯应分遍喷涂，黏结应牢固，表面应平整，找坡应正确。

检验方法：观察检查。

（2）喷涂硬泡聚氨酯保温层表面平整度的允许偏差为 5mm。

检验方法：2m 靠尺和塞尺检查。

（四）种植隔热层

1. 主控项目

（1）种植隔热层所用材料的质量，应符合设计要求。

检验方法：检查出厂合格证和质量检验报告。

（2）排水层应与排水系统连通。

检验方法：观察检查。

（3）挡墙或挡板泄水孔的留设应符合设计要求，并不得堵塞。

检验方法：观察和尺量检查。

2. 一般项目

（1）陶粒应铺设平整、均匀，厚度应符合设计要求。

检验方法：观察和尺量检查。

（2）排水板应铺设平整，接缝方法应符合国家现行有关标准的规定。

检验方法：观察和尺量检查。

（3）过滤层土工布应铺设平整、接缝严密，其搭接宽度的允许偏差为10mm。

检验方法：观察和尺量检查。

（4）种植土应铺设平整、均匀，其厚度的允许偏差为±5％，且不得大于30mm。

检验方法：尺量检查。

（五）架空隔热层

1. 主控项目

（1）架空隔热制品的质量，应符合设计要求。

检验方法：检查材料或构件合格证和质量检验报告。

（2）架空隔热制品的铺设应平整、稳固，缝隙勾填应密实。

检验方法：观察检查。

2. 一般项目

（1）架空隔热制品距山墙或女儿墙不得小于250mm。

检验方法：观察和尺量检查。

（2）架空隔热层的高度及通风屋脊、变形缝做法，应符合设计要求。

检验方法：观察和尺量检查。

（3）架空隔热制品接缝高低差的允许偏差为3mm。

检验方法：直尺和塞尺检查。

第四节　屋面卷材防水层检验批检验

一、　施工过程质量控制

（1）卷材防水层应采用高聚物改性沥青防水卷材、合成高分子防水卷材或沥青防水卷材。所选用的基层处理剂、接缝胶黏剂、密封材料等配套材料应与铺贴的卷材材性相容。

（2）当在坡度大于25％的屋面上采用卷材做防水层时，应采取固定措施，固定点应密封严密。

（3）铺设屋面隔汽层和防水层前，基层必须干净、干燥。干燥程度的简易检验方法，是将1m² 卷材平坦地干铺在找平层上，静置3～4h后掀开检查，找平层覆盖部位与卷材上未见水印即可铺设。

（4）冷底子油涂刷应符合下列规定。

① 冷底子油的配合成分和技术性能应符合设计规定。

② 冷底子油的干燥时间应视其用途为：

a. 在水泥基层上涂刷的慢挥发性冷底子油为 12～48h。

b. 在水泥基层上涂刷的快挥发性冷底子油为 5～10h。

③ 在熬好的沥青中加入慢挥发性溶剂时，沥青的温度不得超过 140℃，如加如快挥发性溶剂，则沥青的温度不应超过 110℃。

④ 涂刷冷底子油的找平层表面，要求平整、干净、干燥。如个别地方较潮湿，可用喷灯烘烤干燥。

⑤ 涂刷冷底子油的品种应视铺贴的卷材而定，不可错用。焦油沥青低温油毡，应用焦油沥青冷底子油。

⑥ 涂刷冷底子油要薄而匀，无漏刷、麻点、气泡。过于粗糙的找平层表面，宜先刷一遍慢性挥发性冷底子油，待其初步干燥后，再刷一遍快挥发性冷底子油。涂刷时间宜在铺毡前 1～2 天进行。如采取湿铺工艺，冷底子油需在水泥砂浆找平层终凝后，能上人时涂刷。

（5）卷材铺贴方向应符合下列规定。

① 屋面坡度小于 3％时，卷材宜平行屋脊铺贴。

② 屋面坡度在 3％～15％时，卷材可平行或垂直屋脊铺贴。

③ 屋面坡度大于 15％或屋面受震动时，沥青防水卷材应垂直屋脊铺贴，高聚物改性沥青防水卷材和合成高分子防水卷材可平行或垂直屋脊铺贴。

④ 上下层卷材不得相互垂直铺贴。

（6）卷材厚度选用应符合规范要求。

（7）铺贴卷材采用搭接法时，上下层及相邻两幅卷材的搭接缝应错开。各种卷材搭接宽度应符合表 7-3 的要求。

表 7-3　卷材搭接宽度　　　　　　　　　　　　　　　　单位：mm

卷 材 类 别		挤 按 宽 度
合成高分子防水卷材	胶黏剂	80
	胶黏带	50
	单缝焊	60,有效焊接宽度小小于 25
	双鞋焊	80,有效焊接宽度 10×2＋空腔宽
高聚物改性沥青防水卷材	胶黏剂	100
	自粘	80

（8）冷粘法铺贴卷材应符合下列规定。

① 胶黏剂涂刷应均匀，不露底，不堆积。

② 根据胶黏剂的性能，应控制胶黏剂涂刷与卷材铺贴的间隔时间。

③ 铺贴的卷材下面的空气应排尽，并辊压黏结牢固。

④ 铺贴卷材应平整顺直，搭接尺寸准确，不得扭曲、皱折。

⑤ 接缝口应用密封材料封严，宽度不应小于 10mm。

（9）热熔法铺贴卷材应符合下列规定。

① 火焰加热器加热卷材应均匀，不得过分加热或烧穿卷材；厚度不小于 3mm 的高聚物改性沥青防水卷材严禁采用热熔法施工。

② 卷材表面热熔后应立即滚铺卷材，卷材下面的空气应排尽，并辊压黏结牢固，不得空鼓。

③ 卷材接缝部位必须溢出热熔的改性沥青胶。

④ 铺贴的卷材应平整顺直，搭接尺寸准确，不得扭曲、皱折。

（10）自粘法铺贴卷材应符合下列规定。

① 铺贴卷材前基层表面应均匀涂刷基层处理剂，干燥后应及时铺贴卷材。

② 铺贴卷材时，应将自黏胶底面的隔离纸全部撕净。

③ 卷材下面的空气应排尽，并辊压黏结牢固。

④ 铺贴的卷材应平整顺直，搭接尺寸准确，不得扭曲、皱折。搭接部位宜采用热风加热，随即粘贴牢固。

⑤ 接缝口应用密封材料封严，宽度不应小于 10mm。

（11）卷材热风焊接施工应符合下列规定。

① 焊接前卷材的铺设应平整顺直，搭接尺寸准确，不得扭曲、皱褶。

② 卷材的焊接面应清扫干净，无水滴、油污及附着物。

③ 焊接时应先焊长边搭接缝，后焊短边搭接缝。

④ 控制热风加热温度和时间，焊接处不得有漏焊、跳焊、焊焦或焊接不牢现象。

⑤ 焊接时不得损害非焊接部位的卷材。

（12）沥青玛琋脂的配置及其使用应符合下列规定。

① 配置沥青玛琋脂的配合比应视使用条件、坡度和当地历年极端最高气温，并根据所用的材料经试验确定；施工中应按确定的配合比严格配料，每工作班应检查软化点和柔韧性。

② 热沥青玛琋脂的加热温度不应高于 240℃，使用温度不应低于 190℃。

③ 冷沥青玛琋脂使用时应搅匀，稠度太大时可加少量溶剂稀释搅匀。

④ 沥青玛琋脂应涂刮均匀，不得过厚或堆积。

a. 黏结层厚度　热沥青玛琋脂宜为 1～1.5mm，冷沥青玛琋脂宜为 0.5～1mm。

b. 面层厚度　热沥青玛琋脂宜为 2～3mm，冷沥青玛琋脂宜为 1～1.5mm。

（13）天沟、檐沟、檐口、泛水和立面卷材收头的端部应裁齐，塞入预留凹槽内，用金属压条钉压固定，最大钉距不应大于 900mm，并用密封材料嵌填封严。

（14）卷材防水层完工并经验收合格后，应做好成品保护。保护层的施工应符合下列规定。

① 绿豆砂应清洁、预热、铺撒均匀，并使其与沥青玛琋脂黏结牢固，不得残留未黏结的绿豆砂。

② 云母或蛭石保护层不得有粉料，撒铺应均匀，不得露底，多余的云母或蛭石应清除。

③ 水泥砂浆保护层的表面应抹平压光，并设表面分格缝，分格面积宜为 1m²。

④ 块体材料保护层应留设分格缝，分格面积不宜大于 100m²，分格缝宽度应大于 20mm。

⑤ 细石混凝土保护层，混凝土应密实，表面抹平压光，并留设分格缝，分格面积不大于 36m²。

⑥ 浅色涂料保护层应与卷材黏结牢固，薄厚均匀，不得漏涂。

⑦ 水泥砂浆、块材或细石混凝土保护层与防水层之间应设置隔离层。

⑧ 刚性保护层与女儿墙、山墙之间应预留宽度为 30mm 的缝隙，并用密封材料嵌填严密。

二、 屋面卷材防水层检验批质量验收标准

1. 主控项目

（1）卷材防水层所用卷材及其配套材料，必须符合设计要求。

检验方法：检查出厂合格证、质量检验报告和现场抽样复验报告。

（2）卷材防水层不得有渗漏或积水现象。防水是屋面的主要功能之一，若卷材防水层出现渗漏或积水现象，将是最大的弊病。检验屋面有无渗漏和积水、排水系统是否通畅，可在雨后或持续淋水 2h 后进行。有可能做蓄水检验的屋面，其蓄水时间不应少于 24h。

检验方法：雨后或淋水、蓄水检验。

（3）卷材防水层在天沟、檐沟、檐口、水落口、泛水、变形缝和伸出屋面管道的防水构造，必须符合设计要求。

天沟、檐沟、檐口、水落口、泛水、变形缝和伸出屋面管道等处，是当前屋面防水工程渗漏最严重的部位。因此，卷材屋面的防水构造设计应符合下列规定。

① 应根据屋面的结构变形、温差变形、干缩变形和震动等因素，使节点设防能够满足基层变形的需要；

② 应采用柔性密封、防排结合、材料防水与构造防水相结合的做法；

③ 应采用防水卷材、防水涂料、密封材料和刚性防水材料等材料互补并用的多道设防（包括设置附加层）。

检验方法：观察检查和检查隐蔽工程验收记录。

2. 一般项目

（1）卷材防水层的搭接缝应粘（焊）接牢固，密封严密，不得有皱褶、翘边和鼓泡等缺陷；防水层的收头应与基层黏结并固定牢固，缝口封严，不得翘边。

天沟、槽沟与屋面交接处容易产生裂缝，为防止裂缝渗漏，交接处应增铺卷材或增涂膜附加层。卷材在泛水处应采用满贴，收头密封形式应根据墙体材料及泛水高度确定。

① 女儿墙较低时，卷材可直接铺到压顶下，上用金属或钢筋混凝土等盖压；

② 女儿墙为砖砌体时，应留凹槽（凹槽距屋面找平层高度不应小于 250mm）作为卷材收头，用压条钉压，封严，抹水泥砂浆或聚合物砂浆保护；

③ 墙体为混凝土时，卷材收买可采用金属压条钉压，用密封材料封固。

检验方法：观察检查。

（2）卷材防水层上的撒布材料（如绿豆砂、云母或蛭石）保护层和浅色涂料保护层应铺撒和涂刷均匀，粘接牢固；水泥砂浆、块材或细石混凝土保护层与卷材防水层间应设置隔离层；刚性保护层的分格缝留置应符合设计要求。

检验方法：观察检查。

（3）排气屋面的排气道应纵横贯通，不得堵塞。排气管应安装牢固，位置正确，封闭严密。

排气道应同与大气连通的排气出口相通。找平层设置的分格缝可兼做排气道，排气道间距宜为 6m，纵横设置。屋面面积每 36m² 宜设一个排气出口。

排气出口应埋设排气管，排气管应设置在结构层上，穿过保温层的管壁应设排气孔，以保证排气道的畅通。排气出口亦可设在沿口下或屋面排气道交叉处。

排气管的安装必须牢固、封闭严密，否则会使排气管变成了进水孔，造成屋面漏水。

检验方法：观察检查。

（4）卷材的铺贴方向应正确，卷材搭接宽度的允许偏差为－10mm。卷材铺贴方向应符合下列规定：

① 屋面坡度小于3％时，卷材宜平行屋脊铺贴；

② 屋面坡度在3％～15％时，卷材可平行或垂直屋脊铺贴；

③ 屋面坡度大于15％或屋面受振动时，沥青防水卷材应垂直屋脊铺贴，高聚物改性沥青防水卷材和合成高分子防水卷材可平行或垂直屋脊铺贴；

④ 上下层卷材不得相互垂直铺贴。

检验方法：观察检查和尺量检查。

3. 屋面卷材防水层检验批质量验收记录（见表7-4）

表7-4　屋面卷材防水层检验批质量验收记录

单位(子单位)工程名称											
分部(子分部)工程名称							验收部位				
施工单位							项目经理				
施工执行标准名称及编号											
		施工质量验收规范的规定				施工单位检查评定记录			监理单位验收记录		
主控项目	1	卷材及配套材料质量		设计要求							
	2	卷材防水层		见规定							
	3	防水细部构造		见规定							
一般项目	1	卷材搭接缝与收头质量		见规定							
	2	卷材保护层		见规定							
	3	排气层面孔道留置		见规定							
	4	卷材铺贴方向		铺贴方向正确							
	5	搭接宽度允许偏差		－10mm							
施工单位检查评定结果		专业工长(施工员)					施工班组长				
		项目专业质量检查员：						年　月　日			
监理(建设)单位验收结论		专业监理工程师： (建设单位项目专业技术负责人)							年　月　日		

第五节　涂膜防水层

一、施工过程质量控制

1. 基本规定

（1）防水涂料应采用高聚物改性沥青防水涂料、合成高分子防水涂料。

（2）涂膜厚度选用应符合规范要求。

（3）屋面基层的干燥程度应视所用涂料特性确定。当采用溶剂型涂料时，屋面基层应干燥。

（4）多组分涂料应按配合比准确计量，搅拌均匀，并应根据有效时间确定使用量。

（5）天沟、檐沟、檐口、泛水和立面涂膜防水层的收头，应用防水涂料多面涂刷或用密封材料封严。

（6）涂膜防水层完工并经验收合格后，应做好成品保护。

2. 防水涂膜施工

（1）涂膜应根据防水涂料的品种分层分遍涂布，不得一次涂成。

（2）应待先涂的涂层干燥成膜后，才可涂后一遍涂料。

（3）需铺设胎体增强材料时，屋面坡度小于15％时可平行屋脊铺设，屋面坡度大于15％时应垂直与屋脊铺设。

（4）胎体长边搭接宽度不应小于50mm，短边搭接宽度不应小于70mm。

（5）采用二层胎体增强材料时，上下层不得相互垂直铺设，搭接缝应错开，其间距不应小于幅宽的1/3。

3. 涂膜防水工程施工要求

（1）防水工程完工后不得有渗漏和积水现象。

（2）工程所用材料必须符合国家有关质量标准和设计要求，并按规定抽样复查合格。

（3）节点、构造细部等处做法应符合设计要求，封固严密，不得开缝翘边，密封材料必须与基层粘接牢固，密封部位应平直、光滑，无气泡、龟裂、空鼓、起壳、塌陷，尺寸符合设计要求；底部放置背衬材料但不与密封材料粘接；保护层应覆盖严密。

（4）涂膜防水层表面应平整、均匀，不应有裂纹、脱皮、流淌、鼓泡、露胎体、皱皮等现象；涂膜厚度应符合设计要求。

（5）涂膜表面上松散材料保护层、涂料保护层或泡沫塑料保护层等，应覆盖均匀，粘接牢固。

（6）在屋面涂膜防水工程中的架空隔热层、保温层、蓄水屋面和种植屋面等，应符合设计要求和有关技术规定。

涂膜防水层是指将在常温下呈无定型液体的防水涂料涂刷与基层表面，形成密封的防水膜。涂膜防水层适用于Ⅰ～Ⅳ级屋面防水，可单独作为一道防水层，也可以与卷材符合使用，共同组成复合的防水层。

二、 涂膜防水层检验批质量验收标准

1. 主控项目

（1）防水涂料和胎体增强材料的质量，应符合设计要求。

检验方法：检查出厂合格证、质量检验报告和进场检验报告。

（2）涂膜防水层不得有渗漏和积水现象。

检验方法：雨后观察或淋水、蓄水试验。

（3）涂膜防水层在檐口、檐沟、天沟、水落口、泛水、变形缝和伸出屋刚管道的防水构造，应符合设计要求。

检验方法：观察检查。

（4）涂膜防水层的平均厚度应符合设计要求，且最小厚度不得小于设计厚度的80％。

检验方法：针测法或取样量测。

2. 一般项目

（1）涂膜防水层与基层应黏结牢固，表面应平整，涂布应均匀，不得有流淌、皱褶、起泡和露胎体等缺陷。

检验方法：观察检查。

（2）涂膜防水层的收头应用防水涂料多遍涂刷。

检验方法：观察检查。

（3）铺贴胎体增强材料应平整顺直，搭接尺寸应准确，应排除气泡，并应与涂料黏结牢固；胎体增强材料搭接宽度的允许偏差为 10mm。

检验方法：观察和尺量检查。

复习思考题

1. 屋面找平层检验批主控项目有哪些？

2. 屋面卷材防水层检验批主控项目有哪些？

3. 如何对卷材防水层进行渗漏检验？

4. 卷材铺贴方向应符合哪些规定？

5. 涂膜防水层检验批主控项目有哪些？

6. 涂膜防水层涂膜厚度如何检测？

第八章 建筑地面工程

1. 基层铺设；
2. 整体面层铺设；
3. 板块面层铺设。

知识目标

1. 了解建筑地面子分部工程、分项工程的划分方法，掌握基层铺设施工过程质量控制，熟知分项工程质量验收标准及检验方法；

2. 掌握水泥混凝土面层、水泥砂浆面层、水磨石面层施工过程的质量控制，熟知分项工程质量验收要求、标准及检验方法；

3. 掌握砖面层、大理石和花岗石面层、预制板板块面层、料石面层铺设施工过程的质量控制，熟知分项工程质量验收要求、标准及检验方法。

能力目标

1. 能够对基层铺设分项工程进行验收；
2. 能够对整体面层铺设分项工程进行验收；
3. 能够对板块面层铺设分项工程进行验收。

第一节 概　　述

1. 建筑地面工程施工质量验收术语

（1）建筑地面（building ground）　建筑物底层地面（地面）和楼层地面（楼面）的总称。

（2）面层（surface course）　直接承受各种物理和化学作用的建筑地面表面层。

（3）结合层（combined course）　面层与下一构造层相联结的中间层。

（4）基层（base course）　面层下的构造层，包括填充层、隔离层、找平层、垫层和基土等。

（5）填充层（filler course）　在建筑地面上起隔声、保温、找坡和联暗敷管线等作用的构造层。

（6）隔离层（isolating course）　防止建筑地面上各种液体或地下水、潮气渗透地面等作用的构造层；仅防止地下潮气透过地面时，可称作防潮层。

（7）找平层（troweling course）　在垫层、楼板上或填充层（轻质、松散材料）上起整平、找坡或加强作用的构造层。

（8）垫层（under layer）　承受并传递地面荷载于基土上的构造层。

（9）基土（foundation earth layer）　底层地面的地基土层。

（10）缩缝（shrinkage crack）　防止水泥混凝土垫层在气温降低时产生不规则裂缝而设置的收缩缝。

（11）伸缝（stretching crack）　防止水泥混凝土垫气在气温升高时在缩缝边缘产生挤碎或拱起而设置的伸胀缝。

（12）纵向缩缝（lengthwise shrinkage crack）　平行于混凝土施工流水作业方向的缩缝。

（13）横向缩缝（crosswise shrinkage crack）　垂直于混凝土施工流水作业方向的缩缝。

2. 建筑地面子分部工程、分项工程划分（见表 8-1）

表 8-1　建筑地面子分部工程、分项工程划分

分部工程	子分部工程		分 项 工 程
建筑地面工程	地面	整体面层	基层。基土、灰土垫层、砂垫层和砂石垫层、碎石垫层和碎砖垫层、三合土垫层、炉渣垫层、水泥混凝土垫层、找平层、隔离层、填充层
			面层。水泥混凝土面层、水泥砂浆面层、水磨石面层、水泥钢（铁）屑面层、防油渗面层、不发火（防爆的）面层
		板块面层	基层。基土、灰土垫层、砂垫层和砂石垫层、碎石垫层和碎砖垫层、三合土垫层、炉渣垫层、水泥混凝土垫层、找平层、隔离层、填充层
			面层。砖面层（陶瓷锦砖、缸砖、陶瓷地砖和水泥花砖面层）、大理石面层和花岗石面层、预制板块面层（水泥混凝土板块、水磨石板块面层）、料石面层（条石、块石面层）、塑料板面层、活动地板面层、地缝面层
		木、竹面层	基层。基土、灰土垫层、砂垫层和砂石垫层、碎石垫层和碎砖垫层、三合土垫层、炉渣垫层、水泥混凝土垫层、找平层、隔离层、填充层
			面层。实木地板面层（条材、块材面层）、实木复合地板面层（条材、块材面层）、中密度（强化）复合地板面层（条材面层）、竹地板面层

第二节　基 层 铺 设

基层是指面层下的构造层。基层铺设包括基土、垫层、找平层、隔离层和填充层等铺设施工。基层铺设的一般规定如下。

（1）基层铺设的材料质量、密实度和强度等级（或配合比）等应符合设计要求和规范的规定。

（2）基层铺设前，其下一层表面应干净、无积水。

（3）当垫层、找平层内埋设暗管时，管道应按设计要求予以敷设稳固。

（4）基层的标高、坡度、厚度等应符合设计要求。基层表面应平整，其允许偏差和检验方法应符合规定。

一、 施工过程质量控制

1. 基土

（1）建筑施工企业在建筑地面工程施工时，应建立健全质量管理体系和相应的施工工艺技术标准。

（2）软弱土层应按设计要求进行处理。

（3）填土用土料，可采用黏性土或砂土，去除草皮等杂质。土的粒径不大于 50mm。

（4）土方回填前应清除基底的垃圾、树根等杂物，抽除坑穴内的积水、淤泥，验收基底标高。如在耕植土或松土上填土时，应在基底压实后再进行。

（5）填方土料应按设计要求验收后方可填入。

（6）填方施工过程中，应检查排水措施，每层填筑厚度、含水量控制、压实程度。分层厚度及压实遍数应根据土质、压实系数及所用机具确定；如无试验依据，应符合表 8-2 的规定。

表 8-2　填土施工时的分层厚度及压实遍数

压实机具	分层厚度/mm	每层压实遍数	压实机具	分层厚度/mm	每层压实遍数
平碾	250～300	6～8	柴油打夯机	200～250	3～4
振动压实机	250～300	3～4	人工打夯	＜250	3～4

（7）填方施工结束后，应检查标高、边坡坡度、压实程度等，检验标准应符合表 8-3 的规定。

表 8-3　填土工程质量检验标准

项目	序号	检查项目	允许偏差/mm					检查方法
			桩基基坑基槽	场地平整		管沟	地（路）面基础层	
				人工	机械			
主控项目	1	标高	−50	±30	±50	−50	−50	水准仪
	2	分层压实系数	设计要求					按规定方法
一般项目	1	回填土料	设计要求					取样检查或直观鉴别
	2	分层厚度及含水量	设计要求					水准仪及抽样检查
	3	表面平整度	20	20	30	20	20	用靠尺或水准仪

（8）当墙柱基础处填土时，应重叠夯压密实。在填土与墙柱相连处，可采取设置施工缝进行技术处理。

2. 灰土垫层

（1）灰土拌合料的配比一般为 2∶8 或 3∶7（熟石灰∶土，体积比）。土料宜采用开挖土，注意控制含水量，熟化石灰可采用磨细生石灰，也可采用粉煤灰或电石渣代替。

（2）建筑地面工程基层（各构造层）和面层的铺设，均应待其下一层检验合格后方可施工上一层。建筑地面工程各层铺设前，与相关专业的分部（子分部）工程、分项工程以及设备管道安装工程应进行交接检验。

（3）建筑地面工程施工时，各层环境温度的控制应符合下列规定。

① 采用掺有水泥、石灰的拌合料铺设以及用石油沥青胶结料铺贴时，不应低于 5℃。

② 采用有机胶黏剂粘贴时，不应低于 100℃。

③ 采用砂、石材料铺设时，不应低于 0℃。

（4）基层铺设前，其下一层表面应干净、无积水。

（5）灰土拌合料应适当控制含水量，铺设厚度不应小于 100mm。

（6）人工夯实可采用石夯或木夯，夯重 40～80kg，落高 400～500mm，一夯压半夯。机械夯实可采用蛙式打夯机或柴油打夯机。

（7）每层灰土的夯打遍数，应根据设计要求的干密度在现场试验确定。

（8）灰土垫层应铺设在不受地下水浸泡的基土上。施工后应有防止水浸泡的措施。

（9）灰土垫层应分层夯实，经湿润养护、晾干后方可进行下一道工序施工。

3. 水泥混凝土垫层

（1）水泥混凝土垫层铺设在基土上，当气温长期处于 0℃ 以下，设计无要求时．垫层应设置伸缩缝。

（2）水泥混凝土垫层的厚度不应小于 60mm。

（3）垫层铺设前，其下一层表面应浇水湿润。

（4）室内地面的水泥混凝土垫层，应设置纵向缩缝和横向缩缝；纵向缩缝、横向缩缝间距均不得大于 6m。

（5）垫层的纵向缩缝应做平头缝或加肋板平头缝。当垫层厚度大于 150mm 时，可做企口缝。横向缩缝应做假缝。

平头缝和企口缝的缝间不得放置隔离材料，浇筑时应互相紧贴。企口缝的尺寸应符合设计要求，假缝宽度为 5～20mm，深度为垫层厚度的 1/3，缝内填水泥砂浆。

（6）工业厂房、礼堂、门厅等大面积水泥混凝土垫层应分区段浇筑。分区段应结合变形缝位置、不同类型的建筑地面连接处和设备基础的位置进行划分，并应与设置的纵向、横向缩缝的间距一致。

（7）水泥混凝土施工质量检验尚应符合现行国家标准 GB 50204《混凝土结构工程施工质量验收规范》的有关规定。

（8）混凝土垫层浇筑完毕后，应及时加以覆盖和浇水。浇水养护时间不少于 7 天，待强度达到 1.2MPa 后方能做面层。

4. 找平层

（1）水泥砂浆体积比或水泥混凝土强度等级应符合设计要求，且水泥砂浆体积比不应小于 1∶3（或相应的强度等级）；水泥混凝土强度等级不应小于 C15。

（2）找平层采用碎石或卵石的粒径不应大于其厚度的 2/3。

（3）铺设找平层前，当其下一层有松散填充料时，应铺平振实。

（4）有防水要求的建筑地面工程，铺设前必须对立管、套管、地漏与楼板节点之间进行密封处理，排水坡度应符合设计要求。

（5）找平层使用的水泥宜采用硅酸盐水泥或普通硅酸盐水泥，不得采用石灰、石膏、泥岩灰和黏土。

（6）在预制钢筋混凝土板上铺设找平层前，对板缝填嵌，应检验下列项目。

① 预制钢筋混凝土板相邻缝底宽不应小于 20mm。

② 填嵌时，板缝内应清理干净，保持湿润。

③ 填缝采用细石混凝土,其强度等级不得小于C20。填缝高度应低于板面10~20mm,振捣密实,表面不应压光;填缝后应养护。

④ 当板缝底宽大于40mm时,应按设计要求配置钢筋。

(7) 在预制钢筋混凝土板上铺设找平层时,其板端应按设计要求做防裂的构造措施。

5. 隔离层

(1) 隔离层的材料,其材质应经有资质的检测单位认定。

(2) 厕浴间和有防水要求的建筑地面必须设置防水隔离层。楼层结构必须采用现浇混凝土或整块预制混凝土板,混凝土强度等级不应小于C20;楼板四周除门洞外,应做混凝土翻边,其高度不小于120mm。施工时,结构层标高和预留孔洞位置准确,严禁乱凿洞。

(3) 防水隔离层严禁渗漏,坡向应正确,排水通畅。

(4) 在水泥类找平层上铺设沥青类防水卷材、防水涂料或以水泥类材料作为防水隔离层时,其表面应坚固、洁净、干燥。铺设前,应涂刷基层处理剂,基层处理剂应采用与卷材性能配套的材料或采用同类涂料的底子油。

(5) 当采用掺有防水剂的水泥类找平层作为防水隔离层时,其掺量和强度等级(或配合比)应符合设计要求。

(6) 铺设防水隔离层时,在管道穿过楼板面四周,防水材料应向上铺涂,并超过套管的上口;在靠近墙面处,应高出面层200~300mm或按设计要求的高度铺涂。阴阳角和管道穿过楼板面的根部,应增加铺涂附加防水隔离层。

(7) 防水材料铺设后,必须蓄水检验。蓄水深度应为20~30mm,24h内无渗漏为合格,并做记录。

(8) 隔离层施工质量检验应符合现行国家标准 GB 50207《屋面工程质量验收规范》的有关规定。

二、 质量验收标准

1. 基土

(1) 主控项目

① 基土不应用淤泥、腐殖土、冻土、耕植土、膨胀土和建筑杂物作为填土,填土土块的粒径不应大于50mm。

检验方法:观察检查和检查土质记录。

检查数量:按《建筑地面工程施工质量验收规范》(GB 50209)规定的检验批检查。

② Ⅰ类建筑基土的氡浓度应符合现行国家标准《民用建筑工程室内环境污染控制规范》(GB 50325)的规定。

检验方法:检查检测报告。

检查数量:同一工程、同一土源地点检查一组。

③ 基土应均匀密实,压实系数应符合设计要求,设计无要求时,不应小于0.9。

检验方法:观察检查和检查试验记录。

检查数量:按《建筑地面工程施工质量验收规范》(GB 50209)规定的检验批检查。

(2) 一般项目 基土表面的允许偏差应符合《建筑地面工程施工质量验收规范》(GB 50209)表 4.1.7 的规定。

检验方法:按《建筑地面工程施工质量验收规范》(GB 50209)的检验方法检验。

检查数量：按《建筑地面工程施工质量验收规范》（GB 50209）的规定检查。

2. 灰土垫层

（1）主控项目 灰土体积比应符合设计要求。

检验方法：观察检查和检查配合比试验报告。

检查数量：同一工程、同一体积比检查一次。

（2）一般项目

① 熟化石灰颗粒粒径不应大于 5mm；黏土（或粉质黏土、粉土）内不得含有有机物质，颗粒粒径不应大于 16mm。

检验方法：观察检查和检查质量合格证明文件。

检查数量：按《建筑地面工程施工质量验收规范》（GB 50209）规定的检验批检查。

② 灰土垫层表面的允许偏差应符合《建筑地面工程施工质量验收规范》（GB 50209）表4.1.7 的规定。

检验方法：按《建筑地面工程施工质量验收规范》（GB 50209）表 4.1.7 中的检验方法检验。

检查数量：按《建筑地面工程施工质量验收规范》（GB 50209）第 3.0.21 条规定的检验批和第 3.0.22 条的规定检查。

3. 水泥混凝土垫层

（1）主控项目

① 水泥混凝土垫层和陶粒混凝土垫层采用的粗骨料，其最大粒径不应大于垫层厚度的2/3，含泥量不应大于 3%；砂为中粗砂，其含泥量不应大于 3%。陶粒中粒径小于 5mm 的颗粒含量应小于 10%；粉煤灰陶粒中大于 15mm 的颗粒含量不应大于 5%；陶粒中不得混夹杂物或黏土块。陶粒宜选用粉煤灰陶粒、页岩陶粒等。

检验方法：观察检查和检查质量合格证明文件。

检查数量：同一工程、同一强度等级、同一配合比检查一次。

② 水泥混凝土和陶粒混凝土的强度等级应符合设计要求。陶粒混凝土的密度应在 800～1400kg/m³ 之间。

检验方法：检查配合比试验报告和强度等级检测报告。

检查数量：配合比试验报告按同一工程、同一强度等级、同一配合比检查一次；强度等级检测报告按《建筑地面工程施工质量验收规范》（GB 50209）第 3.0.19 条的规定检查。

（2）一般项目

水泥混凝土垫层表面的允许偏差应符合《建筑地面工程施工质量验收规范》（GB 50209）第 4.1.7 条规定。

检验方法：按《建筑地面工程施工质量验收规范》（GB 50209）第 4.1.7 条中的检验方法检验。

检查数量：按《建筑地面工程施工质量验收规范》（GB 50209）第 3.0.21、3.0.22 条的规定检查。

4. 找平层

（1）主控项目

① 找平层采用碎石或卵石的粒径不应大于其厚度的 2/3，含泥量不应大于 2%；砂为中粗砂，其含泥量不应大于 3%。

检验方法：观察检查和检查质量合格证明文件。

检查数量：同一工程、同一强度等级、同一配合比检查一次。

② 水泥砂浆体积比、水泥混凝土强度等级应符合设计要求，且水泥砂浆体积比不应小于1∶3（或相应强度等级）；水泥混凝土强度等级不应小于C15。

检验方法：观察检查和检查配合比试验报告、强度等级检测报告。

检查数量：配合比试验报告按同一工程、同一强度等级、同一配合比检查一次；强度等级检测报告按《建筑地面工程施工质量验收规范》（GB 50209）第3.0.19条的规定层检查。

③ 有防水要求的建筑地面工程的立管、套管、地漏处不应渗漏，坡向应正确、无积水。

检验方法：观察检查和蓄水、泼水检验及坡度尺检查。

检查数量：按《建筑地面工程施工质量验收规范》（GB 50209）第3.0.21条规定的检验批检查。

④ 在有防静电要求的整体面层的找平层施工前，其下敷设的导电地网系统应与接地引下线和地下接电体有可靠连接，经电性能检测且符合相关要求后进行隐蔽工程验收。

检验方法：观察检查和检查质量合格证明文件。

检查数量：按《建筑地面工程施工质量验收规范》（GB 50209）第3.0.21条规定的检验批检查。

（2）一般项目

① 找平层与其下一层结合应牢固，不应有空鼓。

检验方法：用小锤轻击检查。

检查数量：按《建筑地面工程施工质量验收规范》（GB 50209）第3.0.21条规定的检验批检查。

② 找平层表面应密实，不应有起砂、蜂窝和裂缝等缺陷。

检验方法：观察检查。

检查数量：按《建筑地面工程施工质量验收规范》（GB 50209）第3.0.21条规定的检验批检查。

③ 找平层的表面允许偏差应符合《建筑地面工程施工质量验收规范》（GB 50209）表4.1.7的规定。

检验方法：按《建筑地面工程施工质量验收规范》（GB 50209）表4.1.7中的检验方法检验。

检查数量：按《建筑地面工程施工质量验收规范》（GB 50209）第3.0.21条规定的检验批和第3.0.22条的规定检查。

5. 隔离层

（1）主控项目

① 隔离层材料应符合设计要求和国家现行有关标准的规定。

检验方法：观察检查和检查型式检验报告、出厂检验报告、出厂合格证。

检查数量：同一工程、同一材料、同一生产厂家、同一型号、同规格、同一批号检查一次。

② 卷材类、涂料类隔离层材料进入施工现场，应对材料的主要物理性能指标进行复验。

检验方法：检查复验报告。

检查数量：执行现行国家标准《屋面工程质量验收规范》（GB 50207）的有关规定。

③ 厕浴间和有防水要求的建筑地面必须设置防水隔离层。楼层结构必须使用现浇混凝土或整块预制混凝土板，混凝土强度等级不应小于 C20；房间的楼板四周除门洞外应做混凝土翻边，高度不应小于 200mm，宽同墙厚，混凝土强度等级不应小于 C20 施工时结构层标高和预留孔洞位置应准确，严禁乱凿洞。

检验方法：观察和钢尺检查。

检查数量：按《建筑地面工程施工质量验收规范》（GB 50209）第 3.0.21 条规定的检验批检查。

④ 水泥类防水隔离层的防水等级和强度等级应符合设计要求。

检验方法：观察检查和检查防水等级检测报告、强度等级检测报告。

检查数量：按《建筑地面工程施工质量验收规范》（GB 50209）第 3.0.19 条的规定检查。

⑤ 防水隔离层严禁渗漏，排水的坡向应正确、排水通畅。

检验方法：观察检查和蓄水、泼水检验、坡度尺检查及检查验收记录。

检查数量：按《建筑地面工程施工质量验收规范》（GB 50209）第 3.0.21 条的规定检查。

（2）一般项目

① 隔离层厚度应符合设计要求

检验方法：观察检查和用钢尺、卡尺检查。

检查数量：按《建筑地面工程施工质量验收规范》（GB 50209）第 3.0.21 条的规定检查。

② 隔离层与其下一层粘结牢固，不得有空鼓；防水涂层应平整、均匀，无脱皮、起壳、裂缝、鼓泡等缺陷。

检验方法：用小锤轻击检查和观察检查。

检查数量：按《建筑地面工程施工质量验收规范》（GB 50209）第 3.0.21 条的规定检查。

③ 隔离层表面的允许偏差应符合规范 4.1.7 的规定。

检验方法：应按规范 4.1.7 的检验方法检验。

检查数量：按《建筑地面工程施工质量验收规范》（GB 50209）第 3.0.21、3.0.22 条的规定检查。

第三节 整体面层铺设

一、施工过程质量控制

1. 水泥混凝土面层

（1）建筑施工企业在建筑地面工程施工时，应建立健全质量管理体系和相应的施工工艺技术标准。

（2）建筑地面下的沟槽、暗管等工程完工后，经检验合格并做隐蔽记录，方可进行建筑地面工程的施工。

（3）建筑地面工程各层铺设前与相关专业的分部（子分部）工程、分项工程以及设备管道安装工程之间，应进行交接检验。

（4）建筑地面工程施工时，各层环境温度的控制应符合下列规定：

① 采用掺有水泥、石灰的拌合料铺设以及用石油沥青胶结料铺贴时，不应低于 5℃。

② 采用有机胶黏剂粘贴时，不应低于 10℃。

③ 采用砂、石材料铺设时，不应低于 0℃。

（5）各类面层的铺设宜在室内装饰工程基本完工后进行。

（6）建筑地面工程完工后，应对面层采取保护措施。

（7）厕浴间、厨房和有排水（或其它液体）要求的建筑地面面层与相连接各类面层的标高差应符合设计要求。

（8）铺设整体面层时，其水泥类基层的抗压强度不得小于 1.2MPa，表面应粗糙、洁净、湿润并不得有积水。铺设前宜涂刷界面处理剂。

（9）水泥混凝土面层厚度应符合设计要求。

（10）水泥混凝土面层铺设不得留施工缝。当施工间隙超过允许时间规定时，应对接槎处进行处理。

（11）建筑地面的变形缝应按设计要求设置，并应符合下列规定。

① 建筑地面的沉降缝、伸缩缝和防震缝，应与结构相应缝的位置一致，且应贯通建筑地面的各构造层。

② 沉降缝和防震缝的宽度应符合设计要求，缝内清理干净，以柔性密封材料填嵌后用板封盖，并应与面层齐平。

（12）水泥混凝土面层强度等级不应小于 C20，水泥混凝土垫层兼面层强度等级不应小于 C15。面层厚度应符合设计要求。混凝土应采用机械搅拌，浇捣时混凝土的坍落度应不大于 30mm。

（13）整体面层施工后，养护时间不应少于 7 天；抗压强度应达到 5MPa 后，方准上人行走；抗压强度应达到设计要求后，方可正常使用。

（14）当采用掺有水泥拌合料的砂浆做踢脚线时，不得用石灰砂浆打底。

（15）整体面层的抹平工作应在水泥初凝前完成，压光工作应在水泥终凝前完成。

2. 水泥砂浆面层

水泥砂浆面层的厚度应符合设计要求，且不应小于 20mm。

3. 水磨石面层

（1）水磨石面层应采用水泥与石粒的拌合料铺设。面层厚度除有特殊要求外，宜为 12～18mm，且按石粒粒径确定。水磨石面层的颜色和图案应符合设计要求。

（2）白色或浅色的水磨石面层，应采用白水泥；深色的水磨石面层，宜采用硅酸盐水泥、普通硅酸盐水泥或矿渣硅酸盐水泥；同颜色的面层应使用同一批水泥。同一彩色面层应使用同厂、同批的颜料；其掺入量宜为水泥重量的 3％～6％，或由试验确定。

（3）水磨石面层的结合层的水泥砂浆体积比宜为 1：3，相应的强度等级不应小 M10，水泥砂浆稠度（以标准圆锥体沉入度计）宜为 30～35mm。

（4）普通水磨石面层磨光遍数不应少于 3 遍。高级水磨石面层的厚度和磨光遍数由设计确定。

（5）在水磨石面层磨光后，涂草酸和上蜡前，其表面不得被污染。

二、分项工程质量验收标准

1. 水泥混凝土面层

（1）主控项目

① 水泥混凝土采用的粗骨料，最大粒径不应大于面层厚度的 2/3，细石混凝土面层采用的石子粒径不应大于 16mm。

检验方法：观察检查和检查质量合格证明文件。

② 防水水泥混凝土中掺入的外加剂的技术性能应符合国家现行有关标准的规定，外加剂的品种和掺量应经试验确定。

检验方法：检查外加剂合格证明文件和配合比试验报告。

③ 面层的强度等级应符合设计要求，且水泥混凝土面层强度等级不应小于 C20。

检验方法：检查配合比试验报告和强度等级检测报告。

④ 面层与下一层应结合牢固，且应无空鼓和开裂。当出现空鼓时，空鼓面积不应大于 400cm²，且每自然间（标准间）不多于 2 处。

检验方法：观察和用小锤轻击检查。

（2）一般项目

① 面层表面应洁净，不应有裂纹、脱皮、麻面、起砂等缺陷。

检验方法：观察检查。

② 面层表面的坡度应符合设计要求，不得有倒泛水和积水现象。

检验方法：观察和采用泼水或用坡度尺检查。

③ 踢脚线与柱、墙面应紧密结合，踢脚线高度和出柱、墙厚度应符合设计要求且均匀一致。当出现空鼓时，局部空鼓长度不应大于 300mm，且每自然间（标准间）不应多于 2 处。

检验方法：用小锤轻击、钢尺和观察检查。

④ 楼梯、台阶踏步的宽度、高度应符合设计要求。楼层梯段相邻踏步高度差不应大于 10mm，每踏步两端宽度差不应大于 10mm；旋转楼梯梯段的每踏步两端宽度的允许偏差为 5mm。楼梯面层应做防滑处理，齿角应整齐，防滑条应顺直、牢固。

检验方法：观察和钢尺检查。

⑤ 水泥混凝土面层的允许偏差和检验方法应符合表 8-4 的规定。

检验方法：应按表 8-4 中的拉验方法检验。

表 8-4　整体面层的允许偏差和检验方法

序号	项目	允许偏差/mm						检验方法
		水泥混凝土面层	水泥砂浆面层	普通磨石面层	高级水磨石面层	水泥钢（铁）屑面层	防油渗混凝土和不发火（防爆的）面层	
1	表面平整度	5	4	3	2	4	5	用 2m 靠尺和楔形塞尺检查
2	踢脚线上口平直	4	4	3	3	4	4	拉 5m 线和用钢尺检查

2. 水泥砂浆面层

（1）主控项目

① 水泥宜采用硅酸盐水泥、普通硅酸盐水泥，不同品种、不同强度等级的水泥不应混用；砂应为中粗砂，当采用石屑时，其粒径应为 1~5mm，且含泥量不应大于 3%。防水水泥砂浆采用的砂或石屑，其含泥量不应大于 1%。

检验方法：观察检查和检查质量合格证明文件。

② 防水水泥砂浆中掺入的外加剂的技术性能应符合国家现行有关标准的规定，外加剂的品种和掺量应经试验确定。

检验方法：观察检查和检查质量合格证明文件、配合比试验报告。

③ 水泥砂浆面层的体积比（强度等级）应符合设计要求，且体积比应为 1∶2，强度等级个应小于 M15。

检验方法：检查配合比通知单和检测报告。

④ 有排水要求的水泥砂浆地面，坡向应正确、排水通畅；防水水泥砂浆面层不应渗漏。

检验方法：观察检查和蓄水、泼水检验或坡度尺检查及检查检验记录。

⑤ 面层与下一层应结合牢固，且应无空鼓和开裂。当出现空鼓时，空鼓面积不应大于 400cm²，且每自然间（标准间）不应多于 2 处。

检验方法：观察和用小锤轻击检查。

（2）一般项目

① 面层表面的坡度应符合设计要求，不得有倒泛水和积水现象。

检验方法：观察和采用泼水或坡度尺检查。

② 面层表面应洁净，不应有裂纹、脱皮、麻面、起砂等现象。

检验方法：观察检查。

③ 踢脚线与柱、墙面应紧密结合，踢脚线高度和出柱、墙厚度应符合设计要求且均匀一致。当出现空鼓时，局部空鼓长度不应大于 300mm，且每自然间（标准间）不应多于 2 处。

检验方法：用小锤轻击、钢尺和观察检查。

④ 楼梯、台阶踏步的宽度、高度应符合设计要求。楼层梯段相邻踏步高度差不应大于 10mm，每踏步两端宽度差不应大于 10mm；旋转楼梯梯段的每踏步两端宽度的允许偏差为 5mm。楼梯面层应做防滑处理，齿角应整齐，防滑条应顺直、牢固。

检验方法：观察和钢尺检查。

⑤ 水泥砂浆面层的允许偏差和检验方法应符合表 8-4 的规定。

检验方法：应按表 8-4 中的检验方法检验。

3. 水磨石面层

（1）主控项目

① 水磨石面层的石粒应采用白云石、大理石等岩石加工而成，石粒应洁净无杂物，其粒径除特殊要求外应为 6~15mm；颜料应采用耐光、耐碱的矿物原料，不得使用酸性颜料。

检验方法：观察检查和检查质量合格证明文件。

② 水磨石面层拌和料的体积比应符合设计要求，月水泥与石粒的比例应为（1∶1.5）~（1∶2.5）。

检验方法：检查配合比试验报告。

③ 防静电水磨石面层应在施工前及施工完成表面干燥后进行接地电阻和表面电阻检测，并应做好记录。

检验方法：检查施工记录和检测报告。

④ 面层与下一层结合应牢固，且应无空鼓、裂纹。当出现空鼓时，空鼓面积不应大于

$400cm^2$，且每自然间（标准间）不应多于2处。

检验方法：用小锤轻击检查。

（2）一般项目

① 面层表面应光滑，且应无裂纹、砂眼和磨痕；石粒应密实，显露应均匀；颜色图案应一致，不混色；分格条应牢固、顺直和清晰。

检验方法：观察检查。

② 踢脚线与柱、墙面应紧密结合，踢脚线高度和出柱、墙厚度应符合设计要求且均匀一致。当出现空鼓时，局部空鼓长度不应大于300mm，且每自然间（标准间）不应多于2处。

检验方法：用小锤轻击、钢尺和观察检查。

③ 楼梯、台阶踏步的宽度、高度应符合设计要求。楼层梯段相邻踏步高度差不应大于10mm，每踏步两端宽度差不应大于10mm；旋转楼梯梯段的每踏步两端宽度的允许偏差为5mm。楼梯面层应做防滑处理，齿角应整齐，防滑条应顺直、牢固。

检验方法：观察和钢尺检查。

④ 水磨石面层的允许偏差和检验方法应符合表8-4的规定。

检验方法：应按表8-4中的检验方法检验。

第四节　板块面层铺设

一、施工过程质量控制

1. 砖面层

（1）砖面层采用陶瓷锦砖、缸砖、陶瓷地砖和水泥花砖，应在结合层上铺设。

（2）铺设板块面层时，应在结合层上铺设。其水泥类基层的抗压强度不得小于1.2MPa，表面应平整、粗糙、洁净。

（3）铺设板块面层的结合层和板块间的填缝采用水泥砂浆，应符合下列规定。

① 配制水泥砂浆应采用硅酸盐水泥、普通硅酸盐水泥或矿渣硅酸盐水泥，水泥强度等级不宜小于32.5。

② 配制水泥砂浆的砂应符合国家现行行业标准JCJ 52《普通混凝土用砂、石质量及检验方法标准》的规定。

③ 配制水泥砂浆的体积比（或强度等级）应符合设计要求。

（4）砖面层配制水泥砂浆的体积比、相应强度等级和稠度按表8-5采用。

表8-5　砖面层配制水泥砂浆的体积比、相应强度等级和稠度

面层种类	构造层	水泥砂浆体积比	相应的水泥砂浆强度等级	水泥砂浆稠度（以标准圆锥体沉入计）/mm
缸砖面层、条石	结合层和面层的填缝	1:2	≥M15	25~35
陶瓷锦砖、陶瓷地面砖	结合层	1:2	≥M15	25~35
水泥花砖	结合层	1:3	≥M10	30~35

（5）砖面层排设应符合设计要求，当设计无要求时，应避免出现砖面小于1/4边长的边角料。

（6）铺砂浆前，基层应浇水湿润，刷二道水泥素浆，务必要随刷随铺。铺贴砖时，砂浆饱满、缝隙一致，当需要调整缝隙时，应在水泥浆结合层终凝前完成。

（7）铺贴宜整间一次完成，如房间大一次不能铺完，可按轴线分块，必须将接槎切齐，余灰清理干净。

（8）有防腐蚀要求的砖面层采用的耐酸瓷砖、浸渍沥青砖、缸砖的材质、铺设以及施工质量验收应符合现行国家标准 GB 50212《建筑防腐蚀工程施工及验收规范》的规定。

（9）在水泥砂浆结合层上铺贴缸砖、陶瓷地砖和水泥花砖面层时，应符合下列规定。

① 在铺贴前，应对砖的规格尺寸、外观质量、色泽等进行预选，浸水湿润晾干待用；

② 勾缝和压缝应采用同品种、同强度等级、同颜色的水泥，并做养护和保护。

（10）在水泥砂浆结合层上铺贴陶瓷锦砖面层时，砖底面应洁净，每联陶瓷锦砖之间、与结合层之间以及在墙角、镶边和靠墙处，应紧密贴合。在靠墙处不得采用砂浆填补。

（11）在沥青胶结料结合层上铺贴缸砖面层时，缸砖应干净，铺贴时应在摊铺热沥青胶结料上进行，并应在胶结料凝结前完成。

（12）采用胶黏剂在结合层上粘贴砖面层时，胶黏剂选用应符合现行国家标准 GB 50325《民用建筑工程室内环境污染控制规范》的规定。

2. 大理石面层和花岗石面层

（1）大理石、花岗石面层采用天然大理石、花岗石（或碎拼大理石、碎拼花岗石）板材，应在结合层上铺设。

（2）铺设大理石面层和花岗石面层时，其水泥类基层的抗压强度标准值不得小于 1.2MPa。

（3）大理石面层和花岗石面层配制水泥砂浆的体积比、相应强度等级和稠度按表 8-6 采用。

表 8-6 大理石面层和花岗石面层配制水泥砂浆的体积比、相应强度等级和稠度

面层种类	构造层	水泥砂浆体积比	相应的水泥砂浆强度等级	水泥砂浆强度（以标准圆锥体沉入度计）/mm
条石	结合层和面层的填缝	1:2	≥M15	25～35
大理石、花岗石	结合层	1:2	≥M15	25～35

（4）板块在铺设前，应根据石材的颜色、花纹、图案、纹理等，按设计要求试拼编号。

（5）板块的排设应符合设计要求，当设计无要求时，应避免出现板块小于 1/4 边长的边角料。

（6）板材有裂缝、掉角、翘曲和表面有缺陷时应予剔除，品种不同的板材不得混杂使用；在铺设前，应根据石材的颜色、花纹、图案、纹理等按设计要求，试拼编号。

（7）铺设大理石、花岗石面层前，板材应浸湿、晾干；结合层与板材应分段同时铺设。

3. 预制板块面层

（1）预制板块面层采用水泥混凝土板块、水磨石板块，应在结合层上铺设。

（2）预制板块面层铺设时，水泥类基层的抗压强度标准值不得小于 1.2MPa。

（3）预制板块面层配制水泥砂浆的体积比、相应强度等级和稠度按表 8-7 采用。

表 8-7 预制板块面层配制水泥砂浆的体积比、相应强度等级和稠度

面 层 种 类	构造层	水泥砂浆体积比	相应的水泥砂浆强度等级	水泥砂浆强度（以标准圆锥体沉入度计）/mm
预制水磨石板	结合层	1:2	≥M15	25～35
预制水泥混凝土板面层	结合层	1:3	≥M10	30～35

（4）水泥混凝土板块面层的缝隙应采用水泥浆（或砂浆）填缝，彩色混凝土板块和水磨

石板块应用同色水泥浆（或砂浆）填缝。

4. 料石面层

（1）料石面层采用天然条石和块石，应在结合层上铺设。

（2）料石面层铺设时，水泥类基层的抗压强度标准值不得小于1.2MPa。

（3）条石和块石面层所用的石材的规格、技术等级和厚度应符合设计要求。条石的质量应均匀，形状为矩形六面体，厚度为80～120mm；块石形状为直棱柱体，顶面粗琢平整，底面面积不宜小于顶面面积的60%，厚度为100～150mm。

（4）条石面层采用水泥砂浆作结合层时，厚度应为10～15mm；采用石油沥青胶结料铺设时，结合层厚度应为2～5mm；砂结合层厚度应为15～20mm。

（5）块石面层的砂垫层厚度，在打夯实后不应小于60mm。当块面层铺在基土上时，其基土应均匀密实，填土或土层结构被扰动的基土应分层压（夯）实。

（6）料石应洁净。在水泥砂浆结合层上铺设时，铺砌的石料应事前洒水湿润，铺砌后应养护。

二、分项工程施工质量验收标准

1. 砖面层

（1）主控项目

① 砖面层所用板块产品应符合设计要求和国家现行有关标准的规定。检验方法：观察检查和检查型式检验报告、出厂检验报告、出厂合格证。

② 砖面层所用板块产品进入施工现场时，应有放射性限量合格的检测报告。检验方法：检查检测报告。

③ 面层与下一层的结合应牢固，无空鼓（单块砖边角有局部空鼓，但每自然间或标准间的空鼓砖不应超过总数的5%）。检验方法：用小锤轻击检查。

（2）一般项目

① 砖面层的表面应洁净、图案清晰，色泽应一致，接缝应平整，深浅应一致，周边应顺直。板块应无裂纹、掉角和缺棱等缺陷。检验方法：观察检查。

② 面层邻接处的镶边用料及尺寸应符合设计要求，边角应整齐、光滑。检验方法：观察和用钢尺检查。

③ 踢脚线表面应洁净，与柱、墙面的结合应牢固。踢脚线高度及出柱、墙厚度应符合设计要求，且均匀一致。检验方法：观察和用小锤轻击及钢尺检查。

④ 楼梯、台阶踏步的宽度、高度应符合设计要求。踏步板块的缝隙宽度应一致；楼层梯段相邻踏步高度差不应大于10mm，每踏步两端宽度差不应大于10mm，旋转楼梯梯段的每踏步两端宽度的允许偏差不应大于5mm。踏步面层应做好防滑处理，齿角应整齐，防滑条应顺直、牢固。检验方法：观察和用钢尺检查。

⑤ 面层表面的坡度应符合设计要求，不倒泛水、无积水；与地漏、管道结合处应严密牢固，无渗漏。检验方法：观察、泼水或坡度尺及蓄水检查。

⑥ 砖面层的允许偏差和检验方法应符合表8-8的规定。检验方法：应按表8-8中的检验方法检验。

2. 大理石和花岗石面层

（1）主控项目

① 大理石、花岗石面层所用板块产品应符合设计要求和国家现行有关标准的规定。检验方法：观察检查和检查质量合格证明文件。

② 大理石、花岗石面层所用板块产品进入施工现场时，应有放射性限量合格的检测报

告。检验方法：检查检测报告。

③ 面层与下一层应结合牢固，无空鼓（单块砖边角有局部空鼓，但每自然间或标准间的空鼓砖不应超过总数的 5%）。检验方法：用小锤轻击检查。

表 8-8　板、块面层的允许偏差和检验方法

序号	项目	允许偏差/mm											检验方法
		陶瓷锦砖面层、高级水磨石板、陶瓷地砖面层	缸砖面层	水泥花砖面层	水磨石板块面层	大理石面层和花岗石面层	塑料板面层	水泥混凝土板块面层	碎拼大理石、拼花岗石面层	活动地板面层	条石面层	块石面层	
1	表面平整度	2.0	4.0	3.0	3.0	1.0	2.0	4.0	3.0	2.0	10.0	10.0	用 2m 靠尺和楔形塞尺检查
2	缝格平直	3.0	3.0	3.0	3.0	2.0	3.0	3.0	—	2.5	8.0	8.0	用 5m 线和用钢尺检查
3	接缝高低差	0.5	1.5	0.5	1.0	0.5	0.5	1.5	—	0.4	2.0	—	用钢尺检查和楔形塞尺检查
4	踢脚线上口平直	3.0	4.0	—	4.0	1.0	2.0	4.0	1.0	—	—	—	拉 5m 线和用钢尺检查
5	板块间隙宽度	2.0	2.0	2.0	2.0	1.0		6.0		0.3	5.0		用钢尺检查

（2）一般项目

① 大理石、花岗石面层铺设前，板块的背面和侧面应进行防碱处理。检验方法：观察检查和检查施工记录。

② 大理石、花岗石面层的表面应洁净、平整，无磨痕，且应图案清晰、色泽一致、接缝均匀、周边顺直、镶嵌正确，板块无裂纹、掉角、缺棱等缺陷。检验方法：观察检查。

③ 踢脚线表面应洁净，与柱、墙面的结合应牢固。踢脚线高度及出柱、墙厚度应符合设计要求，且均匀一致。检验方法：观察和用小锤轻击及钢尺检查。

④ 楼梯、台阶踏步的宽度、高度应符合设计要求。踏步板块的缝隙宽度应一致；楼层梯段相邻踏步高度差不应大于 10mm，每踏步两端宽度差不应大于 10mm，旋转楼梯梯段的每踏步两端宽度的允许偏差不应大于 5mm。踏步面层应做好防滑处理，齿角应整齐，防滑条应顺直、牢固。检验方法：观察和用钢尺检查。

⑤ 面层表面的坡度应符合设计要求，不倒泛水、无积水；与地漏、管道结合处应严密牢固，无渗漏。检验方法：观察、泼水或坡度尺及蓄水检查。

⑥ 大理石面层和花岗石面层（或碎拼大理石面层、碎拼花岗石面层）的允许偏差和检验方法应符合表 8-8 的规定。检验方法：应按表 8-8 中的检验方法检验。

3. 预制板块面层

（1）主控项目

① 预制板块面层所用板块产品应符合设计要求和国家现行有关标准的规定。检验方法：观察检查和检查型式检验报告、出厂检验报告、出厂合格证。

② 预制板块面层所用板块产品进入施工现场时，应有放射性限量合格的检测报告。检验方法：检查检测报告。

③ 面层与下一层应粘合牢固，无空鼓（单块砖边角有局部空鼓，但每自然间或标准间的空鼓砖不应超过总数的 5%）。检验方法：用小锤轻击检查。

（2）一般项目

① 预制板块表面应无裂缝、掉角、翘曲等明显缺陷。检验方法：观察检查。

② 预制板块面层应平整洁净，图案清晰，色泽一致，接缝均匀，周边顺直，镶嵌正确。检验方法：观察检查。

③ 面层邻接处的镶边用料尺寸应符合设计要求，边角应整齐、光滑。检验方法：观察和钢尺检查。

④ 踢脚线表面应洁净，与柱、墙面的结合应牢固。踢脚线高度及出柱、墙厚度应符合设计要求，且均匀一致。检验方法：观察和用小锤轻击及钢尺检查。

⑤ 楼梯、台阶踏步的宽度、高度应符合设计要求。踏步板块的缝隙宽度应一致；楼层梯段相邻踏步高度差不应大于10mm，每踏步两端宽度差不应大于10mm，旋转楼梯梯段的每踏步两端宽度的允许偏差不应大于5mm。踏步面层应做好防滑处理，齿角应整齐，防滑条应顺直、牢固。检验方法：观察和用钢尺检查。

⑥ 水泥混凝土板块、水磨石板块、人造石板块面层的允许偏差应符合表8-8的规定。检验方法：应按表8-8中的检验方法检验。

4. 料石面层

（1）主控项目

① 石材应符合设计要求和国家现行有关标准的规定；条石的强度等级应大于MU60，块石的强度等级应大于MU30。检验方法：观察检查和检查质量合格证明文件。

② 石材进入施工现场时，应有放射性限量合格的检测报告。检验方法：检查检测报告。

③ 面层与下一层应结合牢固、无松动。检验方法：观察检查和用锤击检查。

（2）一般项目

① 条石面层应组砌合理，无十字缝，铺砌方向和坡度应符合设计要求；块石面层石料缝隙应相互错开，通缝不超过两块石料。检验方法：观察和用坡度尺检查。

② 条石面层和块石面层的允许偏差应符合表8-8的规定。检验方法：应按表8-8中的检验方法检验。

复习思考题

1. 灰土垫层检验批检验质量控制要点有哪些？

2. 找平层检验批主控项目有哪些？

3. 水泥混凝土面层的允许偏差项目如何检查？

4. 水磨石面层检验批主控项目有哪些？

5. 砖面层检验批检验质量控制要点有哪些？

第九章 建筑装饰装修工程

学习内容

1. 抹灰；
2. 门窗。

知识目标

1. 掌握一般抹灰和装饰抹灰施工过程的质量控制，熟悉抹灰分项工程检验规定及检验方法；
2. 掌握塑料门窗和金属门窗施工过程的质量控制，熟悉门窗分项工程检验要求及方法。

能力目标

1. 能够对抹灰分项工程质量进行验收；
2. 能够对门窗分项工程质量进行验收。

第一节 抹 灰

抹灰工程按材料和装饰效果分为一般抹灰和装饰抹灰两大类。一般抹灰适用于石灰砂浆、水泥砂浆、水泥混合砂浆、聚合物水泥砂浆、膨胀珍珠岩水泥砂浆、麻刀石灰、纸筋石灰、石膏灰等抹灰工程。装饰抹灰的底层和中层与一般抹灰做法基本相同，其面层主要有水刷石、水磨石、斩假石、干粘石、喷涂、滚涂、弹涂、仿石和彩色抹灰等。

一、施工过程质量控制

（一）一般抹灰工程

适用于石灰砂浆、水泥砂浆、水泥混合砂浆、聚合物水泥砂浆和麻刀石灰、纸筋石灰、石灰膏等一般抹灰工程的质量验收。一般抹灰工程分为普通抹灰和高级抹灰，当设计无要求时，按普通抹灰验收。

1. 抹灰准备工作

（1）抹灰前应检查门、窗框位置是否正确，与墙连接是否牢固。抹灰前对凹凸不平的基层表面应剔平，或用1:3水泥砂浆补平。

（2）在内墙的阳角和门洞口侧壁的阳角、柱角等易于碰撞之处，应按设计要求施工，设计无要求时，应采用 1：2 水泥砂浆制作护角，其高度应不低于 2m，每侧宽度不小于 50mm。

（3）为控制抹灰层的厚度和墙面的平整度，在抹灰前应先检查基层表面的平整度，并用与抹灰层相同砂浆设置 50mm×50mm 的标志或宽约 100mm 的标筋。

（4）抹灰砂浆的配合比和稠度等应经检查合格后，方可使用。常用抹灰砂浆的配合比及应用范围见表 9-1，抹灰砂浆流动性及骨料最大粒径见表 9-2。

表 9-1　常用抹灰砂浆的配合比及应用范围

材　料	配　合　比	应　用　范　围
石灰砂	（1：2）～（1：5）	用于砖石墙表面(檐口、勒脚、女儿墙及潮湿房间的墙除外)
石灰黏土砂	（1：1：4）～（1：1：8）	用于干燥环境的内墙表面
石灰石膏砂	（1：0.4：2）～（1：1：3）	用于不潮湿房间的木质表面
石灰石膏砂	（1：0.6：2）～（1：1.5：3）	用于不潮湿房间的顶棚
石灰石膏砂	（1：2：2）～（1：2：0）	用于不潮湿房间的线角及其它修饰工程
石灰水泥砂	（1：0.3：3）～（1：1：6）	用于做油漆等墙面或湿度较大的房间和车间
水泥砂	（1：2）～（1：3）	用于湿度较大的砖墙基层、混凝土基层,如墙裙、勒脚等

表 9-2　抹灰砂浆流动性及骨料最大粒径

抹灰名称	底层	垫层	面层
沉入度(人工抹面)/mm	100～120	70～90	70～80
砂的最大粒径/mm	2.6	2.6	1.2

（5）不同材料基体交接处表面的抹灰，当采用加强金属网时，搭接宽度从缝边起两侧均不小于 100mm（图 9-1），以防抹灰层因基体温度变化胀缩不一而产生裂缝。

（6）水泥砂浆及掺有水泥或石膏拌制的砂浆，应控制在初凝前用完。

（7）砂浆中掺用外加剂时，其掺入量应由试验确定。

2. 抹灰操作质量控制

（1）一般抹灰工程施工顺序通常应先室外后室内，先上面后下面，先顶棚后地面。高层建筑采取措施后，也可分段进行。

（2）抹灰前，砖石、混凝土等基体表面的灰尘、污垢和油渍等应清除干净，砌块的空壳层要凿掉，光滑的混凝土表面要进行斩毛处理，并洒水湿润。

（3）抹灰前，应纵横拉通线，用与抹灰层相同的砂浆设置标志或标筋。

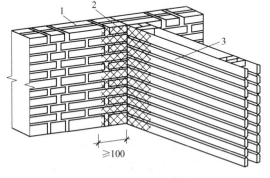

图 9-1　砖木交接处基体处理
1—砖墙；2—钢丝网；3—板条

（4）不同材料基体交接处表面的抹灰，应先铺钉加强网，加强网与各基体的搭接宽度不应小于100mm。

（5）抹灰工程应分层进行。当抹灰总厚度≥35mm时，应采取加强措施。

（6）各种砂浆抹灰层，在凝结前应防止快干、水冲、撞击振动和受冻，在凝结后应采取措施防止玷污和损坏。水泥砂浆抹灰层应在湿润条件下养护。

（7）当要求抹灰层具有防水、防潮功能时，应采用防水砂浆。

（8）当混凝土（包括预制和现浇）顶棚基体表面需要抹灰时，必须按设计要求对基体表面进行技术处理。

（9）水泥砂浆不得抹在石灰砂浆层上。

（10）抹灰的面层应在踢脚板、门窗贴脸板和挂镜线等木制品安装前进行涂抹。

（11）外墙和顶棚的抹灰层与基层之间及各抹灰层之间必须粘接牢固。

（12）板条、金属网顶棚和墙面的抹灰，应符合下列规定。

① 底层和中层宜用麻刀石灰砂浆或纸筋石灰砂浆，各层应分遍成活，每遍厚度为3～6mm。

② 底层砂浆应压入板条缝或网眼内，形成转脚结合牢固。

③ 顶棚的高级抹灰，应加钉长350～450mm的麻束，间距为400mm，交错布置，分遍按放射状梳理抹进中层砂浆内；待前一层七八成干后，方可涂抹后一层。

（13）冬期施工中，抹灰砂浆应采取保温措施。抹灰时，砂浆的温度不宜低于5℃。各抹灰层硬化初期不得受冻。做油漆墙面的抹灰砂浆中，不得掺入食盐和氯化钙。

（14）用冻结法砌筑的墙，室外抹灰应待其完全解冻后施工，室内抹灰应待抹灰的一面解冻深度不小于墙厚的一半时，方可施工。不得用热水冲刷冻结的墙面或用热水消除墙面的冰霜。

（二）装饰抹灰工程

（1）装饰抹灰面层的厚度、颜色、图案应符合设计要求。

（2）装饰抹灰面层应做在已硬化、粗糙而平整的中层砂浆面上，涂抹前应洒水湿润。

（3）有分格的装饰面层，分格条的宽窄、厚薄应一致，粘贴应横平竖直，交接严密，完工后应适时全部取出。

（4）装饰抹灰面层的施工缝，应留在分格缝、墙面阴角、水落管背后或独立装饰组成部分的边沿处。

（5）当用普通水泥做水刷石、干粘石和斩假石时，在同一操作面上，应使用同厂家、同品种、同强度等级、同批量的水泥。所用的彩色石粒也应是同产地、同品种、同规格、同批的，并应筛洗干净，要统一配料、干拌均匀。

（6）水刷石、斩假石面层涂抹前，应在已浇水湿润的中层砂浆面上刮水泥浆（水灰比为0.37～0.40）一遍，使面层与中层结合牢固。

（7）装饰抹灰用颜料，每一分项要一次进货并留有余量，颜料应选用耐光、耐碱性好的矿物颜料，如氧化铁黄、氧化铁红、氧化铬绿等。

二、分项工程质量验收标准

（一）一般抹灰工程

1. 主控项目

（1）一般抹灰所用材料的品种和性能应符合设计要求及国家现行标准的有关规定。

检验方法：检查产品合格证书、进场验收记录、性能检验报告和复验报告。

（2）抹灰前，基层表面的尘土、污垢、油渍等应清除干净，并应洒水润湿或进行界面处理。

检验方法：检查施工记录。

（3）抹灰工程应分层进行。当抹灰总厚度大于或等于35mm时，应采取加强措施。不同材料基体交接处表面的抹灰，应采取防止开裂的加强措施，当采用加强网时，加强网与各基层的搭接宽度不应小于100mm。

检验方法：检查隐蔽工程验收记录和施工记录。

（4）抹灰层与基层之间及各抹灰层之间必须粘接牢固，抹灰层应无脱层、空鼓，面层应无爆灰和裂缝。

检验方法：观察、用小锤轻击检查、检查施工记录。

2. 一般项目

（1）一般抹灰工程的表面质量应符合下列规定。

① 普通抹灰表面应光滑、洁净、接槎平整、分格缝清晰。

② 高级抹灰表面应光滑、洁净、颜色均匀、无抹纹，分格缝和灰线应清晰美观。

检验方法：观察检查，手摸检查。

（2）护角、孔洞、槽、盒周围的抹灰表面应整齐、光滑，管道后面的抹灰表面应平整。

检验方法：观察检查。

（3）抹灰层的总厚度应符合设计要求，水泥砂浆不得抹在石灰砂浆层上，罩面石灰膏不得抹在水泥砂浆层上。

检验方法：检查施工记录。

（4）抹灰分格缝的设置应符合设计要求，宽度和深度应均匀，表面应光滑，棱角应整齐。

检验方法：观察检查，尺量检查。

（5）有排水要求的部位应做滴水线（槽）。滴水线（槽）应整齐顺直，滴水线应内高外低，滴水线的宽度和深度均不应小于10mm。

检验方法：观察检查，尺量检查。

（6）一般抹灰工程质量的允许偏差和检验方法应符合表9-3的规定。

表 9-3 一般抹灰工程质量的允许偏差和检验方法

序号	项 目	允许偏差/mm		检验方法
		普通抹灰	高级抹灰	
1	立面垂直度	4	3	用2m垂直检测尺检查
2	表面平整度	4	3	用2m靠尺和塞尺检查
3	阴阳角方正	4	3	用200mm直角检测尺检查
4	分隔条(缝)直线度	4	3	拉5m线，不足5m拉通线，用钢直尺检查
5	墙裙、勒脚上口直线度	4	3	拉5m线，不足5m拉通线，用钢直尺检查

注：1. 普通抹灰，本表第3项阴阳角方正可不检查。

2. 顶棚抹灰，本表第2项表面平整度可不检查，但应平顺。

3. 检验规定

（1）一般抹灰分项工程的检验批应按下列规定划分。

① 相同材料、工艺和施工条件的室外抹灰工程，每1000m² 应划分为一个检验批，不足1000m² 也应划分为一个检验批。

② 相同材料、工艺和施工条件的室内抹灰工程，每50个自然间应划分为一个检验批，不足50间也应划分为一个检验批，大面积房间和走廊可按抹灰面积每30m² 计为一间。

（2）检查数量应符合下列规定：

① 室内每个检验批至少抽查10%，并不得少于3间；不足3间时应全数检查。

② 室外每个检验批每100m² 应至少抽查一处，每处不得小于10m²。

（3）一般抹灰分项工程施工质量检验批的合格制定

① 抽查样本均应符合主控项目（1）～（4）的规定。

② 抽查样本的80%以上应符合一般项目的规定，其余样本不得有影响使用功能或明显影响装饰效果的缺陷。其中有允许偏差的检验项目，其最大偏差不得超过规范允许偏差的1.5倍。

凡达不到质量标准时，应按现行的国家标准GB 50300《建筑工程施工质量验收统一标准》的规定处理。

（4）分项工程的质量验收应按GB 50300《建筑工程施工质量验收统一标准》的格式记录，各检验批的质量均应达到本节的规定。

（5）子分部工程的质量验收应按GB 50300《建筑工程施工质量验收统一标准》的格式记录。子分部工程中各分项工程的质量均应验收合格，还应符合下列规定：

① 应具备规范各子分部工程规定检查的文件和记录。

② 应具备表9-4所规定的有关安全和功能的检测项目的合格报告。

表9-4 有关安全和功能的检测项目

序号	子分部工程	检 测 项 目
1	门窗工程	1. 建筑外墙金属窗的抗风压性能、空气渗透性能和雨水渗透性能
		2. 建筑外墙塑料窗的抗风压性能、空气渗透性能和雨水渗透性能
2	饰面板(砖)工程	1. 饰面板后置埋件的现场拉拔强度
		2. 饰面砖样板件的黏结强度
3	幕墙工程	1. 硅酮结构胶的相容性试验
		2. 幕墙后置埋件的现场拉拔强度
		3. 幕墙的抗拒风压性能、空气渗透性能、雨水渗透性能及平面变形性能

③ 观感质量应符合GB 50210《建筑装饰装修工程质量验收规范》各分项工程中一般项目的要求。

（6）分部工程的质量验收应按GB 50300《建筑工程施工质量验收统一标准》的格式记录。分部工程中各子分部工程的质量均应验收合格，并应按规定进行核查。

当建筑工程只有装饰装修分部工程时，该工程应作为单位工程验收。

（7）有特殊要求的建筑装饰装修工程，竣工验收时应按合同约定加测相关技术指标。

（8）建筑装饰装修工程的室内环境质量应符合国家现行标准GB 50325《民用建筑工程室内环境污染控制规范》的规定。

（9）未经竣工验收合格的建筑装饰装修工程不得投入使用。

（二）装饰抹灰工程

1. 主控项目

（1）装饰抹灰工程所用材料的品种和性能应符合设计要求及国家现行标准的有关规定。

检验方法：检查产品合格证书、进场验收记录、性能检验报告和复验报告。

（2）抹灰前基层表面的尘土、污垢、油渍等应清除干净，并应洒水润湿或进行界面处理。

检验方法：检查施工记录。

（3）抹灰工程应分层进行。当抹灰总厚度大于或等于 35mm 时，应采取加强措施。不同材料基体交接处表面的抹灰，应采取防止开裂的加强措施。当采用加强网时，加强网与各基体的搭接宽度不应小于 100mm。

检验方法：检查隐蔽工程验收记录和施工记录。

（4）各抹灰层之间及抹灰层与基体之间必须粘接牢固，抹灰层应无脱层、空鼓和裂缝等缺陷。

检验方法：观察检查，用小锤轻击检查，检查施工记录。

2. 一般项目

（1）装饰抹灰工程的表面质量应符合下列规定。

① 水刷石表面应石粒清晰、分布均匀、紧密平整、色泽一致，应无掉粒和掺槎痕迹。

② 斩假石表面剁纹应均匀顺直、深浅一致，应无漏剁处；阳角处应横剁并留出宽窄一致的不剁边条，棱角应无损坏。

③ 干粘石表面应色泽一致、不露浆、不漏粘，石粒应粘接牢固、分布均匀，阳角处应无明显黑边。

④ 假面砖表面应平整、沟纹清晰、留缝整齐、色泽一致，应无掉角、脱皮、起砂等缺陷。

检验方法：观察检查，手摸检查。

（2）装饰抹灰分格条（缝）的设置应符合设计要求，宽度和深度应均匀，表面应平整光滑，棱角应整齐。

检验方法：观察检查。

（3）有排水要求的部位应做滴水线（槽）。滴水线（槽）应整齐顺直，滴水线应内高外低，滴水槽的宽度和深度均不应小于 10mm。

检验方法：观察，尺量检查。

（4）装饰抹灰工程质量的允许偏差和检验方法应符合表 9-5 的规定。

表 9-5　装饰抹灰工程质量的允许偏差和检验方法

序号	项　目	允许偏差/mm				检验方法
		水刷石	斩假石	干粘石	假面砖	
1	立面垂直度	5	4	5	5	用 2m 垂直检测尺检查
2	表面平整度	3	3	5	4	用 2m 靠尺和塞尺检查
3	阳角方正	3	3	4	4	用 200mm 直角检测尺检查
4	分格条（缝）直线度	3	3	3	3	拉 5m 线，不足 5m 拉通线，用钢直尺检查
5	墙裙、勒脚上口直线度	3	3	—	—	拉 5m 线，不足 5m 拉通线，用钢直尺检查

第二节　门　　窗

一、施工过程质量控制

（一）塑料门窗安装工程

1. 施工前准备

（1）门窗应采用预留洞口法安装，不得采用边安装边砌口或先安装后砌口的施工方法。

（2）窗的构造尺寸应包括预留洞口与待安装窗框的间隙，以及墙体饰面材料的厚度。洞口与窗框间隙应符合表 9-6 的规定。

（3）门的构造尺寸应符合下列要求：

① 洞口与窗框间隙应符合表 9-6 的规定。

表 9-6　洞口与窗框间隙

墙体饰面层材料	洞口与窗框间隙/mm
清水墙	10
墙体外饰面抹水泥砂浆或贴马赛克	15～20
墙体外饰面贴釉面瓷砖	20～25
墙体外饰面贴大理石或花岗岩板	40～50

注：窗下框与洞口的间隙可根据设计要求选定。

② 无下框平开门门框的高度应比洞口高度大 10～15mm，带下框平开门或推拉门门框高度应比洞口高小 5～10mm。

（4）同一类型的门窗及其相邻的上、下、左、右洞口应保持通线，洞口应横平竖直，洞口宽度或高度尺寸的允许偏差应符合表 9-7 的规定。洞口检验合格，并办好工种间交接手续后，方可进行施工。

表 9-7　洞口宽度或高度尺寸的允许偏差　　　　　单位：mm

墙体表面	洞口宽度或高度允许偏差/mm		
	＜2400	2400～4800	＞4800
未粉刷墙面	±10	±15	±20
已粉刷墙面	±5	±10	±15

（5）组合窗的洞口，应在拼樘料的对应位置设预埋件或预留洞口。

（6）塑料门窗部件、配件、材料等在运输、保管和施工过程中，应采取防止损坏或变形的措施。装卸门窗不得撬、甩、摔，不得在框扇内插入抬扛起吊；应避免日晒雨淋，并不得与腐蚀物质接触。

（7）门窗应立放在清洁、平整的地方，下部应放置垫木，立放角度不应小于 70°，并应有防倾倒措施。贮存的环境温度应低于 50℃，与热源距离不应小于 1m。门窗在安装现场放置的时间不应超过两个月。当在温度为 0℃ 的环境中存放门窗时，安装前应在室温下放置 24h。

（8）门窗安装前，应按设计图样的要求检查门窗的数量、品种、规格、开启方向、外形、质量等；门窗五金件、紧固件等应齐全；洞口的预埋件和固定片的位置、数量是否一致，其标高和坐标位置应准确。不合格者应纠正。

2. 塑料窗的安装

（1）在窗口画出中线标记。高层用经纬仪测定，多层可从高层一次垂吊。

（2）将塑料窗搬到安装地点竖放，脱落的保护膜应补贴，应在窗框的上下边画中线。

（3）安装时，应将框中线与洞口中线对齐，窗框的四角及中横框的对称位置，在找准墙厚方向位置后用木楔临时固定。塑料门窗安装的允许偏差和检验方法应符合表9-8的规定。

表 9-8　塑料门窗安装的允许偏差和检验方法

序号	项　　目		允许偏差/mm	检验方法
1	门窗槽口宽度、高度	≤1500mm	2	用钢卷尺检查
		>1500mm	3	
2	门窗槽口对角线长度差	≤2000mm	3	用钢卷尺检查
		>2000mm	5	
3	门窗框的正、侧面垂直度		3	用1m垂直检测尺检查
4	门窗横框的水平度		3	用1m水平尺和塞尺检查
5	门窗横框标高		5	用钢卷尺检查
6	门窗竖向偏离中心		5	用钢直尺检查
7	双层门窗内外框间距		4	用钢卷尺检查
8	平开门窗及上悬、下悬、中悬窗	门、窗扇与框搭接宽度	2	用深度尺或钢直尺检查
		同樘门、窗相邻扇的水平高度差	2	用靠尺和钢直尺检查
		门、窗框扇四周的配合间隙	4	用楔形塞尺检查
9	推拉门窗	门、窗扇与框搭接宽度	2	用深度尺或钢直尺检查
		门、窗扇与框或相邻扇立边平行度	2	用钢直尺检查
10	组合门窗	平整度	3	用2m靠尺和钢直尺检查
		缝直线度	3	用2m靠尺和钢直尺检查

（4）组合窗的拼樘料与洞口的连接，可采用埋件焊接或用紧固件固定；也可将拼樘料两端插入预留洞中，用C20的细石混凝土浇灌固定。

（5）窗框与拼樘料卡接，并用紧固件双向拧紧，其间距应≤600mm；紧固件端头及拼樘料与窗框间的缝隙，应采用嵌缝膏进行密封处理。

（6）窗框与洞口的间隙，应采用闭孔泡沫塑料、发泡聚苯乙烯等弹性材料分层填塞。保温、隔声工程，应采用隔热、隔声材料填塞。填塞后，撤掉临时木楔，并应采用闭孔弹性材料填塞，这一点非常重要，不能忽视，否则易渗水。

（7）窗框洞口外侧抹灰时，应采用片材将抹灰层与窗框临时隔开，其厚度宜为5mm，抹灰面应超出窗框（不得与窗框齐平，更不允许抹灰面不到窗框），其厚度以不影响扇的开启为限，一般深度在5～10mm，待抹灰层硬化后，应撤去片材，并将嵌缝膏挤入。洞口内侧与窗框之间也应采用嵌缝膏密封。

（8）框、扇上的水泥砂浆，应在硬化前用湿布擦干净，不得使用硬质材料铲刮框、扇表面。打嵌缝膏时，应采取措施防止框、扇被污染。

3. 塑料门的安装

（1）门应在地面工程施工前进行安装。

（2）在门框及洞口上画出垂直中线，门运到安装地点应竖放。

（3）门的安装位置及开启方向，应符合设计图纸要求。安装时应采取防止门框变形的措施，无下框平开门应使两边框的下脚低于地面标高线30mm，带下框平开门或推拉门应使下框低于地面标高线10mm。先将上框的一个固定片固定在墙体上，并调整门框的水平度、垂直度和直角度，用木楔临时定位。其允许偏差应符合表9-8的规定。

（4）门扇应待水泥砂浆硬化后安装。铰链部位配合间隙的允许偏差及门框、扇的搭接量，应符合国家现行标准JG/T 180《未增塑聚氯乙烯（PVC-U）塑料门》的规定。

（5）门锁与执手等五金配件应安装牢固，位置正确，开关灵活。

4. 安装后的塑料门窗保护

（1）塑料门窗在安装过程中及工程验收前，应采取防护措施，不得污损。

（2）已安装门窗框、扇的洞口，不得再用作运料通道。应防止利器划伤门窗表面，并应防止电焊、气焊火花烧伤或烫伤面层。

（3）严禁在门窗框、扇上安装脚手架或悬重物；外脚手架不得顶压在门窗框、扇或窗撑上，并严禁蹬踩窗框、窗扇或窗撑。

（二）金属门窗安装工程

适用于钢门窗、铝合金门窗和涂色镀锌钢板门窗等金属门窗安装工程的质量验收。

1. 钢门窗及涂色镀锌钢板门窗安装

（1）安装前应按设计要求核对门窗的规格、型号、开启形式等，均应符合设计要求。金属门窗应采用预留洞口的方法施工，不得采用边安装边砌口或先安装后砌口的方法施工。

（2）安装前观察检查门窗质量，发现有变形、损坏的，应先校正、整形，然后安装。

（3）门窗安装的位置、开启方向等必须符合设计要求。安装时，应根据主体工程的标高控制线、墙中心线、上下层窗口垂直控制线确定和校正门窗的标高、位置。进行室内外抹灰前，应按灰饼再校正一次门窗，以确保门窗与外墙面的进出尺寸一致。

（4）建筑外门窗的安装必须牢固，在砌体上安装门窗严禁用射钉固定。

（5）当金属门窗组合时，其拼樘料的尺寸、规格、壁厚应符合设计要求。

（6）门窗安装必须按设计要求将门窗的铁脚、拼樘料等铁件牢固地埋入混凝土及砖墙内，并应做好隐蔽记录。

（7）门窗框与墙体间缝用（1∶2.5）～（1∶3）水泥砂浆四周填嵌密实，防止周围渗水，不得采用石灰砂浆或混合砂浆填嵌。拼樘料（拼管、拼铁）与钢门窗框的拼合处应满填油灰，以防止拼缝处渗水。

（8）门窗附件安装前，应检查钢门窗扇质量，对附件安装有影响的应先校正，然后再安装附件。附件安装必须齐全、位置正确，安装牢固、启闭灵活。门窗附件安装，必须在墙面、顶棚等抹灰完成后，在安装玻璃前进行，以免附件污染、损坏。

涂色镀锌钢板门窗在贮存、运输、安装过程中，面层应采取保护措施防止碰伤涂层。

2. 铝合金门窗安装

（1）安装前应逐樘检查、核对其规格、型号、形式、表面颜色等，必须符合设计要求。铝合金门窗安装应采用预留洞口的方法施工，不得采用边安装边砌口或先安装后砌口的方法施工。

（2）在搬运和堆放过程损伤的门窗，应经处理合格后方可安装。

（3）安装的位置、开启方向及标高应符合设计要求。在安装前，对标高、预留窗洞口的基准线要进行复核，以确保安装位置正确。

（4）铝合金门窗与墙体等主体结构连接固定的方法应符合设计要求。框与墙体等的固定，一般采用不锈钢或经防腐处理的铁件连接，严禁用电焊直接与框焊接。框安装后，必须在抹灰或装饰装修施工前，对安装的牢固程度，预埋件的数量、位置、埋设连接方法和防腐处理等进行检查，并做好隐蔽记录。

（5）建筑外门窗的安装必须牢固。在砌体上安装门窗严禁用射钉固定。

（6）当铝合金门窗组合时，其拼樘料的尺寸、规格、壁厚应符合设计要求。

（7）附件安装应待抹灰工作完成后进行，以免污染、损坏。

（8）框与墙体间缝填嵌的材料（常用发泡聚苯乙烯等弹性材料）应符合设计要求，并应填嵌饱满密实，表面应平整、光滑、无裂缝。当设计未明确规定时，应在外表面留 5～8mm 深槽口填嵌嵌缝油膏，抹灰面应超出窗框，其厚度以不影响扇的开启为限，以免框边收缩而产生缝隙导致渗水。嵌缝油膏的表面应平整、光滑。

（9）铝合金门窗在贮存、运输、安装过程中，面层应采取保护措施，防止碰伤涂膜层。

二、分项工程质量验收标准

（一）塑料门窗安装工程

1. 主控项目

（1）塑料门窗的品种、类型、规格、尺寸、性能、开启方向、安装位置、连接方式和填嵌密封处理应符合设计要求及国家现行标准的有关规定，内衬增强型钢的壁厚及设置应符合现行国家标准《建筑用塑料门》（GB/T 28886）和《建筑用塑料窗》（GB/T 28887）的规定。

检验方法：观察；尺量检查；检查产品合格证书、性能检验报告、进场验收记录和复验报告；检查隐蔽工程验收记录。

（2）塑料门窗框、附框和扇的安装应牢固。固定片或膨胀螺栓的数量与位置应正确，连接方式应符合设计要求。固定点应距窗角、中横框、中竖框 150～200mm，固定点间距不应大于 600mm。

检验方法：观察；手扳检查；尺量检查；检查隐蔽工程验收记录。

（3）塑料组合门窗使用的拼樘料截面尺寸及内衬增强型钢的形状和壁厚应符合设计要求。承受风荷载的拼樘料应采用与其内腔紧密吻合的增强型钢作为内衬，其两端应与洞口固定牢固。窗框应与拼樘料连接紧密、固定点间距不应大于 600mm。

检验方法：观察；手扳检查；尺量检查；吸铁石检查；检查进场验收记录。

（4）窗框与洞口之间的伸缩缝内应采用聚氨酯发泡胶填充，发泡胶填充应均匀、密实。发泡胶成型后不宜切割。表面应采用密封胶密封。密封胶应粘接牢固，表面应光滑、顺直、无裂纹。

检验方法：观察；检查隐蔽工程验收记录。

（5）滑撑铰链的安装应牢固，紧固螺钉应使用不锈钢材质。螺钉与框扇连接处应进行防水密封处理。

检验方法：观察；手扳检查；检查隐蔽工程验收记录。

（6）推拉门窗扇应安装防止扇脱落的装置。

检验方法：观察。

（7）门窗扇关闭应严密，开关应灵活。

检查方法：观察；尺量检查；开启和关闭检查。

（8）塑料门窗配件的型号、规格和数量应符合设计要求，安装应牢固，位置应正确，使用应灵活，功能应满足各自使用要求。平开窗扇高度大于 900mm 时，窗扇锁闭点不应少于 2 个。

检验方法：观察；手扳检查；尺量检查。

2. 一般项目

（1）安装后的门窗关闭时，密封面上的密封条应处于压缩状态，密封层数应符合设计要求。密封条应连续完整，装配后应均匀、牢固，应无脱槽、收缩和虚压等现象；密封条接口应严密，且应位于窗的上方。

检验方法：观察。

（2）塑料门窗扇的开关力应符合下列规定：

① 平开门窗扇平铰链的开关力不应大于 80N；滑撑铰链的开关力不应大于 80N，并不应小于 30N；

② 推拉门窗扇的开关力不应大于 100N。

检验方法：观察；用测力计检查。

（3）门窗表面应洁净、平整、光滑，颜色应均匀一致。可视面应无划痕、碰伤等缺陷，门窗不得有焊角开裂和型材断裂等现象。

检验方法：观察。

（4）旋转窗间隙应均匀。

检验方法：观察。

（5）排水孔应畅通，位置和数量应符合设计要求。

检验方法：观察。

（6）塑料门窗安装的允许偏差和检验方法应符合表 9-8 的规定。

（二）金属门窗安装工程

1. 主控项目

（1）金属门窗的品种、类型、规格、尺寸、性能、开启方向、安装位置、连接方式及门窗的型材壁厚应符合设计要求及国家现行标准的相关规定。金属门窗的防雷、防腐处理及填嵌、密封处理应符合设计要求。

检验方法：观察检查，尺量检查，检查产品合格证书、性能检测报告、进场验收记录和复验报告，检查隐蔽工程验收记录。

（2）金属门窗框和副框的安装必须牢固。预埋件及锚固件的数量、位置、埋设方式、与框的连接方式必须符合设计要求。

检验方法：手扳检查，检查隐蔽工程验收记录。

（3）金属门窗扇必须安装牢固，并应开关灵活、关闭严密，无倒翘。推拉门窗扇必须有防脱落措施。

检验方法：观察检查，开启和关闭检查，手扳检查。

（4）金属门窗配件的型号、规格、数量应符合设计要求，安装应牢固，位置应正确，功能应满足使用要求。

检验方法：观察检查，开启和关闭检查，手扳检查。

2．一般项目

（1）金属门窗表面应洁净、平整、光滑、色泽一致，应无锈蚀，擦伤、划痕和碰伤，漆膜或保护层应连续，型材的表面处理应符合设计要求及国家现行标准的有关规定。

检验方法：观察检查。

（2）金属门窗推拉门窗扇开关力应不大于50N。

检验方法：用测力计检查。

（3）金属门窗框与墙体之间的缝隙应填嵌饱满，并采用密封胶密封。密封胶表面应光滑、顺直，无裂纹。

检验方法：观察检查，轻敲门窗框检查，检查隐蔽工程验收记录。

（4）金属门窗扇的密封胶条或密封毛条装配应平整、完好，不得脱槽，交角处应平顺。

检验方法：观察检查，开启和关闭检查。

（5）排水孔应畅通，位置和数量应符合设计要求。

检验方法：观察检查。

（6）钢门窗安装的留缝限值、允许偏差和检验方法应符合表9-9的规定。

表 9-9　钢门窗安装的留缝限值、允许偏差和检验方法

序号	项　　目		留缝限值/mm	允许偏差/mm	检验方法
1	门窗槽口宽度、高度	≤1500mm	—	2	用钢卷尺检查
		>1500mm	—	3	
2	门窗槽口对角线长度差	≤2000mm	—	3	用钢卷尺检查
		>2000mm	—	4	
3	门窗框的正、侧面垂直度		—	3	用1m垂直检测尺检查
4	门窗横框的水平度		—	3	用1m水平尺和塞尺检查
5	门窗横框标高		—	5	用钢卷尺检查
6	门窗竖向偏离中心		—	4	用钢卷尺检查
7	双层门窗内外框间距		—	5	用钢卷尺检查
8	门窗框、扇配合间隙		≤2	—	用塞尺检查
9	平开门窗框扇搭接	门	≥6	—	用钢直尺检查
		窗	≥4	—	用钢直尺检查
	推拉门窗框扇搭接宽度		≥6	—	用钢直尺检查
10	无下框时门扇与地面间留缝		4～8	—	用塞尺检查

（7）铝合金门窗安装的允许偏差和检验方法应符合表9-10的规定。

（8）涂色镀锌钢板门窗安装的允许偏差和检验方法应符合表9-11的规定。

表 9-10　铝合金门窗安装的允许偏差和检验方法

序号	项　　目		允许偏差/mm	检 验 方 法
1	门窗槽口宽度、高度	≤2000mm	2	用卷钢尺检查
		>2000mm	3	
2	门窗槽口对角线长度差	≤2500mm	4	用钢卷尺检查
		>2500mm	5	
3	门窗框的正、侧面垂直度		2	用1m垂直检测尺检查
4	门窗横框的水平度		2	用1m水平尺和塞尺检查
5	门窗横框标高		5	用钢卷尺检查
6	门窗竖向偏离中心		5	用钢卷尺检查
7	双层门窗内外框间距		4	用钢卷尺检查
8	推拉门窗扇与框搭接量	门	2	用钢直尺检查
		窗	1	

表 9-11　涂色镀锌钢板门窗安装的允许偏差和检验方法

序号	项　　目		允许偏差/mm	检 验 方 法
1	门窗槽口宽度、高度	≤1500mm	2	用钢卷尺检查
		>1500mm	3	
2	门窗槽口对角线长度差	≤2000mm	4	用钢卷尺检查
		>2000mm	5	
3	门窗框的正、侧面垂直度		3	用1m垂直检测尺检查
4	门窗横框的水平度		3	用1m水平尺和塞尺检查
5	门窗横框标高		5	用钢卷尺检查
6	门窗竖向偏离中心		5	用钢卷尺检查
7	双层门窗内外框间距		4	用钢卷尺检查
8	推拉门窗扇与框搭接量		2	用钢直尺检查

复习思考题

1. 一般抹灰工程检验批的主控项目和一般项目由哪些内容组成？
2. 装饰抹灰工程检验批的主控项目和一般项目由哪些内容组成？
3. 金属门窗安装工程检验批的主控项目和一般项目由哪些内容组成？

PART2

第二篇
建筑工程资料管理

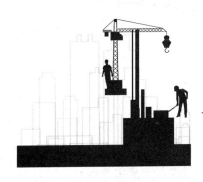

第十章 建筑工程资料概述

学习内容

1. 建筑工程资料管理的意义和职责;
2. 资料员的基本要求和职责;
3. 工程资料的分类与保存;
4. 建筑工程资料的组卷;
5. 建筑工程资料的验收与移交。

知识目标

1. 了解建筑工程资料管理的意义,熟悉工程资料管理的职责;
2. 熟悉资料员的工作职责和内容;
3. 了解工程资料的分类及保存要求,掌握工程资料的质量要求;
4. 了解建筑工程资料的立卷的原则和方法,熟悉卷内文件排列;
5. 掌握建筑工程资料的验收及移交。

能力目标

1. 熟知工程资料管理的职责;
2. 能胜任资料员的工作,熟悉资料员的工作内容;
3. 能够按照规范要求保存工程资料;
4. 能够按照规范要求进行建筑工程资料组卷;
5. 会进行建筑工程资料的验收,能够移交建筑工程资料。

第一节 概 述

一、建筑工程资料的基本概念

建筑工程资料是工程建设从项目的提出、筹备、勘测、设计、施工到竣工投产等过程中形成的文件材料、图样、图表、计算材料、声像材料等各种形式的信息总和,简称为工程资料。主要包括工程准备阶段资料、监理资料、施工资料、竣工图和竣工验收资料等。

建筑工程资料是建设工程合法身份与合格质量的证明文件,是工程竣工交付使用的必备文件，也是对工程进行检查、验收、维修、改建和扩建的原始依据。在我国，国家立法和验收标准都对工程资料提出了明确的要求，如《中华人民共和国建筑法》《建设工程质量管理条例》等法律法规，GB 50300《建筑工程施工质量验收统一标准》、JGJ/T 185《建设工程资料管理规程》等标准，均把工程资料放在重要的位置。

10.1 建筑工程与
建设工程的区别

1. 建筑工程

建筑工程是为新建、改建或扩建房屋建筑物和附属构筑物设施所进行的规划、勘察、设计和施工、竣工等各项技术工作和完成的工程实体。

2. 建筑工程资料

建筑工程资料是在工程建设全过程中形成并收集、汇编的资料或文件的统称，包括工程准备阶段资料、监理资料、施工资料、竣工图和竣工验收资料，也可以简称为工程资料或工程文件。

3. 建筑工程资料管理

建筑工程资料管理是建筑工程资料的填写、编制、审核、收集、整理、组卷、移交及归档等工作的统称，简称工程资料管理。

4. 建设工程档案

建设工程档案是在工程建设活动中直接形成的具有保存价值的文字、图表、声像等各种形式的历史记录，这些记录经整理形成工程档案。

二、建筑工程资料的主要内容

1. 工程准备阶段资料

工程准备阶段资料是指工程在立项、审批、征地、勘察、设计、招投标、开工、审批及工程概预算等工程准备阶段形成的资料，由建设单位提供。

2. 监理资料

监理资料是指监理单位在工程设计、施工等监理过程中形成的资料，主要包括监理管理资料、监理工作记录、竣工验收资料和其它资料等。监理资料由监理单位负责完成，工程竣工后，监理单位应按规定将监理资料移交给建设单位。

3. 施工资料

施工资料是指施工单位在工程具体施工过程中形成的资料，应由施工单位负责形成。主要包括施工单位工程管理与验收资料、施工管理资料、施工技术资料、施工测量记录、施工物资资料、施工记录、施工试验记录、施工质量验收记录等。工程竣工后，施工单位应按规定将施工资料移交给建设单位。

4. 竣工图

竣工图是工程竣工后，真实反映建筑工程项目施工结果的图样。

5. 竣工验收资料

竣工验收资料是指在工程项目竣工验收活动中形成的资料。包括工程验收总结、竣工验收记录、财务文件和声像、缩微、电子档案等。

第二节 建筑工程资料管理的意义和职责

建筑工程资料管理就是指建筑工程作为一个工程实体，在建设过程中涉及规划、勘察、设计、施工、监理等各项技术工作，这些在不同阶段形成的工程资料或文件，经过规划，勘察、设计、施工、监理等不同单位相关人员积累、收集、整理，形成具有归档保存价值的工程档案的过程，称为建筑工程资料管理。

一、建筑工程资料管理的意义

建筑工程资料管理是保证工程质量与安全的重要环节，是建筑工程施工管理程序化、规范化和制度化的具体体现。因此做好建筑工程资料管理工作具有重要意义，其意义主要有以下几点。

（1）建筑工程资料管理是项目管理的一项重要工作。

（2）按照规范的要求积累而完成的完整、真实、具体的工程资料，是工程竣工验收交付使用的必备条件；一个质量优良或合格的建筑工程必须具有一份内容齐全、文字记载真实可靠的原始技术资料。

（3）工程资料为工程的检查、管理、使用、维护、改造、扩建提供可靠的依据。

二、工程资料管理的职责

建筑工程资料应实行分级管理，由建设、监理、施工等单位项目负责人负责全过程的管理工作。资料管理工作主要包括工程资料与档案的收集、积累、整理、立卷、验收与移交，工程建设过程中资料的收集、整理和审核工作应有专职人员负责，定期培训。

1. 建设单位在工程资料与档案的整理立卷、验收移交工作中应履行的职责

（1）在工程招标及与勘察、设计、施工、监理等单位签订合同、协议时，应对移交工程文件的套数、费用、质量、时间等提出明确要求。

（2）负责收集和整理工程准备阶段、竣工验收阶段形成的文件，并应进行立卷归档。

（3）负责组织、监督和检查勘察、设计、施工、监理等单位的工程文件的形成、积累和立卷归档工作。

（4）负责收集和汇总各工程建设阶段各单位立卷归档的工程档案。

（5）在组织工程竣工验收前，提请城建档案管理机构对工程档案进行预验收，未取得工程档案验收许可文件的，不得组织工程竣工验收。

（6）对列入城建档案馆接收范围的工程，工程竣工验收后的3个月内向城建档案馆移交一套符合规定的工程档案。

2. 勘察、设计、施工、监理等单位履行的职责

（1）负责收集和整理工程建设过程中各个阶段的工程资料。

（2）确保各参建单位的工程资料真实、有效、齐全完整。

（3）对工程建设中收集整理的工程资料进行立卷、归档。

（4）对本单位形成的工程资料档案立卷后及时向建设单位移交。

3. 实行总承包的施工单位资料管理的职责

除上述职责外，施工单位对工程实行总承包的，总包单位负责收集、汇总各分包单位形成的工程档案，并及时向建设单位移交；各分包单位应将本单位形成的工程资料整理、立卷，移交给总包单位。

4. 城建档案管理机构的职责

城建档案管理机构对工程资料的立卷归档工作进行监督、指导、检查，并对工程档案进行验收，出具认可文件。

第三节　资料员的基本要求和职责

一、资料员的基本要求

　　资料员是施工企业五大员（施工技术员、质量员、安全员、材料员、资料员）之一。一个建设工程的质量具体反映在建筑物的实体质量，即所谓硬件；此外是该项工程技术资料质量，即所谓软件。工程资料的形成主要靠资料员的收集、整理、编制成册，因此资料员在施工过程中担负着十分重要的责任。

　　要当好资料员除了要有认真、负责的工作态度外，还必须了解建设工程项目的工程概况，熟悉本工程的施工图、施工基础知识、施工技术规范、施工质量验收规范、建筑材料的技术性能、质量要求及使用方法，有关政策、法规和地方性法规、条文等；要了解掌握施工管理的全过程，了解掌握每项资料在什么时候产生。

二、资料员的工作职责

　　资料员负责工程项目的资料档案管理、计划、统计管理及内业管理工作。

1. 负责工程项目资料、图样等档案的收集、管理

　　（1）负责工程项目的所有图样的接收、清点、登记、发放、归档、管理工作。在收到工程图样并进行登记以后，按规定向有关单位和人员签发，由收件方签字确认。负责收存全部工程项目图样，且每一项目应收存不少于两套正式图样，其中至少一套图样有设计单位图样专用章。竣工图采用散装方式折叠，按资料目录的顺序，对建筑平面图、立面图、剖面图、建筑详图、结构施工图等建筑工程图样进行分类管理。

　　（2）收集整理施工过程中所有技术变更、洽商记录、会议纪要等资料并归档。负责对每日收到的管理文件、技术文件进行分类、登录、归档。负责项目文件资料的登记、受控、分办、催办、签收、用印、传递、立卷、归档和销毁等工作。负责做好各类资料积累、整理、处理、保管和归档立卷等工作，注意保密的原则。来往文件资料收发应及时登记台账，视文件资料的内容和性质准确及时递交项目经理批阅，并及时送有关部门办理。确保设计变更、洽商的完整性，要求各方严格执行接收手续，所接收到的设计变更、洽商，须经各方签字确认，并加盖公章。设计变更（包括图样会审纪要）原件存档。所收存的技术资料须为原件，无法取得原件的，详细背书，并加盖公章。做好信息收集、汇编工作，确保管理目标的全面实现。

2. 参加分部工程、分项工程的验收工作

　　（1）负责备案资料的填写、会签、整理、报送、归档。负责工程备案管理，实现对竣工验收相关指标（包括质量资料审查记录、单位工程综合验收记录）作备案处理。对桩基工程、基础工程、主体工程、结构工程备案资料核查。严格遵守资料整编要求，符合分类方案、编码规则，资料份数应满足资料存档的需要。

　　（2）监督检查施工单位施工资料的编制、管理，做到完整、及时，与工程进度同步。对施工单位形成的管理资料、技术资料、物资资料及验收资料，按施工顺序进行全程督查，保证施工资料的真实性、完整性、有效性。

（3）按时向公司档案室移交有关资料。在工程竣工后，负责将文件资料、工程资料立卷移交公司档案室。文件材料移交与归档时，应有"归档文件材料交接表"，交接双方必须根据移交目录清点核对，履行签字手续。移交目录一式两份，双方各持一份。

（4）负责向市城建档案馆的档案移交工作。提请城建档案馆对列入城建档案馆接收范围的工程档案进行预验收，取得《建设工程竣工档案预验收意见》，在竣工验收后将工程档案移交城建档案馆。

（5）指导工程技术人员对施工技术资料（包括设备进场开箱资料）的保管。指导工程技术人员对施工组织设计及施工方案、技术交底记录、图样会审记录、设计变更通知单、工程洽商记录等技术资料分类保管并提交资料室。指导工程技术人员对工作活动中形成的，经过办理完毕的，具有保存价值的文件材料；分项工程进行鉴定验收时归档的科技文件材料；已竣工验收的工程项目的工程资料分级保管并提交资料室。

3. 负责计划、统计的管理工作

（1）负责对施工部位、产值完成情况的汇总、申报，按月编制施工统计报表。在平时统计资料基础上，编制整个项目当月进度统计报表和其它信息统计资料。编报的统计报表要按现场实际完成情况严格审查核对，不得多报、早报、重报、漏报。

（2）负责与项目有关的各类合同的档案管理。负责对签订完成的合同进行收编归档，并开列编制目录。做好借阅登记，不得擅自抽取、复制、涂改，不得遗失，不得在案卷上随意划线、抽拆。

（3）负责向销售策划提供工程主要形象进度信息。向各专业工程师了解工程进度、随时关注工程进展情况，为销售策划提供确实、可靠的工程信息。

4. 负责工程项目的内业管理工作

（1）协助项目经理做好对外协调、接待工作。协助项目经理对内协调公司、部门间的工作，对外协调施工单位间的工作。做好与有关部门及外来人员的联络接待工作，树立企业形象。

（2）负责工程项目的内业管理工作。汇总各种内业资料，及时准确统计，登记台账，报表按要求上报。通过实时跟踪、反馈监督、信息查询、经验积累等多种方式，保证汇总的内业资料反映施工过程中的各种状态和责任，能够真实地再现施工时的情况，从而找到施工过程中的问题所在。对产生的资料进行及时的收集和整理，确保工程项目的顺利进行。有效地利用内业资料记录、参考、积累，为企业发挥它们的潜在作用。

（3）负责工程项目的后勤保障工作。负责做好文件收发、归档工作。负责部门成员考勤管理和日常行政管理等经费报销工作。负责对竣工工程档案整理、归档、保管、便于有关部门查阅调用。负责公司文字及有关表格等打印。保管工程印章，对工程盖章登记，并留存备案。

5. 完成工程部经理交办的其它任务

三、资料员的工作内容

资料员的工作内容按不同阶段划分，可分为施工前期阶段、施工阶段、竣工验收阶段。

1. 施工前期阶段

（1）熟悉建设项目的有关资料和施工图。

（2）协助编制施工技术组织设计（施工技术方案），并填写施工组织设计（方案）报审表给现场监理机构要求审批。

（3）填报开工报告，填报工程开工报审表，填写开工通知单。

（4）协助编制各工种的技术交底材料。

（5）协助制定各种规章制度。

2. 施工阶段

（1）及时搜集整理进场的工程材料、构配件、成品、半成品和设备的质量保证资料（出厂质量证明书、生产许可证、合格证），填报工程材料、构配件、设备报审表，由监理工程师审批。

（2）与施工进度同步，做好隐蔽工程验收记录及检验批质量验收记录的报审工作。

（3）及时整理施工试验记录和测试记录。

（4）阶段性的协助整理施工日记。

3. 竣工验收阶段

（1）建筑工程竣工资料的组卷包括以下方面。

① 单位（子单位）工程质量验收资料。

② 单位（子单位）工程质量控制资料核查记录。

③ 单位（子单位）工程安全与功能检验资料核查及主要功能抽查资料。

④ 单位（子单位）工程施工技术管理资料。

（2）归档资料（提交城建档案馆）包括以下方面。

① 施工技术准备文件，包括图样会审记录、控制网设置资料、工程定位测量资料、基槽开挖线测量资料。

② 工程图样变更记录，包括设计会议会审记录、设计变更记录、工程洽谈记录等。

③ 地基处理记录，包括地基钎探记录和钎探平面布置点、验槽记录和地基处理记录、桩基施工记录、试桩记录等。

④ 施工材料预制构件质量证明文件及复试试验报告。

⑤ 施工试验记录，包括土壤试验记录、砂浆混凝土抗压强度试验报告、商品混凝土出厂合格证和复试报告、钢筋接头焊接报告等。

⑥ 施工记录，包括工程定位测量记录、沉降观测记录、现场施工预应力记录、工程竣工测量、新型建筑材料、施工新技术等。

⑦ 隐蔽工程检查记录，包括基础与主体结构钢筋工程、钢结构工程、防水工程、高程测量记录等。

⑧ 工程质量事故处理记录。

第四节 工程资料的分类与保存

一、工程资料的分类

建筑工程资料的分类是按照文件资料的来源、类别、形成的先后顺序以及收集和整理单位的不同，来进行分类的，以便于资料的收集、整理、组卷。

从整体上把全部的资料划分为 5 大类，即分为工程准备阶段文件、监理文件、施工文件、竣工图和工程竣工验收文件。其中，工程准备阶段文件又划分为决策立项文件、建设用地及拆迁文件、勘察设计文件、招投标及合同文件、开工审批文件、工程造价文件、工程建设基本信息；监理文件划分为监理管理文件、进度控制文件、质量控制文件、造价控制文件、工期管理文件、监理验收文件；施工文件划分为施工管理文件、施工技术文件、施工进度及造价文件、施工物资文件、施工记录文件、施工试验记录及检测文件、施工质量验收文件、竣工验收文件；工程竣工验收文件可分为竣工验收与备案文件、竣工决算文件、稿酬声像资料等、其他工程文件。在每一小类中，再细分为若干种文件、资料或表格，见表 10-1。

施工资料的分类应根据类别和专业系统来划分。具体划分可参见表 10-1 及《建筑工程资料管理规程》（JGJ/T 185）、《建设工程文件归档整理规范》（GB/T 50328）、《建筑工程施工质量验收统一标准》（GB 50300）。

施工资料的分类、整理和保存除执行《建筑工程资料管理规程》《建设工程文件归档整理规范》或地方标准及规程外，尚应执行相应的国家法律法规及行业或地方的有关规定。

二、工程资料的来源及保存要求

工程资料的来源及保存要求见表 10-1。

表 10-1 建设工程文件归档范围

类别	归 档 文 件	保 存 单 位				
		建设单位	设计单位	施工单位	监理单位	城建档案馆
工程准备阶段文件（A 类）						
A1	决策立项文件					
1	项目建议书批复文件及项目建议书	▲				▲
2	可行性研究报告批复文件及可行性研究报告	▲				▲
3	专家论证意见、项目评估文件	▲				▲
4	有关立项的会议纪要、领导批示	▲				▲
A2	建设用地、拆迁文件					
1	选址申请反选址规划意见通知书	▲				▲
2	建设用地批准书	▲				▲
3	拆迁安置意见、协议、方案等	▲				△
4	建设用地规划许可证及其附件	▲				▲
5	土地使用证明文件及其附件	▲				▲
6	建设用地钉桩通知单	▲				▲

续表

类别	归档文件	保存单位				
		建设单位	设计单位	施工单位	监理单位	城建档案馆
A3	勘察设计文件					
1	工程地质勘察报告	▲	▲			▲
2	水文地质勘察报告	▲	▲			▲
3	初步设计文件(说明书)	▲	▲			
4	设计方案审查意见	▲	▲			
5	人防、环保、消防等有关主管部门(对设计方案)审查意见	▲	▲			▲
6	设计计算书	▲	▲			△
7	施工图设计文件审查意见	▲	▲			▲
8	节能设计备案文件	▲				▲
A4	招投标及合同文件					
1	勘察、设计招投标文件	▲	▲			
2	勘察、设计合同	▲	▲			▲
3	施工招投标文件	▲		▲	△	
4	施工合同	▲		▲	△	▲
5	工程监理招投标文件	▲			▲	
6	监理合同	▲			▲	▲
A5	开工审批文件					
1	建设工程规划许可证及其附件	▲		△	△	▲
2	建设工程施工许可证	▲		▲	▲	▲
A6	工程造价文件					
1	工程投资估算材料	▲				
2	工程设计概算材料	▲				
3	招标控制价格文件	▲				
4	合同价格文件	▲		▲		△
5	结算价格文件	▲		▲		△
A7	工程建设基本信息					
1	工程概况信息表	▲		△		▲
2	建设单位工程项目负责人及现场管理人员名册	▲				▲
3	监理单位工程项目总监及监理人员名册	▲			▲	▲
4	施工单位工程项目经理段质量管理人员名册	▲		▲		▲
监理文件(B类)						
B1	监理管理文件					
1	监理规划	▲			▲	▲

类别	归档文件	保存单位				
		建设单位	设计单位	施工单位	监理单位	城建档案馆
2	监理实施细则	▲		△	▲	▲
3	监理月报	△			▲	
4	监理会议纪要	▲		△	▲	
5	监理工作日志				▲	
6	监理工作总结				▲	▲
7	工作联系单	▲		△	△	
8	监理工程师通知	▲		△	△	△
9	监理工程师通知回复单	▲		△	△	△
10	工程暂停令	▲		△	▲	▲
11	工程复工报审表	▲		▲	▲	▲
B2	进度控制文件					
1	工程开工报审表	▲		▲	▲	▲
2	施工进度计划报审表	▲		△	△	
B3	质量控制文件					
1	质量事故报告及处理资料	▲		▲	▲	▲
2	旁站监理记录	△		△	▲	
3	见证取样和送检人员备案表	▲		▲	▲	
4	见证记录	▲		▲	▲	
5	工程技术文件报审表			△		
B4	造价控制文件					
1	工程款支付	▲		△	△	
2	工程款支付证书	▲		△	△	
3	工程变更费用报审表	▲		△	△	
4	费用索赔申请表	▲		△	△	
5	费用索赔审批表	▲		△	△	
B5	工期管理文件					
1	工程延期申请表	▲		▲	▲	▲
2	工程延期审批表	▲			▲	▲
B6	监理验收文件					
1	竣工移交证书	▲		▲	▲	▲
2	监理资料移交书	▲			▲	

类别	归档文件	保存单位				
		建设单位	设计单位	施工单位	监理单位	城建档案馆
施工文件（C类）						
C1	施工管理文件					
1	工程概况表	▲		▲	▲	△
2	施工现场质量管理检查记录			△	△	
3	企业资质证书及相关专业人员岗位证书	△		△	△	△
4	分包单位资质报审表	▲		▲	▲	
5	建设单位质量事故勘查记录	▲		▲	▲	▲
6	建设工程质量事故报告书	▲		▲	▲	▲
7	施工检测计划	△		△	△	
8	见证试验检测汇总表	▲		▲	▲	▲
9	施工日志			▲		
C2	施工技术文件					
1	工程技术文件报审表	△		△	△	
2	施工组织设计及施工方案	△		△	△	△
3	危险性较大分部分项工程施工方案	△		△	△	△
4	技术交底记录	△		△		
5	图纸会审记录	▲	▲	▲	▲	▲
6	设计变更通知单	▲	▲	▲	▲	▲
7	工程洽商记录（技术核定单）	▲	▲	▲	▲	▲
C3	施工进度及造价文件					
1	工程开工报审表	▲	▲	▲	▲	▲
2	工程复工报审表	▲	▲	▲	▲	▲
3	施工进度计划报审表			△	△	
4	施工进度计划			△	△	
5	人、机、料动态表			△	△	
6	工程延期申请表	▲		▲	▲	▲
7	工程款支付申请表	▲		△	△	
8	工程变更费用报申表	▲		△	△	
9	费用索赔申请表	▲		△	△	
C4	施工物资文件					
	出厂质量证明文件及检测报告					
1	砂、石、砖、水泥、钢筋、隔热保温材料、防腐材料、轻骨料出厂证明文件	▲		▲	▲	△
2	其它物资出厂合格证、质量保证书、检测报告和报关单或商检证等	△		▲	△	

续表

类别	归 档 文 件	保 存 单 位				
		建设单位	设计单位	施工单位	监理单位	城建档案馆
3	材料、设备的相关检验报告、型式检测报告、3C强制认证合格证书或3C标志	△		▲	△	
4	主要设备、器具的安装使用说明书	▲		▲	△	
5	进口的主要材料设备的商检证明文件	△		▲		
6	涉及消防、安全、卫生、环保、节能的材料、设备的检测报告或法定机构出具的有效证明文件	▲		▲	▲	△
7	其它施工物资产品合格证、出厂检测报告					
	进场检验通用表格					
1	材料、构配件进场检验汇录			△	△	
2	设备开箱检验记录			△	△	
3	设备及管道附件试验记录	▲		▲	△	
	进场复试报告					
1	钢材试验报告	▲		▲	▲	▲
2	水泥试验报告	▲		▲	▲	▲
3	砂试验报告	▲		▲	▲	▲
4	碎(卵)石试验报告	▲		▲	▲	▲
5	外加剂试验报告	△		▲	▲	▲
6	防水涂料试验报告	▲		▲	△	
7	防水卷材试验报告	▲		▲	△	
8	砖(砌块)试验报告	▲		▲	▲	▲
9	预应力筋复试报告	▲		▲	▲	▲
10	预应力锚具、夹具和连接器复试报告	▲		▲	▲	▲
11	装饰装修用门窗复试报告	▲		▲	△	
12	装饰装修用人造木板复试报告	▲		▲	△	
13	装饰装修用花岗石复试报告	▲		▲	△	
14	装饰装修用安全玻璃复试报告	▲		▲	△	
15	装饰装修用外墙面砖复试报告	▲		▲	△	
16	钢结构用钢材复试报告	▲		▲	▲	▲
17	钢结构用防火涂料复试报告	▲		▲	▲	▲
18	钢结构用焊接材料复试报告	▲		▲	▲	▲
19	钢结构用高强度大六角头螺栓连接复试报告	▲		▲	▲	▲
20	钢结构用扭剪型高强螺栓连接复试报告	▲		▲	▲	▲
21	幕墙用铝塑板、石材、玻璃、结构胶复试报告	▲		▲	▲	▲

类别	归 档 文 件	保 存 单 位				
		建设单位	设计单位	施工单位	监理单位	城建档案馆
22	散热器、供暖系统保温材料、通风与空调工程绝热材料、风机盘管机组、低压配电系统电缆的见证取样复试报告	▲		▲	▲	▲
23	节能工程材料复试报告	▲		▲	▲	▲
24	其它物资进场复试报告					
C5	施工记录文件					
1	隐蔽工程验收记录	▲		▲	▲	▲
2	施工检查记录			△		
3	交接检查记录			△		
4	工程定位测量记录	▲		▲	▲	▲
5	基槽验线记录	▲		▲	▲	▲
6	楼层平面放线记录			△	△	△
7	楼层标高抄测记录			△	△	△
8	建筑物垂直度、标高观测记录	▲		▲	△	△
9	沉降观测记录	▲		▲	△	▲
10	基坑支护水平位移监测记录			△	△	
11	桩基、支护测量放线记录			△	△	
12	地基验槽记录	▲	▲	▲	▲	▲
13	地基钎探记录	▲		△	△	▲
14	混凝土浇灌申请书			△	△	
15	预拌混凝土运输单			△		
16	混凝土开盘鉴定			△	△	
17	混凝土拆模申请单			△	△	
18	混凝土预拌测温记录			△		
19	混凝土养护测温记录			△		
20	大体积混凝土养护测温记录			△		
21	大型构件吊装记录	▲		△	△	▲
22	焊接材料烘焙记录			△		
23	地下工程防水效果检查记录	▲		△	△	
24	防水工程试水检查记录	▲		△	△	
25	通风(烟)道、垃圾道检查记录	▲		△	△	
26	预应力筋张拉记录	▲		▲	△	▲
27	有粘接预应力结构灌浆记录	▲		▲	△	▲
28	钢结构施工记录	▲		▲	△	

续表

类别	归档文件	保存单位				
		建设单位	设计单位	施工单位	监理单位	城建档案馆
29	网架(索膜)施工记录	▲		▲	△	▲
30	木结构施工记录	▲		▲	△	
31	幕墙注胶检查记录	▲		▲	△	
32	自动扶梯、自动人行道的相邻区域检查记录	▲		▲	△	
33	电梯电气装置安装检查记录	▲		▲	△	
34	自动扶梯、自动人行道电气装置检查记录	▲		▲	△	
35	自动扶梯、自动人行道整机安装质量检查记录	▲		▲	△	
36	其它施工记录文件					
C6	施工试验记录及检测文件					
	通用表格					
1	设备单机试运转记录	▲		▲	△	△
2	系统试运转调试记录	▲		▲	△	△
3	接地电阻测试记录	▲		▲	△	△
4	绝缘电阻测试记录	▲		▲	△	△
	建筑与结构工程					
1	锚杆试验报告	▲		▲	△	△
2	地基承载力检验报告	▲		▲	△	▲
3	桩基检测报告	▲		▲	△	▲
4	土工击实试验报告	▲		▲	△	▲
5	回填土试验报告(应附图)	▲		▲	△	▲
6	钢筋机械连接试验报告	▲		▲	△	△
7	钢筋焊接连接试验报告	▲		▲	△	△
8	砂浆配合比申请书、通知单			△	△	△
9	砂浆抗压强度试验报告	▲		▲	△	▲
10	砌筑砂浆试块强度统计、评定记录	▲		▲	△	
11	混凝土配合比申请书、通知单	▲		△	△	△
12	混凝土抗压强度试验报告	▲		▲	△	▲
13	混凝土试块强度统计、评定记录	▲		▲	△	△
14	混凝土抗渗试验报告	▲		▲	△	△
15	砂、石、水泥放射性指标报告	▲		▲	△	△
16	混凝土碱总量计算书	▲		▲	△	△
17	外墙饰面砖样板粘接强度试验报告	▲		▲	△	△
18	后置埋件抗拔试验报告	▲		▲	△	△

续表

类别	归档文件	保存单位				
		建设单位	设计单位	施工单位	监理单位	城建档案馆
19	超声波探伤报告、探伤记录	▲		▲	△	△
20	钢构件射线探伤报告	▲		▲	△	△
21	磁粉探伤报告	▲		▲	△	△
22	高强度螺栓抗滑移系数检测报告	▲		▲	△	△
23	钢结构焊接工艺评定	△		▲	△	△
24	网架节点承载力试验报告	▲		▲	△	△
25	钢结构防腐、防火涂料厚度检测报告	▲		▲	△	△
26	木结构胶缝试验报告	▲		▲	△	
27	木结构构件力学性能试验报告	▲		▲	△	
28	木结构防护剂试验报告	▲		▲	△	
29	幕墙双组分硅酮结构胶混匀性及拉断试验报告	▲		▲	△	△
30	幕墙的抗风压性能、空气渗透性能、雨水渗透性能及平面内变形性能检测报告	▲		▲	△	△
31	外门窗的抗风压性能、空气渗透性能和雨水渗透性能检测报告	▲		▲	△	△
32	墙体节能工程保温板材与基层粘接强度现场拉拔试验	▲		▲	△	△
33	外墙保温浆料同条件养护试件试验报告	▲		▲	△	△
34	结构实体混凝土强度验收记录	▲		▲	△	△
35	结构实体钢筋保护层厚度验收记录	▲		▲	△	△
36	围护结构现场实体检验	▲		▲	△	
37	室内环境检测报告	▲		▲	△	△
38	节能性能检测报告	▲		▲	△	▲
39	其它建筑与结构施工试验记录与检测文件					
	给水排水及供暖工程					
1	灌（满）水试验记录	▲		△	△	
2	强度严密性试验记录	▲		▲	△	△
3	通水试验汇录	▲		△	△	
4	冲（吹）洗试验记录	▲		▲	△	
5	通球试验记录	▲		△	△	
6	补偿器安装记录			△	△	
7	消火栓试射记录	▲		▲	△	
8	安全附件安装检查记录			▲	△	
9	锅炉烘炉试验记录			▲	△	
10	锅炉煮炉试验记录			▲	△	
11	锅炉试运行记录	▲		▲	△	
12	安全阀定压合格证书	▲		▲	△	
13	自动喷水灭火系统联动试验记录	▲		▲	△	△

类别	归 档 文 件	保 存 单 位				
		建设单位	设计单位	施工单位	监理单位	城建档案馆
14	其它给水排水及供暖施工试验记录与检测文件					
	建筑电气工程					
1	电气接地装置平面示意图表	▲		▲	△	△
2	电气器具通电安全检查记录	▲		△	△	
3	电气设备空载试运行记录	▲		▲	△	△
4	建筑物照明通电试运行记录	▲		▲	△	△
5	大型照明灯具承载试验记录	▲		▲	△	
6	漏电开关模拟试验记录	▲		▲	△	
7	大容量电气线路结点测温记录	▲		▲	△	
8	低压配电电源质量测试记录	▲		▲	△	
9	建筑物照明系统照度测试记录	▲		△	△	
10	其它建筑电气施工试验记录与检测文件					
	智能建筑工程					
1	综合布线测试记录	▲		▲	△	△
2	光纤损耗测试记录	▲		▲	△	△
3	视频系统末端测试记录	▲		▲	△	△
4	子系统检测记录	▲		▲	△	△
5	系统试运行记录	▲		▲	△	△
6	其它智能建筑施工试验记录与检测文件					
	通风与空调工程					
1	风管漏光检测记录	▲		△	△	
2	风管漏风检测记录	▲		▲		
3	现场组装除尘器、空调机漏风检测记录			△	△	
4	各房间室内风量测量记录	▲		△	△	
5	管网风员平衡记录	▲		△	△	
6	空调系统试运转调试记录	▲		▲	△	△
7	空调水系统试运转调试记录	▲		▲	△	△
8	制冷系统气密性试验记录	▲		▲	△	△
9	净化空调系统检测记录	▲		▲	△	△
10	防排烟系统联合试运行记录	▲		▲	△	△
11	其它通风与空调施工试验记录与检测文件					
	电梯工程					
1	轿厢平层准确度测量记录	▲		△	△	

类别	归档文件	保存单位				
		建设单位	设计单位	施工单位	监理单位	城建档案馆
2	电梯层门安全装置检测记录	▲		▲	△	
3	电梯电气安全装置检测记录	▲		▲	△	
4	电梯整机功能检测记录	▲		▲	△	
5	电梯主要功能检测记录	▲		▲	△	
6	电梯负荷运行试验记录	▲		▲	△	△
7	电梯负荷运行试验曲线图表	▲		▲	△	
8	电梯噪声测试记录	△		△	△	
9	自动扶梯、自动人行道安全装置检测记录	▲		▲	△	
10	自动扶梯、自动人行道整机性能、运行试验记录	▲		▲	△	△
11	其它电梯施工试验记录与检测文件					
C7	施工质量验收文件					
1	检验批质量验收记录	▲		△	△	
2	分项工程质量验收记录	▲		▲	▲	
3	分部(子分部)工程质量验收记录	▲		▲	▲	▲
4	建筑节能分部工程质量验收记录	▲		▲	▲	▲
5	自动喷水系统验收缺陷项目划分记录	▲		△	△	
6	程控电话交换系统分项工程质量验收记录	▲		▲	△	
7	会议电视系统分项工程质量验收记录	▲		▲	△	
8	卫星数字电视系统分项工程质量验收记录	▲		▲	△	
9	有线电视系统分项工程质量验收记录	▲		▲	△	
10	公共广播与紧急广播系统分项工程质量验收记录	▲		▲	△	
11	计算机网络系统分项工程质量验收记录	▲		▲	△	
12	应用软件系统分项工程质量验收记录	▲		▲	△	
13	网络安全系统分项工程质量验收记录	▲		▲	△	
14	空调与通风系统分项工程质量验收记录	▲		▲	△	
15	变配电系统分项工程质量验收记录	▲		▲	△	
16	公共照明系统分项工程量验收记录	▲		▲	△	
17	给水排水系统分项工程质量验收记录	▲		▲	△	
18	热源和热交换系统分项工程质量验收记录	▲		▲	△	
19	冷冻和冷却水系统分项工程质量验收记录	▲		▲	△	
20	电梯和自动扶梯系统分项工程质量验收记录	▲		▲	△	
21	数据通信接口分项工程质量验收记录	▲		▲	△	
22	中央管理工作站及操作分站分项工程质量验收记录	▲		▲	△	

续表

类别	归档文件	保存单位				
		建设单位	设计单位	施工单位	监理单位	城建档案馆
23	系统实时性、可维护性、可靠性分项工程质量验收记录	▲		▲	△	
24	现场设备安装及检测分项工程质量验收记录	▲		▲	△	
25	火灾自动报警及消防联动系统分项工程质量验收记录	▲		▲	△	
26	综合防范功能分项工程质量验收	▲		▲	△	
27	视频安防监控系统分项工程质量验收记录	▲		▲	△	
28	入侵报警系统分项工程质量验收记录	▲		▲	△	
29	出入口控制(门禁止)系统分项工程质量验收记录	▲		▲	△	
30	巡更管理系统分项工程质量验收记录	▲		▲	△	
31	停车场(库)管理系统分项工程质量验收记录	▲		▲	△	
32	安全防范综合管理系统分项工程质量验收记录	▲		▲	△	
33	综合布线系统安装分项工程质量验收记录	▲		▲	△	
34	综合布线系统性能检测分项工程质量验收记录	▲		▲	△	
35	系统集成网络连接分项工程质量验收记录	▲		▲	△	
36	系统数据集成分项工程质量验收记录	▲		▲	△	
37	系统集成整体协调分项工程质量验收记录					
38	系统集成综合管理及冗余功能分项工程质量验收记录	▲		▲	△	
39	系统集成可维护性和安全性分项工程质量验收记录	▲		▲	△	
40	电源系统分项工程质量验收记录	▲		▲	△	
41	其它施工质量验收文件					
C8	竣工验收文件					
1	单位(子单位)工程竣工验收报验表	▲		▲		▲
2	单位(子单位)工程质量竣工验收记录	▲	△	▲		▲
3	单位(子单位)工程质量控制资料核查记录	▲		▲		▲
4	单位(子单位)工程安全和功能检验资料核查及主要功能抽查记录	▲		▲		▲
5	单位(子单位)工程观感质量检查记录	▲		▲		▲
6	施工资料移交书	▲		▲		
7	其它施工验收文件					
竣工图(D类)						
1	建筑竣工图	▲		▲		▲
2	结构竣工图	▲		▲		▲
3	钢结构竣工图	▲		▲		▲
4	幕墙竣工图	▲		▲		▲
5	室内装饰竣工图	▲		▲		▲
6	建筑给水排水及供暖竣工图	▲		▲		▲
7	建筑电气竣工图	▲		▲		▲

续表

类别	归档文件	保存单位				
		建设单位	设计单位	施工单位	监理单位	城建档案馆
8	智能建筑竣工图	▲		▲		▲
9	通风与空调竣工图	▲		▲		▲
10	室外工程竣工图	▲		▲		▲
11	规划红线内的室外给水、排水、供热、供电、照明管线等竣工图	▲		▲		▲
12	规划红线内的道路、园林绿化、喷灌设施等竣工图	▲		▲		▲
工程竣工验收文件(E类)						
E1	竣工验收与备案文件					
1	勘察单位工程质量检查报告	▲	▲	△	△	▲
2	设计单位工程质量检查报告	▲	▲	△	△	▲
3	施工单位工程竣工报告	▲		▲	△	▲
4	监理单位工程质量评估报告	▲		△	▲	▲
5	工程竣工验收报告	▲	▲	▲	▲	▲
6	工程竣工验收会议纪要	▲	▲	▲	▲	▲
7	专家组竣工验收意见	▲	▲	▲	▲	▲
8	工程竣工验收证书	▲	▲	▲	▲	▲
9	规划、消防、环保、民防、防雷等部门出具的认可文件或准许使用文件	▲	▲	▲	▲	▲
10	房屋建筑工程质量保修书	▲				▲
11	住宅质量保证书、住宅使用说明书	▲		▲		▲
12	建设工程竣工验收备案表	▲	▲	▲	▲	▲
13	建设工程档案预验收意见	▲		△		▲
14	城市建设档案移交书	▲				▲
E2	竣工决算文件					
1	施工决算文件	▲		▲		△
2	监理决算文件	▲			▲	△
E3	工程声像资料等					
1	开工前原貌、施工阶段、竣工新貌照片	▲		△	△	▲
2	工程建设过程的录音、录像资料(重大工程)	▲		△	△	▲
E4	其它工程文件					

注：▲表示必须归档保存；△表示选择性归档保存。

三、工程资料的质量要求

(1) 建筑工程资料应使用原件。因各种原因不能使用原件的,应在复印件上加盖单位公章,原件存放,注明原件存放处,并有经办人签字及时间。

(2) 建筑工程资料应真实反应工程的实际情况,资料的内容必须真实、准确,与工程实际相符合。

（3）建筑工程资料的内容必须符合国家有关的技术标准。

（4）建筑工程文件资料应字迹清楚、图样清晰、图表整洁，签字盖章手续完备。签字必须使用档案规定用笔。如采用碳素墨水、蓝黑墨水等耐久性强的书写材料，不得使用铅笔、圆珠笔、红色墨水、纯蓝墨水、复写纸等易褪色的书写材料。工程资料的照片及声像档案应图像清晰、声音清楚、文字说明或内容准确。

（5）建筑工程文件中文字材料幅面尺寸规格宜为 A4 幅面（297mm×210mm）。图纸宜采用国家标准图幅。

（6）建筑工程文件的纸张应采用能够长期保存的耐久性强、韧性大的纸张。图纸一般采用蓝晒图，竣工图应是新蓝图。计算机出图必须清晰，不得使用复印件。

（7）所有竣工图均应加盖竣工图章。

（8）竣工图章的基本内容应包括"竣工图"字样、施工单位、编制人、审核人、技术负责人、编制日期、监理单位、现场监理、总监。竣工图章尺寸为 50mm×80mm。竣工图章应使用不易褪色的红印泥，应盖在图标栏上方空白处。竣工图章式样如图10-1所示。

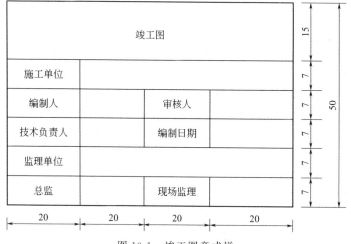

图 10-1　竣工图章式样

10.2　竣工图的折叠

（9）利用施工图改绘竣工图，必须标明变更修改依据。凡施工图结构、工艺、平面布置等有重大改变，或变更部分超过图面1/3的，应当重新绘制竣工图。

（10）不同幅面工程图纸应按《技术制图复制图的折叠方法》（GB/T 106093）统一折叠成 A4 幅面（297mm×210mm），图标栏露在外面。

第五节　建筑工程资料的组卷

一、组卷的概念

立卷是指按照一定的原则和方法，将有保存价值的文件分门别类地整理成案卷，亦称组卷。案卷是由互有联系的若干文件组合而成并放入卷夹、卷皮的档案保管单位，也是全宗内档案系统排列、编目和统计的基本单位。

二、立卷的原则和方法

（1）立卷应遵循工程文件的自然形成规律，保持卷内文件的有机联系，便于档案的保管和利用。

（2）一个建设工程由多个单位工程组成时，工程文件应按单位工程组卷。

（3）立卷可采用以下方法。

① 建筑工程文件可按建设程序划分为工程准备阶段文件、监理文件、施工文件、竣工图、工程竣工验收文件五部分。

② 工程准备阶段文件可按建设程序、专业、形成单位等组卷。

③ 监理文件可按单位工程、分部工程、专业、阶段等组卷。

④ 施工文件可按单位工程、分部工程、专业、阶段等组卷。

⑤ 竣工图可按单位工程、专业等组卷。

⑥ 工程竣工验收文件可按单位工程、专业等组卷。

（4）立卷过程中要遵循以下要求。

① 案卷不宜过厚，一般不超过 40mm。

② 案卷内不应有重份文件，不同载体的文件一般应分别组卷。

三、卷内文件的排列

10.3　卷内
文件排列

（1）文字材料按事项、专业顺序排列。同一事项的请示和批复，同一文件的印本与定稿、文件与附件不能分开，并按批复在前、请示在后、印本在前、定稿在后、主件在前，附件在后的顺序排列。

（2）图样按专业排列，同专业图样按图号顺序排列。

（3）既有文件材料又有图样的案卷，如果文字是针对整个工程或某个专业进行的说明或指示，文字材料排前，图样排后；如果文字是针对某一图幅或某一问题或局部的一般说明，图样排前，文字材料排后。

四、案卷的编目

1. 编制卷内文件页号的有关规定

（1）卷内文件均按有书写内容的页面编号。每卷单独编号，页号从"1"开始。

（2）页号编写位置。单面书写的文件在右下角；双面书写的文件，正面在右下角，背面在左下角；折叠后的图样一律在右下角。

（3）成套图样或印刷成册的科技文件材料自成一卷的，原目录可代替卷内目录，不必重新编写页码。

（4）案卷封面、卷内目录、卷内备考表不编写页号。

2. 卷内目录的编制的有关规定

（1）式样。宜符合图 10-2 的要求。

（2）序号。以一份文件为单位，按文件的排列用阿拉伯数字从"1"依次标注。

（3）文件编号。填写工程文件原有的文号或图号。

（4）责任者。填写文件的直接形成单位和个人。由多个责任者时，选择两个主要责任

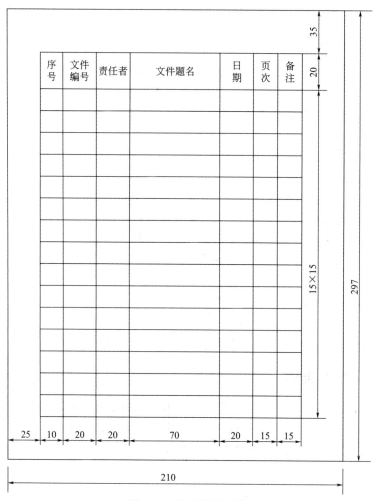

图 10-2　卷内目录式样

者，其余用"等"代替。

（5）文件题名。填写文件标题的全称。

（6）日期。填写文件形成的日期。

（7）页次。填写文件在卷内所排的起始页号。最后一份文件填写起止页号。

（8）备注。填写需要说明的问题。

（9）卷内目录排列在卷内文件首页之前。

3. 案卷备考表的编制的有关规定

（1）式样。宜符合图 10-3 的要求。

（2）页数。填写卷内文件材料的总页数、各类文件页数（照片张数），以及立卷单位对案卷情况的说明。

（3）时间。填写完成立卷时间，年代应写四位数。

（4）案卷备考表排列在卷内文件的尾页之后。

4. 案卷封面的编制的有关规定

（1）式样。宜符合图 10-4 的要求，案卷封面印刷在卷盒、卷夹的正表面，也可采用内封面的形式。

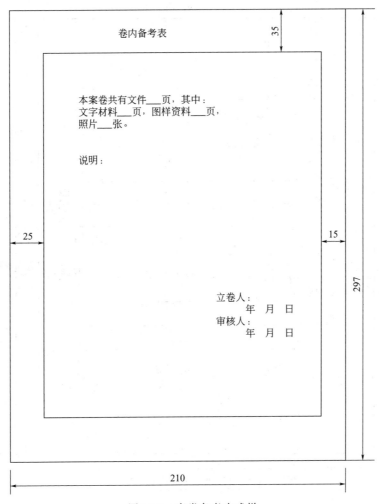

图 10-3 案卷备考表式样

（2）档号。应由分类号、项目号和档案号组成，由档案保管单位填写。

（3）档案馆代号。应填写国家给定的本档案馆的编号，由档案馆填写。

（4）案卷题名。应简明准确的揭示卷内文件的内容，包括工程名称、专业名称、卷内文件的内容。

（5）编制单位。应填写案卷内文件的形成单位或主要责任者，即立卷单位。

（6）编制日期。应填写档案整编日期。

（7）保管期限分为永久、长期、短期三种期限。永久是指工程档案需永久保存。长期是指工程档案的保存期限等于该工程的使用寿命。短期是指工程档案保存 10 年以下。同一案卷有不同保管期限的文件，该案卷保管期限应从长期。各级文件的保管内容详见表 10-1。

（8）密级分为绝密、机密、秘密三种。同一案卷内有不同密级的文件，应以高密级为本卷密级。

5. 制作要求

卷内目录、卷内备考表、案卷内封面应用 70g 以上白色书写纸制作，幅面统一采用 A4

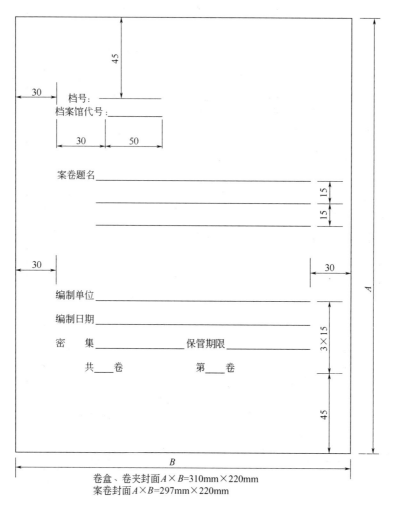

卷盒、卷夹封面$A×B$=310mm×220mm
案卷封面$A×B$=297mm×220mm

图 10-4 案卷封面式样

幅面。

五、案卷的装订及装具

1. 案卷的装订形式

案卷可采用装订和散装两种形式。文字材料必须装订,既有文字材料又有图样的案卷应装订。采用线绳三孔左侧装订法,要整齐、牢固,便于保管和利用。装订时必须剔除金属物。

2. 案卷的装具

案卷装具一般采用卷盒、卷夹两种形式。卷盒、卷夹应采用无酸纸制作。卷盒的外表尺寸为 310mm×220mm,厚度分别为 20mm、30mm、40mm 和 50mm。卷夹的外表尺寸为 310mm×220mm,厚度一般为 20~30mm。

3. 案卷脊背

案卷脊背的内容包括档号和案卷题名。

第六节　建筑工程资料的验收与移交

一、建筑工程资料的验收

建筑工程竣工验收前，参建各方单位的主管（技术）负责人，应对本单位形成的工程资料进行竣工审查。建设单位应按照国家验收规范规定和有关规定的要求，对参建各方汇总的资料进行验收，使其完整、准确。

列入城建档案馆（室）档案接收范围的工程，建设单位在组织工程竣工验收前，应提请城建档案管理机构对工程档案进行预验收。建设单位未取得城建档案管理机构出具的认可文件前，不得组织工程竣工验收。建筑工程资料验收主要包括以下内容。

（1）工程资料是否齐全、系统、完整。

（2）工程资料的内容是否真实、准确地反映工程建设活动和工程实际状况。

（3）工程资料是否已整理立卷，并符合相关标准的规定。

（4）竣工图绘制方法、图式及规格等是否符合专业技术要求，图面整洁，加盖竣工图章等情况。

（5）文件的形成、来源是否符合实际，单位或个人的签章手续完备情况等。

（6）文件材质、幅面、书写、绘图、用墨、托裱等是否符合要求。

二、建筑工程资料的移交

（1）施工、监理等工程参建单位应将工程资料按合同或协议在约定的时间按规定的套数移交给建设单位，并填写移交目录，双方签字、盖章后按规定办理移交手续。

（2）列入城建档案馆接收范围的工程，建设单位在工程竣工验收后3个月内必须向城建档案馆移交一套符合规定的工程档案资料，并按规定办理移交手续。若推迟报送日期，应在规定报送时间内向城建档案馆申请延期报送，并说明延期报送的原因，经同意后方可办理延期报送手续。停建、缓建工程的档案，暂由建设单位保管。改建、扩建和维修工程，建设单位应当组织设计、施工单位根据实际情况修改、补充和完善原工程资料。对改变的部分，应当重新编制工程档案，并在工程验收后3个月内向城建档案馆移交。建设单位向城建档案馆移交工程档案时，应办理移交手续，填写移交目录，双方签字、盖章后交接。

10.4　建筑工程竣工验收与备案文件一

10.5　建筑工程竣工验收与备案文件二

10.6　建筑工程竣工验收与备案文件三

第十一章 施工图样与施工组织设计

学习内容

1. 图样自审；
2. 图样会审记录；
3. 开工、竣工报告；
4. 单位工程施工组织设计；
5. 施工日记；
6. 设计变更。

知识目标

1. 了解图样自审的目的；
2. 了解图样会审记录的要求，熟悉各类施工图样的内容；
3. 熟悉工程开工、竣工报告各种表单；
4. 了解施工组织设计的内容，熟悉施工方案和施工方法，掌握施工进度计划、施工准备工作计划、各项需用量计划，掌握施工平面图的绘制，熟悉技术经济指标；
5. 了解施工日记要求，熟悉施工日记内容；
6. 了解设计变更的技术核定工作，了解工程变更设计联系单的要求。

能力目标

1. 能够进行图样自审；
2. 能够进行图样会审记录；
3. 能够填写开工、竣工报告单；
4. 能够根据工程情况选择施工方案和施工方法，能够编制施工进度计划、施工准备工作计划、各项需用量计划，能够绘制施工平面图；
5. 能够填写施工日记；
6. 熟悉设计变更的技术核定工作。

第一节　图样自审

图样自审指施工单位接到图样后，由公司技术部门组织有关施工人员（项目经理、施工员、技术员、班组长）等进行认真、细致的学习，抓住重点，了解设计意图及施工应达到的技术标准，对图样中有关影响建筑产品性能、寿命、安全、经济等问题提出修改意见、对图样不清楚、自相矛盾等问题要做好记录，为图样会审做好准备。

第二节　图样会审记录

施工图样会审，是设计单位向施工单位有关人员进行设计意图交底，对施工单位及建设单位在审查图样过程中查出的问题予以解决的一次综合的会审，是一项极其严肃和重要的施工管理工作。认真做好施工图样会审，对减少施工中的差错、提高工程质量、确保施工安全、创优良工程、保证施工顺利进行，具有十分重要的作用。

施工图样会审记录是图样会审会议所作决定和设计变更的纪要。它是施工图样的补充文件，是工程施工的依据之一。

施工图样会审工作必须有组织、有领导、有步骤地进行，一般由建设单位组织、设计单位交底、施工单位参加。会审工作一般以土建施工为主，各专业施工单位参加。

一、图样会审记录的要求

（1）图样会审记录由组织会审的单位汇总达成一致意见，交设计、施工等单位会签后，定稿打印。

（2）图样会审记录应写明工程名称、会审日期、会审地点、参加会审的单位名称和人员姓名。

（3）图样会审记录打印完毕经建设单位、设计单位和施工单位盖章后，发给持施工图纸的所有单位，其发送份数与施工图样的份数相同。

（4）施工图样会审提出的问题如涉及需要补充或修改设计图样等内容时，应由设计单位负责在一定的期限内提供设计变更通知单或变更图样。

（5）对会审会议上所提问题的解决办法，施工图样会审记录中必须中必须有明确的意见。

（6）施工图样会审记录是工程施工的正式文件，不得在会审记录上涂改或任意变更其内容。

二、各类施工图样的内容

一栋房屋除了建筑施工图样、结构施工图样、水卫和电气等配套施工图样外，还有设备图样以及配合这些图样所选用的一些标准图样、图集的编码等的注明。

1. 建筑施工图样

建筑施工图一般由建筑平面图、立面图、剖面图、节点详图、建筑总说明等组成。

（1）建筑平面图的内容有：建筑的平面尺寸，轴线位置，内、外墙及隔墙的厚度，各种房间的用途，门窗洞口的大小，所用门窗的种类、型号、选用图集号，楼梯间、走道和阳台的位置及做法或选用的图集。对于不同高差的地面，还应注有地面标高。

（2）建筑立面图的内容有：房屋的外貌构造，外部装饰的做法，房屋的标高，门屋的标高，门厅、台阶、花池、散水等位置及构造要求。为了表达整个建筑物的外貌特征。一般绘制东、南、西、北不同朝向的立面图，并标明室外地坪的标高和总高度。

（3）建筑剖面图的内容有：每层的标高，窗台的高度，楼地面或顶棚的做法等，错、夹层的立面关系等。

（4）建筑详图的内容有：建筑物某处的细部构件。建筑详图有直接用图样绘出的，也有在平面或剖面图上标出查看标准图集的。

2. 结构施工图样

结构施工图一般由基础图、结构平面图、结构详图等组成。

（1）基础图的内容有：房屋基础的具体构造，如轴线尺寸，基础深浅，绝对标高，砖基础的大放脚的收退尺寸等。基础图包括基础平面图、剖面图、大样图等，还包括基底持力层的地耐力和对选用材料规格、型号及施工要求的说明。

（2）结构平面图的内容有：现浇或预制框架结构的平面布置、板顶标高、板厚等构造，排架结构柱的高度及牛腿标高，屋架下弦标高，吊车梁的标高，围护墙的高度、厚度、标高尺寸、圈梁位置等。

（3）结构详图的内容有：构件（柱、梁、板、屋架等）的断面、尺寸、配筋，构件使用的材料型号、规格和标号等。

3. 设备图样

设备图样是根据房屋使用的需要而设计的一些设备装置的图样。例如民用建筑的采暖工程、电气照明工程和通风（空调）工程及工业建筑中的工业管道、厂房内的设备基础等图样。设备图样应结合土建施工进行对照配合，能保证施工顺利进行。

第三节　开工、竣工报告

建立开工、竣工报告制度是建筑安装企业坚持基本建设程序和施工程序，保证已经开工的工程具备开工条件，已经竣工的工程达到竣工标准的有效措施。它可以为单位工程工期的考核提供依据，是施工管理的重要方面。

1. 开工申请报告

开工申请报告是单位工程开工前，工区（施工队）向公司申请开工填写的一种报告表。

2. 开工报告

开工报告是单位工程开工后，工区（施工队）向企业主管部门、公司报告单位工程已正式开工的一份备案用的报表。

开工报告一般一式四份，经建设单位、工区（施工队）盖章后。各自留一份，开工后3天内报主管部门和公司各一份。

3. 竣工报告

竣工报告是单位工程竣工后，工区（施工队）向公司报告单位工程已经竣工的一种报表。

竣工报告一般一式四份，一份报公司，一份报主管部门，一份送建设单位，一份退工区（施工队）。

4. 停工报告

由于非施工单位原因或因天灾等特殊情况造成现场较长时间的全面停工时，施工单位应向主管部门和公司填写停工报告。

停工报告一般一式四份，公司收到停工报告后，应及时核实停工原因，并签署审批意见，报主管部门审批后，一份报公司，一份退工区（施工队），抄送一份给建设单位。

5. 复工报告

单位工程因故停工期间，应积极创造条件，争取尽早复工。当已具备复工条件后，工区（队）应及时填写复工报告。

复工报告一般一式四份。公司接到复工报告后，应及时认真核实复工条件，并签署审批意见，报主管部门审批后，一份留公司，一份退工区（施工队），抄送建设单位一份。

第四节　单位工程施工组织设计

一、单位工程施工组织设计的内容

单位工程施工组织设计的内容一般应包括工程概况，施工方案和施工工艺，施工进度计划，施工准备工作计划，各项需用量计划，施工平面图，技术经济指标等部分。对于较简单的一般工业与民用建筑，其单位工程施工组织设计的内容可以简化，只包括主要施工方法、施工进度计划和施工平面图。

二、工程概况

工程概况的内容包括工程特点、建设地点的特征和施工条件。

1. 工程特点

工程特点包括平面组合、高度、层数、结构特征、建筑面积、工作量、主要分项工程量和交付生产、使用和期限。

2. 建设地点的特征

建设地点的特征包括位置、地形、工程地质、不同深度的土壤分析、冻结期冻层厚、地下水水位、水质、气温、冬雨季时间、主导风向、风力和地震烈度等（对熟知地区可不列）。

3. 施工条件

施工条件包括三通一平（水、电、道路畅通和场地平整）情况，材料、构件、预制加工品的供应情况以及施工所用的机械、运输、劳动力和企业管理情况等。

工程概况的编制要点应对以上各点结合调查研究进行详细分析，找出关键性问题加以说明。

三、施工方案和施工方法

施工方案和施工方法的拟定，要根据工期要求，依据材料、构件、机具和劳动力的供应情况，以及协作单位和施工配合条件和其它现场条件进行周密的考虑。下面是其主要内容和编制要点。

（1）施工方案的选择。施工方案的选定，应在拟定的几个可行的施工方案中突出主要矛盾进行分析比较，选用最优方案。选定施工方案，应着重解决两个问题：一是确定总的施工程序；二是确定施工流向。

（2）主要分部工程、分项工程施工方法的选择。主要分部工程、分项工程包括土石方工程、混凝土和钢筋混凝土工程、结构吊装工程、现场垂直和水平运输、装修工程等。

（3）特殊项目的施工方法和技术措施。如采用新结构、新材料、新工艺和新技术，高耸、大跨和重型构件以及水下、深基和软弱地基项目等应单独编制，其主要内容有：

① 工艺流程；

② 需要表明的平面、剖面示意图和工程量；

③ 施工方法、劳动组织和施工进度，包括相应的冬雨季施工措施；

④ 技术要求和质量安全注意事项；

⑤ 材料、构件和机具设备需用量。

（4）质量和安全措施。质量和安全措施包括工程质量安全施工两方面。

（5）降低成本技术措施。

四、施工进度计划

（1）确定施工顺序。

（2）划分施工项目。

（3）根据建筑结构特点和结构部位合理地划分流水作业施工段。

（4）计算工程量。

（5）计算劳动量和机械台班量。

（6）确定各施工项目（或工序）的作业时间。根据劳动力和机械需要量，各工序每天的出勤人数与机械量，并考虑工作面的大小，确定各工序的作业时间。

（7）组织各个施工项目（或工序）间的搭接关系，编制进度图表。

（8）检查和调整施工计划。

五、施工准备工作计划

单位工程施工前，可以根据施工具体需要和要求，编制施工准备工作计划。

（1）技术准备

① 熟悉与会会审图纸；

② 编制和审定施工组织设计；

③ 编制施工预算；

④ 各种加工半成品技术资料的准备和计划申请；

⑤ 新技术项目的试验试制、测试。

（2）现场准备

① 测量放线；

② 拆除障碍物；

③ 场地平整；

④ 临时道路和临时供水、供电、供热等管线的敷设；

⑤ 有关生产、临时设施的搭设；

⑥ 水平和垂直运输设备的搭设。

（3）劳动力、机具、材料和构件加工半成品的准备

① 调整劳动组织，进行计划、技术交底；

② 组织施工机具、材料、构件和加工半成品的进场。

（4）其它 其它准备工作包括与专业施工单位（机械挖土、吊装、运输和设备安装等）的联系和落实等。

六、各项需用量计划

（1）材料需用量计划作为备料、供料和确定仓库、堆场面积及组织运输的依据，可根据工程预算、预算定额和施工进度计划编制。

（2）劳动力需用量计划作为安排劳动力的平衡、调配和衡量劳动力耗用指标的依据，可根据工程预算、劳动定额和施工进度计划编制。

（3）构件和加工半成品需用量计划用于落实加工单位。并按所需规格、数量和需用时间，组织加工和货源进场，可根据施工图（包括定额图、标准图）及施工进度计划编制。

（4）施工机具需用量计划提出机具型号、规格，用以落实机具来源、组织机具进场，可根据施工方案、施工方法和施工进度计划编制。

（5）运输计划用于组织运输力量，保证货源按时进场，可根据材料、构件和加工品、半成品、机具计划、货源地点和施工进度计划编制。

七、施工平面图

施工平面图表明单位工程施工所需的机械，加工场地，材料、加工半成品和构件堆放场地以及临时运输道路、临时供水供电供热管网和其它临时设施等的合理布置。绘制施工平面图，一般用（1∶200）～（1∶500）的比例，标明图例等。

对于施工工期较长或场地狭小的项目，应分阶段（基础、结构、装修）绘制施工平面图。有的大型项目以及水、电、暖、卫、工业管道错综复杂的工程，还应单独绘制管道施工综合平面图，图上注明其位置与标高。

（1）施工平面图的内容

① 地上及地下一切建筑、构筑物和管线；

② 测量放线标桩，地形等高线，土方取弃场地；

③ 起重机轨道和行驶路线，井架位置等；

④ 材料、半成品、构件和机具堆场；

⑤ 生产、生活用临时设施（包括搅拌站、钢筋棚、木工棚、仓库、办公室、宿舍、厕所、生活用户供水供电线路和道路等）并附一览表，一览表中应分别列出名称、规格和数量；

⑥ 安全、防火设施且具体落实。

上述内容可根据建筑总平面图、施工图、现场地形地物（包括地下管线、墓坑、防空洞等）、现有水源和电源、道路、四周可利用的空地和可利用的房屋调研资料，施工组织总设计及各项临时设施（包括房屋、作业棚、堆场、水电线路等）的计算资料绘制。

（2）设计要点

① 调查研究并熟悉了解设计图纸、施工方案和施工进度计划的要求以及现场四周地形、地物等实际情况。

② 超重机械的布置。

（3）搅拌站、加工厂、仓库和材料、构件堆场的布置

① 搅拌站以靠近混凝土浇灌地点为宜，附近要有相应的砂石和水泥的堆场、供多种材料的堆放，如先堆块石再堆砖再堆门窗等。建筑物四周稍远处，并有相应的木材、钢筋、水电材料及其成品的堆场。

② 当采用固定垂直运输设备时，首层、基础和地下室所用的砖、石块等宜沿建筑物四周布置，并距基坑、槽边不小于 0.5m。二层以下用的材料、构件应布置在垂直运输设备的邻近处。当采用移动式起重机时，宜沿其运行路线布置的有效起吊范围内，其中构件要按吊装顺序堆放。无论材料、构件，其堆放区应距铁路至少 1.5m。

③ 仓库、堆场的布置，应能适应各个施工阶段（如结构、装修）的需要，并能按材料使用的先后，供多种材料的堆放，如先堆块石、再堆砖、再堆门窗等。易燃易爆品仓库及堆场的布置，必须遵守防火、防爆安全距离的要求。

④ 石灰、淋灰池也要接近灰浆搅拌站布置，沥青和熬制地点要离开易燃品库，并均应布置在下风方向。

（4）运输道路应按上述材料、构件运输的需要，沿其仓库和堆场进行布置，使申通无阻，尽可能考虑采用环行线，还应结合地形在道路两侧设置排水沟。

（5）门岗或收发室应设在现场出入口，办公室应靠近施工现场，工人休息室应设在工人作业区。

（6）临时供水供电线路一般由已有的水电源接通使用地点。力求线路最短。按经验，5000～10000m^2 的建筑物，施工用水管主管径为 2 英尺（1 英尺＝304.8mm，后同），支管径为 3/2 英尺或 1 英尺。消防用水一般利用城市或建设单位的永久消防设施，如水压不够可设加压泵、高位水箱和蓄水池。工业变压站应设在现场边缘高压线接入处，而不应设在交通要道口。临时变压器的设备，应距地面不小于 30cm，并应在 2m 以外设置高度大于 1.7m 的保护围栏。

（7）为确保施工现场安全，火车道口应设护落杆，悬崖陡坡应示以"危险"标志，现场的井、坑、孔洞应加堵盖或设围栏，钢制井架、脚手架、桅杆应有避雷设施，高井架顶应装有夜间红灯等。

八、技术经济指标

技术经济指标是编制单位工程施工组织设计的最后效果，应在编制相应的技术组织措施计划的基础上进行计算。主要有以下几项指标：

（1）工期指标（与一般类似工程比较）；

（2）劳动生产率指标（m^2·工日或工日·m^2）；

（3）质量、安全指标；

（4）降低成本率；

（5）主要工种工程机械化施工程序；

（6）三大材料节约指标。

第五节　施　工　日　记

施工日记是单位工程在施工过程中对有关施工技术和管理工作的原始记录，是施工活动各方面情况的综合记载，是查阅全过程施工状况的根据之一。

一、施工日记的内容

（1）日期、天气。

（2）工程部位、施工队伍。

（3）施工活动记载。

① 主要分部、分项工程施工的起、止日期。

② 施工阶段特殊情况（停电、停水、停工、窝工等）的记录并注明原因。

③ 质量、安全、设备事故（或未遂事故）发生的原因、处理意见和处理方法的记录，处理后隐蔽验收的结论记录。

④ 设计单位在现场解决问题的记录（或变更设计应由设计单位补齐变更设计联系单）。

⑤ 变更施工方法或在紧急情况下采取的特殊措施和施工方法的记录；若有改变原设计处，在征得设计同意后，还应补充设计变更通知等内容和情况。

⑥ 进行技术交底、技术复核和隐蔽工程验收等情况的摘要记载。

⑦ 有关领导或部门对该项工程所作的决定或建议，凡涉及结构变更问题的只有设计部门才有权决定。

⑧ 其它（砂浆试块编号、混凝土试块编号等）。

二、施工日记的要求

（1）施工日记从工程开始施工起至工程竣工止，由单位工程负责人逐日进行记载，要求记载的内容必须连续和完整。

（2）施工日记应以单位工程为记载对象，对于同一建设单位的不同单位工程，也可同册记载，但内容必须按幢号分别记录。

第六节　设　计　变　更

一、设计变更的技术核心工作

工程设计变更联系单是在施工过程中，决定对设计图样部分内容进行修改而办理的变更设计记录。

进行工程设计变更时，必须严格执行技术核定制度。所谓技术核定制度，就是工程设计变更必须经过有关部门充分研究、协商的制度，当各方取得一致意见后，写成文字记录，并由技术负责人进行签署。

设计变更的技术核定工作，一般有下面几种情况。

（1）施工单位提出的问题　由施工单位提出的一般问题可以经过设计单位签署后，作为施工依据。

由施工单位提出的重大技术问题，必须取得设计单位和建设单位的签署后，方可作为施工的依据。

（2）设计单位提出的问题　由于设计单位的计算错误而影响施工方案，或造成尺寸矛盾、结构变更等问题，必须由设计单位提出设计变革联系单或设计图纸变更，并由施工单位根据施工情况和工程进展情况，作出能否变更的决定后，方可作为施工依据。

（3）建设单位提出的问题　建设单位对建筑构造、细部做法、使用功能等方面提出的修改意见，必须经过设计单位同意，并提出设计变更通知书或设计变更图纸后，方可作为施工依据。

二、工程设计变更联系单的基本要求

（1）凡涉及建设规模、施工工艺、工程投资等重大设计变更，必须由建设单位报请原审批单位批准后方可办理。

（2）不能用在施工图上直接修改签字的形式来代替工程设计变更联系单。如在特殊情况下来不及办理工程设计变更联系单时，有关负责人员可根据实际情况，先在施工图上进行修改签证，然后补办工程设计变更联系单作为设计变更的正式资料。

（3）工程设计变更联系单经有关单位盖章，由技术主管及经办人员签字后，方为有效。

（4）所有工程变更设计资料，包括设计变更通知、修改图、补充图等，均是施工和竣工结算的依据之一，应很好整理并归入工程技术档案。

第十二章 建筑工程材料质量检验报告

学习内容

1. 水泥质量检验报告；
2. 钢筋质量检验报告；
3. 焊条、焊剂和焊药质量检验报告；
4. 砖和砌块质量检验报告；
5. 砂、石质量检验报告；
6. 轻集料质量检验报告；
7. 外加剂质量检验报告；
8. 掺合料质量检验报告；
9. 防水材料质量检验报告；
10. 保温材料质量检验报告；
11. 预制混凝土构件质量检验报告。

知识目标

1. 了解常用水泥的种类和选用，熟悉水泥出厂质量合格证的验收和进场水泥的外观检查，掌握常用水泥取样方法及复试项目；
2. 了解钢筋的分类、强度等级及现行钢筋标准，熟悉钢筋出厂质量合格证的验收和进场钢筋外观检查，掌握钢筋取样规则、方法、数量及必试项目规定；
3. 熟悉焊条、焊剂和焊药出厂合格证的验收及其标准代号，掌握焊条的选用方法；
4. 了解砌墙砖的种类及标准代号，掌握砌墙砖取样数量、方法及试验规定；
5. 了解砂、石的定义、分类和技术要求，掌握砂、石取样方法和数量；
6. 了解轻集料定义、分类及使用范围，掌握轻集料取样方法、数量及必试项目；
7. 了解外加剂名称、定义和分类，熟悉外加剂出厂质量合格证的验收和进场产品外观检查，掌握各种外加剂取样数量和方法，掌握外加剂的试验方法；
8. 了解掺合料的定义及种类，熟悉建筑工程常用掺合料及资料要求；
9. 了解防水材料分类，熟悉防水材料资料；
10. 了解保温材料的种类、掌握有关性能的检测试验方法；
11. 了解预制混凝土构件的种类和质量标准，熟悉其资料要求。

能力目标

1. 根据工程特点，会选用水泥，能够对水泥进行进场质量检验；

2．掌握钢筋分类、强度等级及现行钢筋标准，能够对钢筋进行进场质量检验；

3．能够对焊条、焊剂和焊药进行进场质量检验，并能够根据施工现场情况选用焊条；

4．能够对砖和砌块进行进场质量检验；

5．能够对砂、石进行进场质量检验；

6．能够对轻集料进行进场质量检验；

7．能够对各种外加剂进行进场质量检验；

8．能够对掺合料进行进场质量检验；

9．能够对防水材料进行进场质量检验；

10．能够对保温材料进行进场质量检验；

11．能够对预制混凝土构件进行进场质量检验。

原材料、成品、半成品、构配件的质量必须合格，并有出厂质量合格证或按规定批量要求提供试验报告。不合格的产品不准使用，并注明去向。需采用技术处理措施的产品，必须满足技术要求，并经有关技术负责人的批准后方可使用。

合格证、试（检）验报告或记录的抄件（复印件）应注明原件存放单位，并有抄件人，抄件（复印）单位的签字和盖章。

凡使用新材料、新产品、新工艺、新技术，应有法定检测单位的鉴定证明以及建设技术管理部门签发的确认文件。产品要有质量标准、使用说明和工艺要求。使用前应按质量标准进行检验。

第一节　水　　泥

建筑工程常用的水泥有硅酸盐水泥、普通硅酸盐水泥（GB 175）、矿渣硅酸盐水泥、火山灰硅酸盐水泥、粉煤灰硅酸盐水泥（GB 1344）、复合硅酸盐水泥（GB 12958）六种。

一、常用水泥的种类和选用

（1）常用水泥种类见表 12-1。

表 12-1　常用水泥种类

序号	水泥名称	标准编号	原料	代号	特性	强度等级	备注
1	硅酸盐水泥	GB 175	硅酸盐水泥熟料、0～5%的石灰石或粒化高炉矿渣、适量石膏磨细制成的水硬性胶凝材料	P·I P·II	早期强度及后期强度都较高，在低温下强度增长比其它种类的水泥快，抗冻、耐磨性都好，但水化热较高，抗腐蚀性较差	42.5 42.5R 52.5 52.5R 62.5 62.5R	
2	普通硅酸盐水泥	GB 175	硅酸盐水泥熟料、6%～15%的石灰石或粒化高炉矿渣、适量石膏磨细制成的水硬性胶凝材料	P·O	除早期强度比硅酸盐水泥稍低，其它性能接近硅酸盐水泥	32.5 32.5R 42.5 42.5R 52.5 52.5R	

续表

序号	水泥名称	标准编号	原料	代号	特性	强度等级	备注
3	矿渣硅酸盐水泥	GB 1344	硅酸盐水泥熟料、20%～70%的粒化高炉矿渣、适量石膏磨细制成的水硬性胶凝材料	P·S	早期强度较低,在低温下强度增长较慢,但后期强度增长较快,水化热低,抗硫酸盐侵蚀性较好,耐热较好,但干缩变形较大,析水性较大,耐磨性较差	32.5 32.5R 42.5 42.5R 52.5 52.5R	
4	火山灰硅酸盐水泥	GB 1344	硅酸盐水泥熟料和20%～50%的火山灰质混合材料,适量石膏磨细制成的水硬性胶凝材料	P·P	早期强度较低,在低温下强度增长较慢,在高温潮湿环境中强度增长较快,水化热较低,抗硫酸盐侵蚀性较好,耐热性较好,但干缩变形较大,析水性较大,耐磨性较差	32.5 32.5R 42.5 42.5R 52.5 52.5R	
5	粉煤灰硅酸盐水泥	GB 1344	硅酸盐水泥熟料、20%～40%的粉煤灰、适量石膏磨细制成的水硬性胶凝材料	P·F	早期强度较低,水化热比火山灰水泥还低,和易性好,抗腐蚀性好,干缩性也较小,但抗冻性、耐磨性较差	32.5 32.5R 42.5 42.5R 52.5 52.5R	
6	复合硅酸盐水泥	GB 12958	硅酸盐水泥熟料、15%～50%的两种或两种以上规定的混合材料、适量石膏磨细制成的水硬性胶凝材料	P·C	介于普通水泥与火山灰水泥、矿渣水泥以及粉煤灰水泥之间,当复掺混合材料较少时,它的性能与普通水泥相似,随着混合材料复掺量的增加,性能也趋向于所掺混合材料的水泥	32.5 32.5R 42.5 42.5R 52.5 52.5R	

注:R指早强型水泥。

(2)常用水泥的选用见表12-2。

表 12-2 常用水泥的选用

混凝土工程特点或所处环境条件		优先选用	可以使用	不得使用
环境条件	在普通气候环境中的混凝土	普通硅酸盐水泥	矿渣硅酸盐水泥、火山灰硅酸盐水泥、粉煤灰硅酸盐水泥	
	在干燥环境中的混凝土	普通硅酸盐水泥	矿渣硅酸盐水泥	火山灰硅酸盐水泥、粉煤灰硅酸盐水泥
	在高湿环境中或永远处在水下的混凝土	矿渣硅酸盐水泥	普通硅酸盐水泥、火山灰硅酸盐水泥、粉煤灰硅酸盐水泥	
	严寒地区的露天混凝土、寒冷地区的处在水位升降范围内的混凝土	普通硅酸盐水泥	矿渣硅酸盐水泥	火山灰硅酸盐水泥、粉煤灰硅酸盐水泥
	严寒地区处在水位升降范围内的混凝土	普通硅酸盐水泥		火山灰硅酸盐水泥、粉煤灰硅酸盐水泥、矿渣硅酸盐水泥
	受侵蚀性环境水或侵蚀性气体作用的混凝土	根据侵蚀性介质的种类、浓度等具体条件按专门(或设计)规定选用		
	厚大体积的混凝土	粉煤灰硅酸盐水泥、矿渣硅酸盐水泥	普通硅酸盐水泥、火山灰硅酸盐水泥	硅酸盐水泥、快硬性硅酸盐水泥

续表

混凝土工程特点或所处环境条件		优先选用	可以使用	不得使用
环境条件	要求快硬的混凝土	硅酸盐水泥、快硬性硅酸盐水泥	普通硅酸盐水泥	火山灰硅酸盐水泥、粉煤灰硅酸盐水泥、矿渣硅酸盐水泥
	高强（大于C60）的混凝土	硅酸盐水泥	普通硅酸盐水泥、矿渣硅酸盐水泥	火山灰硅酸盐水泥、粉煤灰硅酸盐水泥、
	有抗渗要求的混凝土	普通硅酸盐水泥、火山灰硅酸盐水泥		不宜使用矿渣硅酸盐水泥
	有耐磨性要求的混凝土	硅酸盐水泥、普通硅酸盐水泥	矿渣硅酸盐水泥	火山灰硅酸盐水泥、粉煤灰硅酸盐水泥

二、资料要求

（1）所有牌号、强度等级、品种的水泥应有合格证和试验报告。

水泥使用以复试报告为准。试验内容必须齐全且均应在使用前取得。

水泥出厂合格证内容包括水泥牌号、厂标、水泥品种、强度等级、出厂日期、批号、合格证编号、抗压强度、抗折强度、安定性、凝结时间。

（2）从出厂日期起3个月内为有效期，超过3个月（快硬性硅酸盐水泥超过1个月）另做试验。

（3）提供水泥的合格试验单位应满足工程使用水泥的数量、品种、强度等级等要求，且证明合格的必试项目不得缺漏。

（4）进口水泥试用前必须复试。按国产水泥做一般试验，同时应对其水泥的有害成分含量根据要求另做试验。

（5）重点工程和设计有要求的水泥品种必须符合设计要求。

（6）合格证中应由3天、28天的抗压、抗折强度和安定性试验结果。水泥复试可以提出7天强度以适应施工需要，但必须在28天后补充28天水泥强度报告。应注意出厂编号、出厂日期应一致。

（7）试验报告单的试验编号必须填写。这是防止弄虚作假、备查试验室、核实报告试验数据正确性的重要依据。

（8）水泥试验报告单必须和配合比通知单、试块强度试验报告单上的水泥品种、强度等级、厂牌相一致。如不符合即为水泥试验报告单不全；将水泥复试，并与配合比试验报告上的时间进行对比，以鉴定水泥是否有先用后试现象（水泥严禁先用后试）。

（9）核实出厂合格证是否齐全，核实水泥复试日期与实际使用日期，确认是否有超期漏检。

（10）单位工程的水泥复试批量与实际使用数量的批量构成应基本一致。

（11）必须实行见证取样，试验室应在见证取样人名单上加盖公章和经手人签字。

（12）水泥出厂合格证或试验报告不齐，为不符合要求。

（13）水泥先用后试或不做试验，为不符合要求。

（14）水泥进场日期超3个月没复试，为不符合要求。

三、水泥出厂质量合格证的验收和进场水泥的外观检查

（1）水泥出厂质量合格证应由厂家提供给使用单位，作为证明其产品质量性能的依据，

水泥厂应在水泥发出 7 天内寄发 28 天强度以外的各项试验结果。28 天强度数据值应在水泥发出之日起 32 天内补报。如批量较大或群体工程，厂家提供合格证少时，可复印。但要注明原件存放单位。

（2）进场水泥的外观检查

① 标志　水泥袋上应清楚表明工厂名称、生产许可证编号、品种、名称、代号、标号和包装年、月、日及编号。散装水泥要注明仓号、水泥名称和标号。

② 包装　抽查水泥的重量是否符合规定。绝大部分水泥每袋净重（50±1）kg。

③ 水泥外观检查　进场水泥应查看是否受潮、结块、混入杂物或不同品种、标号的水泥混在一起，检查合格后登记、挂牌、入库贮存。

四、常用水泥取样方法及复试项目

（1）袋装水泥　水泥试验应以同一水泥厂、同一品种、同一标号、同一生产时间、同一次进场的同一出厂编号的水泥为一批。但一批的总量不得超过 200t。在施工现场随即地从不少于 20 袋中各抽取等量水泥，抽取总数不得少于 12kg，经拌和均匀后分成两等份。一份由试验室按标准进行试验，一份密封保存备校验用。

（2）散装水泥　水泥试验以同一水泥厂、同品种、同标号、同一进场日期、同一出厂编号的水泥为一批。但一批总量不选超过 500t。每检验批从不少于 3 个车罐中各采取等量水泥。经混拌均匀后，再从中称取不少于 12kg 水泥作为检验试样。

（3）水泥复试主要项目　胶砂强度（抗折强度，抗压强度），凝结时间，安定性。

（4）水泥各龄期强度指标值　常用水泥强度指标值见表 12-3。水泥物理性能试验报告见表 12-4。

表 12-3　常用水泥强度指标值

水 泥 品 种	强度指标	龄期	强度等级							
			32.5	32.5R	42.5	42.5R	52.5	52.5R	62.5	62.5R
硅酸盐水泥	抗压	3 天			17.0	22.0	23.0	27.0	28.0	32.0
		28 天			42.5	42.5	52.5	52.5	62.5	62.5
	抗折	3 天			3.5	4.0	4.0	5.0	5.0	5.5
		28 天			6.5	6.5	7.0	7.0	8.0	8.0
普通硅酸盐水泥	抗压	3 天	11.0	16.0	16.0	21.0	22.0	26.0		
		28 天	32.5	32.5	42.5	42.5	52.5	52.5		
	抗折	3 天	2.5	3.5	3.5	4.0	4.0	5.0		
		28 天	5.5	5.5	6.5	6.5	7.0	7.0		
矿渣、火山灰及粉煤灰硅酸盐水泥	抗压	3 天	10.0	15.0	15.0	19.0	21.0	23.0		
		28 天	32.5	32.5	42.5	42.5	52.5	52.5		
	抗折	3 天	2.5	3.5	3.5	4.0	4.0	4.5		
		28 天	5.5	5.5	6.5	6.5	7.0	7.0		
复合硅酸盐水泥	抗压	3 天	11.0	16.0	16.0	21.0	22.0	26.0		
		28 天	32.5	32.5	42.5	42.5	52.5	52.5		
	抗折	3 天	2.5	3.5	3.5	4.0	4.0	5.0		
		28 天	5.5	5.5	6.5	6.5	7.0	7.0		

表 12-4　水泥物理性能试验报告

委托单位:	委托编号:	送样日期:
工程名称:	试验编码:	试验日期:
工程部位:	代表批量:	报告日期:

出厂品质指标					试验品质指标									备注
水泥品牌	水泥品种	出厂编号	出厂等级	出厂日期	细度/%	标准稠度/%	凝结时间		安定性	强度				
							初凝/min	终凝/h		抗压		抗折		
										3天	28天	3天	28天	
试验依据					结论									

五、注意事项

（1）注意水泥的有效期（一般为 3 个月，快硬性硅酸盐水泥为 1 个月），过期必须做复验。连续施工的工程相邻两次水泥试验的时间不应超过其有效期。

（2）水泥复试强度低于标准相应标号规定指标时，为不合格品，使用时应按实际试验结果配置混凝土，且应注明使用部位。水泥安定性和凝结时间其中有一项不符合标准规定均为废品。

（3）水泥进场特别急来不及试配时，要求做水泥快速测定，用《水泥强度快速检验方法》（JC/T 738）检验，按试验室发快速配比进行施工。

（4）要求与其它施工技术资料对应一致、交圈吻合。

第二节　钢　　筋

一、钢筋的分类、强度等级及现行钢筋标准

1. 钢筋的分类

（1）按加工工艺分有热轧钢筋、冷轧带肋钢筋、冷轧扭钢筋、冷拔螺旋钢筋。

（2）按外形分有光圆钢筋、带肋钢筋、钢丝、钢绞线。

（3）按化学成分分有以下几种。

① 碳素钢和普通低合金钢　含碳量小于 0.25%，应与普通钢筋混凝土结构。

② 中碳钢　含碳量为 0.25%～0.6%。

③ 高碳钢　含碳量大于 0.6%。

2. 热轧钢筋的强度等级

热轧钢筋按照屈服强度（MPa）分为 300 级、335 级、400 级、500 级。

3. 现行的钢筋标准

《钢筋混凝土结构用热轧光圆钢筋》（GB 13013），该标准适用于钢筋混凝土用热轧直条光圆钢筋，规定了钢筋混凝土用热轧光圆钢筋的级别、代号、尺寸、外形、质量、技术要求和检验规则。

《钢筋混凝土用热轧带肋钢筋》（GB 1499），该标准适用于钢筋混凝土应热轧带肋钢筋（俗称螺纹钢），规定了钢筋混凝土用热轧带肋钢筋的级别、代号、尺寸、外形、质量、技术要求和检验规则。

《钢筋混凝土用余热处理钢筋》（GB 13014），该标准适用于钢筋混凝土用余热处理钢筋（俗称螺纹钢），规定了钢筋混凝土用余热处理钢筋的级别、代号、尺寸、外形、质量、技术要求和检验规则。

《低碳钢热轧圆盘条》（GB/T 701），该标准适用于供拉丝、建筑、包装及其它用途普通质量的低碳钢热轧圆盘条，规定了普通质量的低碳钢热轧圆盘条的分类、代号、尺寸、外形、质量、技术要求和检验规则。

《碳素结构钢》（GB/T 700），该标准适用于一般结构钢和工程用热轧钢板、钢带、型钢。规定了碳素结构钢的技术条件。

二、资料要求

（1）结构中所用受力钢筋及钢筋应有出厂合格证和复试报告。试验报告中必须有力学性能、化学成分和使用的结论（合格证中有化学成分时，可以不进行化学成分检验）；凡用于工程的钢材，第一次复试不符合标准要求的，试件数量应改为双倍并再次进行复试。对加工中出现的异常现象，应进行化学成分的检验，或依据设计要求进行其它专项检验。

（2）用于结构工程的钢材无出厂合格证时，应同时做力学性能试验和化学成分检验。

（3）钢结构钢材的连接材料和涂料应附有出厂合格证并应进行复试。

（4）凡使用进口钢筋，均应做力学性能试验及化学成分检验，如需焊接应做焊接性能试验。

（5）出厂合格证采用抄写或影印件时应加盖抄件（注明原件存放单位及钢材批量）或影印件单位章和经手人签字。

（6）必须实行见证取样，试验室应在见证取样人名单上加盖公章和经手人签字。

（7）钢材试验结果不符合要求（如钢筋未作冷弯试验或弯心距不对等），为不符合要求；钢材无合格证、未试验，为不符合要求。

（8）钢材合格证经检查不符合有关规定的，为不符合要求。抄（影）件不加盖公章和经手人不签字，为不符合要求。

（9）钢结构用的钢材的试验报告没有使用结论者，需有企业技术部门签署的使用结论。否则为不符合要求。钢结构用高强螺栓连接必须进行力学性能检验，扭剪型高强度螺栓必须进行紧固轴力检验，且应检验合格，不进行上述检验或检验不合格为不符合要求。

（10）应当试验的项目，如主要受力钢筋未进行试验、不符合质量标准又无处理结论者，为不符合要求。试验不符合要求，经处理（降级使用、有鉴定结论等）能满足设计和使用要求者，如其结论准确、处理时间在使用之前，可定为符合要求项目；如处理时间在使用之后，经复试取样，证实钢材确为用于工程的钢材，可定为经鉴定符合要求。

三、钢筋出厂质量合格证的验收和进场钢筋的外观检查

1. 钢筋出厂质量合格证的验收

钢筋产品合格证由钢筋生产厂家提供给用户单位，用以证明其产品质量已达到的各项规定指标，其内容包括钢种、规格、产地、牌号、批量、力学性能（屈服点、抗拉强度、伸延率）、化学成分（碳、磷、硅、锰、硫、钒等）的数据及结论、出厂日期、进场日期、编号、检验部门及盖公章。合格证要求填写齐全、不得漏项或填错。如批量较大时，提供的出厂合格证又较少，可作复印件（抄件）备查，并注明原件存放单位。

2. 进场钢筋外观要求

（1）钢筋应逐根检查其尺寸，不准超过允许偏差。

（2）盘条钢筋表面氧化铁皮（铁锈）重量不大于 16kg/t。

（3）带肋钢筋表面标志清晰明了，标志包括强度级别、厂名（汉语拼音字头表示）和直径毫米数字。

（4）盘条允许有压痕及局部的凹块、划痕、麻面，但其深度或高度（从实际尺寸算起）不得大于 0.2mm。

（5）热轧钢筋表面无裂纹、结疤和折叠，如有凸块不得超过螺纹高度，其它缺陷的高度和深部不得大于所在部位的允许偏差。

（6）热处理钢筋表面无肉眼可见裂纹、结疤、折叠，如有凸块不得超过横肋高度，表面不得沾有油污。

（7）钢绞线不得有折断、横裂和相互交叉的钢丝，表面不得有润滑剂、油渍，允许有轻微浮锈但不得有锈麻坑。

四、钢筋的取样规则、方法、数量及必试项目规定

1. 取样规则

钢筋应按批进行检查和验收，每批取样量不大于 60t。每批应由同一牌号、同一炉罐号、同一规格、同一交货状态的钢筋组成。

冷拉钢筋应分批进行验收，每批由取样量不大于 20t 同级别、同直径的冷拉钢筋组成。

2. 取样数量

（1）直条钢筋：每批应做 2 个拉伸试验和 2 个弯曲试验。用《碳素结构钢》（GB/T 700）验收的直条钢筋每批应做 1 个拉伸试验和 1 个弯曲试验。

（2）盘条钢筋：每批应做 1 个拉伸试验和 2 个弯曲试验。

（3）冷拉钢筋：每批应做 2 个拉伸试验和 2 个弯曲试验。

3. 取样方法

弯曲试验的试样可在每批材料中选两根钢筋切断。

4. 钢筋物理试验必试项目

（1）拉伸试验（屈服点或屈服强度，抗拉强度，伸长率）；

（2）弯曲试验（冷拔低碳钢丝为反复弯曲试验）。

某市建筑工程试验室的钢筋试验报告见表 12-5 和表 12-6。

表 12-5　钢材力学性能及冷弯试验报告

委托单位：＿＿＿＿＿＿　　委托编号：＿＿＿＿＿＿　　送样日期：＿＿＿＿＿＿

工程名称：＿＿＿＿＿＿　　试验编码：＿＿＿＿＿＿　　试验日期：＿＿＿＿＿＿

工程部位：＿＿＿＿＿＿　　代表批量：＿＿＿＿＿＿　　报告日期：＿＿＿＿＿＿

生产厂家：＿＿＿＿＿＿　　　　　　　　批号：＿＿＿＿＿＿

试样编号	试样级别	试样尺寸/mm		屈服点		抗拉强度		延伸率 δ_{10} /%	断口特征	冷弯 $d=3a$
		直径	宽×厚	荷重 /kN	强度 /(N/mm)	荷重 /kN	强度 /(N/mm)			
结论										

试验：　　　　审核：　　　　技术负责人：　　　　试验单位：（章）

表 12-6　金属材料化学分析试验报告

委托单位：＿＿＿＿＿＿　　委托编号：＿＿＿＿＿＿　　送样日期：＿＿＿＿＿＿

工程名称：＿＿＿＿＿＿　　试验编码：＿＿＿＿＿＿　　试验日期：＿＿＿＿＿＿

工程部位：＿＿＿＿＿＿　　代表批量：＿＿＿＿＿＿　　报告日期：＿＿＿＿＿＿

生产厂家：＿＿＿＿＿＿　　　　　　　　批号：＿＿＿＿＿＿

试验编号	试样级别	化学成分/%							
		C	Si	Mn	P	S	C_{eq}		
结论									

试验：　　　　审核：　　　　技术负责人：　　　　试验单位：（章）

五、结果判定

钢筋原材料力学性能必须分别满足现行国家标准《钢筋混凝土用热轧光圆钢筋》（GB 13013）、《钢筋混凝土用热轧带肋钢筋》（GB 1499）、《钢筋混凝土用余热处理钢筋》（GB 13014）、《低碳钢热轧圆盘条》（GB/T 701）的有关规定（见表 12-7～表 12-10）。

表 12-7　钢筋混凝土用热轧光圆钢筋

表面形态	钢筋级别	强度等级代码	公称直径 /mm	屈服点 σ_s/MPa 不小于	抗拉强度 σ_b/MPa 不小于	伸长率 δ/% 不小于	冷弯 d—弯心直径 a—钢筋直径
光圆	I	R235	8～20	235	370	25	$180°d=a$

表 12-8 钢筋混凝土用热轧带肋钢筋

表面形态	钢筋级别	强度等级	公称直径/mm	屈服点 σ_s/MPa 不小于	抗拉强度 σ_b/MPa 不小于	伸长率 δ/% 不小于	冷弯 d—弯心直径 a—钢筋直径
月牙肋	Ⅱ	HRB335	8～25 28～40	335	480	16	180° $d=3a$ 180° $d=4a$
月牙肋	Ⅲ	HRB400	8～25 28～40	400	570	14	180° $d=4a$ 180° $d=5a$
等高肋	Ⅳ	HRB500	10～25 28～32	500	630	10	180° $d=6a$ 180° $d=7a$

表 12-9 钢筋混凝土用余热处理钢筋

表面形态	钢筋级别	强度等级	公称直径/mm	屈服点 σ_s/MPa 不小于	抗拉强度 σ_b/MPa 不小于	伸长率 δ/% 不小于	冷弯 d—弯心直径 a—钢筋直径
月牙肋	Ⅲ	KL400	8～25 28～40	600	480	10	90° $d=3a$ 90° $d=4a$

表 12-10 低碳钢热轧圆盘条

表面形态	公称直径/mm	屈服点 σ_s/MPa 不小于	抗拉强度 σ_b/MPa 不小于	伸长率 δ/% 不小于	冷弯 d—弯心直径 a—钢筋直径	用途
月牙肋	8～25 28～40	600	480	10	90° $d=3a$ 90° $d=4a$	供建筑用

六、注意事项

（1）钢筋的材质证明要"双控"，各验收批的钢筋出厂质量合格证和试验报告单缺一不可。材质证明与实物应物证相符。

（2）领取试验报告后，一定要验看报告中各项指标是否符合规范的技术要求。如钢筋试验不合格，应取双倍试件复试。

（3）应与其它技术资料对应一致，交圈吻合。相关施工技术资料有钢筋焊接实验报告、钢筋隐检单、现场预应力混凝土试验记录和质量验收等。

第三节 焊条、焊剂和焊药

一、资料要求

（1）焊条、焊剂和焊药应有出厂质量合格证（证明书），并应符合设计要求。焊条合格证应注明型号、牌号、类型、生产日期、有效期限、技术性能（带有性能指标的合格证）。参见《钢筋焊接及验收规程》（JGJ 18）。

（2）按规定需进行烘焙的还应有烘焙记录。采用低氢型碱性焊条及酸性焊条受潮时均应进行烘焙。内容包括烘焙方法、时间、测温记录、烘焙鉴定测温人的签字，焊剂烘焙的温度为 250～300℃，时间为 2h。

二、焊条、焊剂和焊药出厂质量合格证的验收

焊条、焊剂和焊药的合格证应由生产厂家的质检部门提供给使用单位，作为证明其产品质量性能的依据。合格证应注明焊条、焊剂和焊药的型号、牌号、类型、生产日期、有效期限等。对于名牌产品可取其包装封皮作为该产品的合格证归档。

三、标准代号

焊条的标准代号如 E4303 的含义如下。

E—焊条符号；43—焊条抗拉强度；03—电流形式和药皮类型。

四、焊条选用

（1）弧焊所采用的焊条，其性能应符合现行国家标准《碳钢焊条》（GB 5117）或《低合金钢焊条》（GB 5118）的规定，其型号应根据设计确定；若设计无规定时，可按表 12-11 选用。

表 12-11　钢筋电弧焊焊条型号

钢筋牌号	电弧焊接头形式			
	帮条焊、搭接焊	破口焊、熔槽帮条焊、预埋件穿孔塞焊	窄间隙焊	钢筋与钢板搭接焊、预埋件 T 形角焊
HPB300	E4303	E4303	E4316 E4315	E4303
HRB335	E4303	E5003	E5016 E5015	E4303
HRB400	E5003	E5003	E60163 E6015	E4303
HRB400	E5003	E5003	—	—

（2）电渣压力焊和埋弧压力焊中，可采用 HJ431 焊剂。

（3）考虑到钢筋工程的重要性和施焊温度，若焊件的刚度较大，钢筋母材中的碳、硫、磷含量偏高或外界温度较低时，容易造成焊件出现裂纹，最好采用抗裂性好的碱性焊条。

第四节　砖 和 砌 块

一、砌墙砖的种类

砌墙砖分为烧结砖和非烧结砖。

烧结砖主要有黏土砖、页岩砖、煤矸石砖、烧结多孔砖、烧结空心砖等。

非烧结砖主要有普通黏土砖、粉煤灰砖、炉渣砖、蒸压砖、灰砂砖。

二、资料要求

（1）核实出厂合格证数量是否齐全，核实砖（或砌块）复试日期与实际使用日期，确认是否有漏检。

（2）单位工程的砖（或砌块）复试批量与实际使用数量的批量构成应基本一致。

（3）必须实行见证取样，试验室应在见证取样人名单上加盖公章和经手人签字，随同试验报告单一并送返委托单位，并入技术资料内。

（4）砖（或砌块）试验报告不全，为不符合要求。

（5）砖（或砌块）不做试验，为不符合要求。

（6）试验报告单后面必须有返送回的见证取样人名单，无返送人员的名单该试验报告单为无效试验报告单。

三、标准代号

MU——砖的强度等级。

例：MU7.5（75#砖），MU100（100#砖）。

四、砌墙砖取样数量、方法及试验规定

每一生产厂家的砖到现场后，按烧结砖15万砖、多孔砖5万快、灰砂砖及粉煤灰砖10万块为一个验收批，抽检数量为一组。砌墙砖取样数量和方法见表12-12，砌墙砖取样试验规定见表12-13、砖试验报告见表12-14。

表 12-12　砌墙砖取样数量和方法

种　类	验收批确定	每批数量	取样数量	复验与判定
烧结普通砖	同一产地同一规格	15 万块	在成品堆垛中随机抽取10 快	抗压强度等级符合表12-13规定为合格，否则判定强度等级为不合格
非烧结普通砖		5 万块		
粉煤灰砖		10 万块		
烧结多孔砖		5 万块		
烧结空心砖和空心砌块		3 万块		
粉煤灰砌块		200m³		

表 12-13　砌墙砖取样试验规定

强度等级	强度平均值 R /MPa　≥	强度标准值 f_k /MPa　≥	强度等级	强度平均值 R /MPa　≥	强度标准值 f_k /MPa　≥
MU30	30.0	23.0	MU7.5	7.5	5.0
MU25	25.0	19.0	MU5.0	5.0	3.5
MU20	20.0	14.0	MU3.0	3.0	2.0
MU15	15.0	10.0	MU2.0	2.0	1.3
MU10	10.0	6.5			

注：MU5.0及其以下等级仅限空心砖使用。

表 12-14　砖试验报告

试验编号：_____

委托单位：_____　试验委托人：_____

工程名称及部位：_____

种类：_____　强度等级：_____　厂别：_____

代表数量：_____　来样日期：_____　试验日期_____

试验处理日期	试压日期	抗压强度/（N/mm）			平均值	标准值
		单块值				
		1		6		
		2		7		
		3		8		
		4		9		
		5		10		
其它试验						

结论：_____

负责人：_____　审核：_____　计算：_____　试验：_____

报告日期：_____年_____月_____日

第五节　砂、石

普通混凝土所用的粗、细骨料应符合国家现行标准《普通混凝土用碎石或卵石质量标准及检验方法》（JGJ 53）和《普通混凝土用砂质量标准及检验方法》（JGJ 52）。

一、砂的定义、分类和技术要求

1. 砂的定义和分类

（1）定义。粒径在 5mm 以下的岩石颗粒称为天然砂，其粒径一般为 0.15～5mm。

（2）分类。按产地不同，天然砂可分为河砂、海砂、山砂。一般工程都用河砂，因河砂比较洁净、分布较广。根据其细度模数不同，河砂可分为

① 粗砂：μ_f 为 3.7～3.1；

② 中砂：μ_f 为 3.0～2.3；

③ 细砂：μ_f 为 2.2～1.6；

④ 特细砂：μ_f 为 1.5～0.5。

2. 砂的技术要求

（1）砂颗粒级配分三个区，见表 12-15。

表 12-15　砂颗粒级配区累计处筛余　　　　　单位：%

筛孔尺寸/mm	I 区	II 区	III 区	筛孔尺寸/mm	I 区	II 区	III 区
10.0	0	0	0	0.630	85～71	70～41	40～16
5.00	10～0	10～0	10～0	0.315	95～80	92～70	85～55
2.50	35～5	25～0	15～0	0.160	100～90	100～90	100～90
1.25	65～35	50～10	25～10				

（2）砂含泥量，见表 12-16。

表 12-16 天然砂中含泥量

混凝土强度等级	≥C60	C55～C30	≤C25
含泥量（按重量计/%）	≤2.0	≤3.0	≤5.0

（3）砂含泥块量，见表 12-17。

表 12-17 砂中的泥块含量

混凝土强度等级	≥C60	C55～C30	≤C25
含泥量（按重量计/%）	≤0.5	≤1.0	≤2.0

对有抗冻、抗渗或其它特殊要求的小于或等于 C25 混凝土用砂，含泥量应不大于 3.0%。

对于有抗冻、抗渗或其它特殊要求的小于或等于 C25 混凝土用砂，其泥块含量不应大于 1.0%。

二、砂的质量要求

（1）配制混凝土时，宜选用Ⅱ区砂。当采用Ⅰ区中砂时，应提高砂率，以保证足够的水泥用量，以满足混凝土和易性；当采用Ⅲ区时，宜适当降低砂率，以保证混凝土强度。

（2）泵送混凝土用砂，宜选用中砂。

（3）预应力混凝土不宜选用海砂。若必须使用海砂时，则应经淡水冲洗，其氯离子含量不得大于 0.02%。

三、石子定义、分类和技术要求

1. 石子的定义

由自然条件形成的、粒径大于 5mm 的颗粒为卵石；由天然岩石或卵石经破碎、筛分而得的粒径大于 5mm 的颗粒为碎石。

按使用类型分为 10.0mm、20.0mm、31.5mm、40.0mm 几种。

2. 石子的技术要求

（1）碎石或卵石颗粒剂配范围见表 12-18。

表 12-18 碎石或卵石颗粒剂配范围

级配情况	公称粒径/mm	累计筛余按质量计/%										
		筛孔尺寸（圆孔筛）										
		2.5	5.0	10.0	16.0	20.0	25.0	31.5	40.0	50.0	63.0	80.0	100
连续粒级	5～10	95～100	80～100	0～15	0								
	5～16	95～100	85～100	30～60	0～10	0							
	5～20	95～100	90～100	40～80		0～10	0						
	5～25	95～100	90～100		30～70		0～5	0					
	5～31.5	95～100	90～100	70～90		15～45		0～5	0				
	5～40	95～100	95～100	70～90		30～65			0～5	0			

续表

级配情况	公称粒径/mm	累计筛余按质量计/%											
		筛孔尺寸(圆孔筛)											
		2.5	5.0	10.0	16.0	20.0	25.0	31.5	40.0	50.0	63.0	80.0	100
单粒级	10～20		95～100	85～100		0～15	0						
	16～31.5		95～100		85～100			0～10	0				
	20～40			95～100		80～100			0～10	0			
	31.5～63				90～100			70～100	45～75		0～10	0	
	40～80					95～100			70～100		30～60	0～10	0

（2）碎石或卵石含泥量、泥块含量见表12-19。

表 12-19　碎石或卵石含泥量、泥块含量

混凝土强度等级	大于或等于 C30	小于 C30
含泥量/按质量计/%	≤1.0	≤2.0
泥块含量/按质量计/%	≤0.5	≤0.7

（3）碎石或卵石针、片状颗粒含量，见表12-20。

表 12-20　碎石或卵石针、片状颗粒含量

混凝土强度等级	大于或等于 C30	小于 C30
针、片状颗粒含量/按质量计/%	≤15	≤25

（4）碎石或卵石压碎指标值，分别见表12-21、表12-22。

表 12-21　碎石压碎指标值

岩石种类	混凝土强度等级	碎石压碎指标值/%
水成岩	C55～C40	≤10
	≤C35	≤16
变质岩或深成的火成岩	C55～C40	≤12
	≤C35	≤20
火成岩	C55～C40	≤13
	≤C35	≤30

表 12-22　卵石压碎指标值

混凝土强度等级	C55～C40	小于 C35
压碎指标值/%	≤12	≤16

（5）碎石或卵石试验报告见表12-23。

四、资料要求

（1）砂子、石子试验报告必须是经项目监理机构审核同意的试验室出具的试验报告单。

（2）按工程需要的品种、规格，先试后用，且符合标准的质量要求的为合格。

（3）不试为不符合要求。

表 12-23　碎石或卵石试验报告

试验编号：_____

委托单位：_____　试验委托人：_____

工程名称：_____

种类：_____　产地：_____　来样日期：_____

试验代表数量：_____　试验编号：_____　试验日期：_____

一、筛分析：1. 公称粒径_____；　　二、含泥量：_____%

　　　　　2. 连续粒径（单位粒径）

三、泥块含量：_____%　　　　　四、针、片状颗粒含量：_____%

五、表观密度：_____kg/m³　　　六、堆积密度：_____kg/m³

七、含水量：_____%　　　　　　八、有机物含量：_____%

九、坚固性：_____　　　　　　　十、压碎指标值：_____

十一、氯离子含量：_____　　　　十二、抗压强度试验：_____

十三、碱活性试验：_____　　　　十四、空隙率：_____

结论：

负责人：_____　审核：_____　计算：_____　试验：_____

报告日期：_____年_____月_____日

五、砂、石取样方法和数量

1. 取样数量

砂子、石子试验均以同一产地、同一地、同一进场时间，每 400m³ 或 600t 为一验收批（用大型工具运输的）；或以 200m³ 或 300t 为一验收批（用小型工具运输的）；不足上述数量者为一批论。

砂子每一验收批取一组，数量为 22kg。

石子每一验收批取一组，数量为 40kg（最大粒径≤20mm）或 80kg（最大粒径为31.5mm，40mm）。

2. 取样方法

（1）建筑施工企业应按单位工程分别取样。

（2）在料堆上取样时，取样部位均匀分布，先将取样部位表层铲除，然后由各部位抽取大致相等的试样：砂取 8 份（每份 11kg 以上），石子取 15 份（在料堆的顶部、中部和底部各由均匀分布的 5 个不同部位取得），搅拌均匀后组成一组试样。

（3）在带式输送机上取样时，应在带式输送机机尾的出料处，用接料器定时抽取试样：砂取 4 份（每份 22kg 以上），石子取 8 份，搅拌均匀后组成一组试样。

砂子试验报告是对用于工程中的砂子筛分以及含泥量、泥块含量等指标进行复试后由试验单位出具的质量证明文件。

第六节　轻　集　料

一、轻集料的定义、分类及适用范围

（1）定义　堆积密度小于 1200kg/m³ 的多孔轻质集料称为轻集料。

（2）分类　分为下面三大类。

① 工业废料轻集料　如粉煤灰陶粒、自然煤矸石、膨胀矿渣珠等。

② 天然轻集料　如浮石，火山渣及其轻砂。

③ 人造轻集料　如页岩陶粒、黏土陶粒、膨胀珍珠岩集料及轻砂。

（3）适用于配制轻集料的混凝土　用于建造工业与民用建筑。

（4）轻集料　凡集料粒径在 5mm 以上、松散密度小于 $1000kg/m^3$ 者，称为轻粗集料；粒径小于 5mm、松散密度小于 $1200kg/m^3$ 者，称为轻细骨料。

轻集料一般用于结构或结构保温用混凝土，或保温用轻混凝土。

（5）轻骨料的性能　包括筛分析、表观密度、筒压强度、堆积密度、吸水率等。

二、资料要求

（1）粗、细集料试验报告必须是经项目监理机构审核同意的试验室出具的试验报告单。

（2）按工程需要的品种、规格。先试后用且符合标准的质量要求为合格。

（3）不试为不符合要求。

三、轻集料取样方法和数量

（1）轻集料按品种、密度等级分批堆放验收。每 $300m^3$ 为 1 批，不足 $300m^3$ 者亦以 1 批论。

（2）取样方法，应按品种、密度等分批取样。按国家标准规定的要求，抽取有代表性的样。

四、轻集料必试项目

（1）轻、粗集料必试项目包括堆积密度、颗粒级配、筒压强度、吸水率。

（2）细集料必试项目包括颗粒级配（细度模数）、堆积密度。

轻集料试验报告是对用于工程中的轻集料的筛分指标等进行复试后，由试验单位出具的质量证明文件。

第七节　外　加　剂

一、外加剂名称、定义和分类

1. 定义

在混凝土拌和过程中掺入的，并能按要求改善混凝土性能的，一般掺量不超过水泥质量的 5%（特殊情况除外）的材料称为混凝土外加剂。

2. 分类

（1）外加剂按使用效果分成以下 16 种。

① 普通减水剂　在混凝土坍落度基本相同的条件下，具有一般减水增强作用的外加剂。

② 高效减水剂　在混凝土坍落度基本相同的条件下，具有大幅度减水增强作用的外加剂。

③ 早强减水剂　兼有早强和减水功能的外加剂。

④ 缓凝减水剂　兼有缓凝和减水功能的外加剂。

⑤ 引气减水剂　兼有引气和减水功能的外加剂。

⑥ 引气剂　在搅拌混凝土过程中能引入大量均匀分布的微小气泡，以减少混凝土拌合物泌水离析，改善和易性，并能显著提高硬化混凝土抗冻融耐久性的外加剂。

⑦ 泵送剂　能改善混凝土拌合物泵送性能的外加剂。

⑧ 早强剂　能提高混凝土早期强度，并对后期强度无显著影响的外加剂。

⑨ 缓凝剂　能延长混凝土凝结时间，并对混凝土后期强度发展无显著影响的外加剂。

⑩ 速凝剂　能使混凝土迅速凝结硬化的外加剂。

⑪ 加气剂　混凝土制备过程中因发生化学反应，放出气体，而使混凝土中形成大量气孔的外加剂。

⑫ 阻锈剂　能抑制或减轻混凝土中钢筋或其它预埋金属锈蚀的外加剂。

⑬ 防水剂　能降低混凝土在静水压力下的透水性的外加剂。

⑭ 膨胀剂　能使混凝土（或砂浆）在水化过程中产生一定的体积膨胀，并在有约束条件下产生适宜自应力的外加剂。

⑮ 防冻剂　在规定温度下，能显著降低混凝土的冰点，能使混凝土液相不冻结或仅部分冻结，以保证水泥的水化作用，并在一定的时间内获得预期强度的外加剂。

⑯ 着色剂　能制备具有稳定色彩混凝土的外加剂。

（2）以上 16 种外加剂按其主要功能分为下面 4 类。

① 改善混凝土拌合物流变性能的外加剂　包括各种减水剂、引气剂和泵送剂等。

② 调节混凝土凝结时间和硬化性能的外加剂　包括缓凝剂、早强剂和速凝剂等。

③ 改善混凝土耐久性的外加剂　包括引气剂、防水剂和阻锈剂等。

④ 改善混凝土其它性能的外加剂　包括加气剂、膨胀剂、防冻剂、着色剂、防水剂和泵送剂等。

二、资料要求

（1）用于结构工程的外加剂在使用前，外加剂（除特殊要求）需做常规必试项目，合格后方可使用。用于建筑工程上的外加剂（早强剂、防冻剂）必须进行见证取样和送检。

（2）选择外加剂的品种应根据使用外加剂的主要目的、技术经济比较而定，使用前应进行性能试验，试验室应出具掺量配合比通知单。

（3）外加剂试验不合格后应双倍试件复试，复试合格后，试验室出具试验报告单。

（4）外加剂资料应与混凝土配合比通知单、砂浆配合比通知单等施工技术资料对应一致，所用外加剂与实物相符。

三、外加剂出厂质量合格证的验收和进场产品的外观检查及试验

（1）外加剂出厂质量合格证的验收　外加剂出厂必须有生产厂家的质量证明书，内容包括厂名、产品名称及型号、包装、重量、出厂日期、主要特性及适宜掺量、性能检验合格证（匀质性能指标及混凝土指标）、贮存条件及有效期、使用方法和注意事项。

（2）外加剂进场产品的外观检查　首先是确认外加剂进场产品的防伪认证证书，然后是产品出厂质量各种性能检验合格证、技术文件（说明书）等。

其次进行包装检查。粉状外加剂应用塑料编织袋包装，每袋重 20～50kg；液体外加剂

应用塑料桶或金属桶包装。检查产品是否受潮变质，核对产品是否超过有效期。

四、各种外加剂取样数量和方法

外加剂取样数量见表 12-24。

表 12-24　外加剂取样数量

外加剂种类	取样数量	外加剂种类	取样数量
各类减水剂、早强剂、缓凝剂、引气剂、	取不少于 0.2t 水泥所需用量的外加剂（以最大掺量计）	防水剂	取不少于 0.2t 水泥所需用量的外加防水剂
		膨胀剂	可从 20 个以上的部位等量取样总数不少于 10kg
防冻剂	取不少于 0.15t 水泥所需用量的外加剂（以最大掺量计）	速凝剂	每批样品下从 16 个不同点取样，每个点取 250g，共取 4kg

（1）试样分点样和混合样　在一次生产的产品中所取的试样称点样，由三个或更多的点样等量均匀混合而取的试样称混合样。

（2）方法　每一编号的产品，取得的试样应充分混匀，分为两等份：一份按标准规定的方法与项目试验；另一份要密封保存半年（防水剂一年，膨胀剂三个月），以备有疑问时提交国家指定的检验机关进行复验或仲裁，如生产或使用单位同意，复验或仲裁可采用现场取样。

五、外加剂的试验及试验报告

1. 试验项目及其所需试件的制作和数量

外加剂的性能主要由外加剂混凝土性能指标和匀质指标来反映。

外加剂使用前必须进行性能试验并有试验报告和掺加剂普通混凝土（砂浆）的配合比通知单（掺量）。

2. 外加剂试验报告的内容填写方法和要求

表中委托部分由试验工填写，其它部分由试验人员依据试验结果填写。应填写清楚、准确、完整。

领取外加剂试验报告单时、应验看要求试验项目是否试验齐全，各项试验数据是否达到规范规定值和设计要求，并且结论要明确，试验室编号、签字、盖章要齐全。

第八节　掺　合　料

一、掺合料的定义及种类

（1）定义　为节约水泥、改善混凝土强度等级而加入的天然的或人造的矿物材料。

（2）掺合料种类　硅石粉、沸石粉、粉煤灰、蛭石粉等。

二、建筑工程常用掺合料

1. 粉煤灰

（1）定义　从煤粉炉烟道气体中收集的粉末，称为粉煤灰。

（2）粉煤灰技术要求　见表 12-25。

表 12-25　粉煤灰品质指标和分类

序　号	指标不大于	级　别		
		Ⅰ	Ⅱ	Ⅲ
1	细度（0.045mm 方空筛筛余）/%	12	20	45
2	需水量/%	95	105	115
3	烧失比/%	5	8	15
4	含水量/%	1	1	不规则
5	三氧化硫/%	3	3	3

（3）粉煤灰出厂质量合格证验收及外包装验收　粉煤灰出厂合格证内容包括厂名、批号、编号及出厂日期、粉煤灰级别、数量、质量检验结果。

袋装粉煤灰的包装上应清楚标明"粉煤灰"、厂名、级别、重量、批号及包装日期。检查产品是否受潮。

（4）粉煤灰取样方法及试验项目。

① 取样方法及批量　以连续供应的 200t 相同等级的粉煤灰为 1 批，不足 200t 时亦为 1 验收批。粉煤灰的计量按干粉（含水率小于 11%）的重量计算。

a. 散装灰取样：从不同部位取 15 份试样，每份试样 1～3kg，混合拌匀，按四分法缩取比试验所需量大一倍的试样（称为平均试样）。

b. 袋装灰取样：从每批任抽 10 袋，从每袋中分取试样不少于 1kg，混合拌匀，按四分法缩取比试验所需量大一倍的试样（称为平均试样）。

② 必试项目包括细度、烧失量、需水量比。

③ 粉煤灰混凝土的工程应用应符合《粉煤灰混凝土应用技术规范》（GBJ 146）的要求。

a. 级粉煤灰用于混凝土工程可根据等级按下列规定应用。

Ⅰ级粉煤灰适用于后张预应力钢筋混凝土和跨度小于 6m 的先张预应力钢筋混凝土构件。Ⅱ级粉煤灰适用于普通钢筋混凝土和轻骨料混凝土。Ⅲ级粉煤灰主要用于无筋混凝土和砂浆。对设计强度等级 C20 及以上的钢筋混凝土。宜采用Ⅰ、Ⅱ级粉煤灰。

b. 粉煤灰可与各类外加剂同时使用，但必须由试验室确定掺量。

c. 粉煤灰用于要求高抗冻融性的混凝土时，必须掺入引气剂；用于早期脱模，提前负荷的粉煤灰混凝土时，宜掺用高效减水剂、早强剂。

d. 在低温条件下施工，粉煤灰混凝土，宜掺入对粉煤灰混凝土无害的早强剂或防冻剂，并应采取适当的保温措施。

e. 粉煤灰试验指标达不到规定要求时，应取双倍试样进行复试，复验后仍达不到要求时，该批粉煤灰应作为不合格品或降级处理。

2. 沸石粉

（1）定义　沸石岩经磨细加工而成沸石粉。沸石粉的细度比水泥还细，它是火山灰质材料的一种。

（2）性能　沸石粉本身没有活性，但在水泥或石灰等碱性激发下，所含的活性硅与活性铝与 $Ca(OH)_2$ 反应，生成水化硅酸钙，致使混凝土密度大，强度增长，抗渗性能提高。沸石粉可用于高强混凝土施工。

3. 蛭石粉

蛭石粉用于防火涂料。

三、资料要求

建筑工程所使用的掺合料，应有质量证明书和试验报告。

第九节　防水材料和保温材料

一、防水材料分类

（1）防水涂料类

① 水性沥青防水涂料，例如氯丁胶乳沥青涂料。

② 高聚物防水涂料，例如聚氨酯涂料、硅橡胶涂料、丙烯酸涂料等。

（2）防水卷材类

① 沥青基纸胎防水卷材。

② 改性沥青基防水卷材。

③ 合成高分子防水卷材。

（3）防水密封材料

① 聚乙烯建筑嵌缝油膏。

② 建筑沥青嵌缝油膏。

③ 合成高分子密封膏。

（4）刚性防水堵漏材料。

二、资料要求

（1）防水材料必须有出厂合格证和在工地取样的试验报告，试验单中项目填写应齐全，不得翻填或错填。复试单试验编号必须填写，以防弄虚作假。防水材料的试验单中的各试验项目、数据应和检验标准对照，必须符合专项规定或标准要求。不合格的防水材料不得用于工程并必须通过技术负责人专项处理，签署退场处理意见。

防水卷材必须在使用前进行检验，并符合设计及有关规范的质量要求。试样来源及名称应填写清楚。

（2）试验结论要明确，责任制签字要齐全，不得漏签或代签。

（3）委托单上的工程名称、部位、品种、强度等级等与试验报告单上应对应一致。

（4）要填写报告日期，以检查是否为先试验后施工，先用后试应视为不符合要求。

（5）试验的代表批量和使用数量的代表批量应相一致。

（6）防水卷材必试项目包括不透水性、吸水性、耐热度、纵向拉力和柔度。

（7）必须实行见证取样，试验室应在见证取样人名单上加盖公章和经手人签字。

（8）有合格证无复试报告，为不符合要求。

（9）无合格证有试验报告，必试项目齐全且满足标准要求，为经鉴定符合要求。主要的防水材料试验缺项、偏项或品种强度等级、技术性能不符合设计要求及规范、标准的规定，为不符合要求。

（10）使用材料与规范及设计要求不符，为不符合要求。

（11）各种拌合物如玛琦脂、聚氯乙烯胶泥、细石混凝土防水层等不经试验室试配，在熬制和使用过程中无现场取样复试，为不符合要求。

（12）试验结论与使用品种、强度等级不符，为不符合要求。

三、建筑防水工程材料

（1）建筑防水工程材料现场抽样复验项目，见表 12-26。

表 12-26 建筑防水工程材料现场抽样复验项目

序号	材料名称	现场抽样数量	外观质量检验	物理性能检验
1	沥青防水卷材	大于 1000 卷抽 5 卷，每 500～1000 卷抽 4 卷，100～499 卷抽 3 卷，100 卷以下抽 2 卷，进行规格尺寸和外观质量检查。在外观质量检验合格的卷材中，任取一卷做物理性能测验	孔洞、咯伤、露胎、涂盖不均、折纹、褶皱、裂纹、缺边、裂口、每卷卷材的接头	纵向拉力、柔度
2	高聚物改性沥青防水卷材	大于 1000 卷抽 5 卷，每 500～1000 卷抽 4 卷，100～499 卷抽 3 卷，100 卷以下抽 2 卷，进行规格尺寸和外观质量检查。在外观质量检验合格的卷材中，任取一卷做物理性能测验	孔洞、缺边、裂口、边缘不整齐、胎体露白、未浸透、撒布材料粒度、颜色、每卷卷材的接头	拉力、最大拉力时延伸率、低温柔度、耐热度、不透水性
3	合成高分子防水卷材	大于 1000 卷抽 5 卷，每 500～1000 卷抽 4 卷，100～499 卷抽 3 卷，100 卷以下抽 2 卷，进行规格尺寸和外观质量检查。在外观质量检验合格的卷材中，任取一卷做物理性能测验	折痕、杂质、胶块、凹痕、每卷卷材的接头	断裂拉伸强度、扯断伸长率、低温弯折、不透水性
4	石油沥青	同一批至少抽一次	—	针入度、延度、软化点
5	沥青玛琦脂	每工作班至少抽一次	—	耐热度、柔韧性、黏结力
6	高聚物改性沥青防水涂料	每 10t 为一批，不足 10t 按一批抽样	包装完好无损，且表明涂料名称、生产厂家、生产日期、产品有效期；无沉淀、凝胶、分层	固体含量、耐热度、柔性、不透水性、延伸率
7	合成高分子防水涂料	每 10t 为一批，不足 10t 按一批抽样	包装完好无损，且表明涂料名称、生产厂家、生产日期、产品有效期	固体含量、拉伸强度、断裂延伸率柔性、不透水性、
8	胎体增强材料	每 3000m² 为一批，不足 3000m² 按一批抽样	均匀、无团状、平整、无褶皱	拉力、延伸率
9	改性	每 2t 为一批，不足 2t 按一批抽样	黑色均匀膏状，无结块和未浸透的填料	低温柔性、拉伸黏结性、施工度、耐热度
10	合成高分子密封材料	每 1t 为一批，不足 1t 按一批抽样	均匀膏状，无结块、凝结或不易分散的固体团块	拉伸黏结性、柔度

续表

序号	材料名称	现场抽样数量	外观质量检验	物理性能检验
11	高分子防水材料止水带	按每月同标记的止水带产量为一批抽样	尺寸公差、开裂、缺胶、海绵状、中心孔偏心、凹痕、气泡、杂质、明疤	拉伸强度、扯断延伸率、撕裂强度
12	平瓦	同一批至少抽一次	边缘整齐、表面光滑,不得有分层、裂纹、露砂	—

（2）高聚物改性沥青防水卷材的主要物理性能应符合表 12-27 的规定。

表 12-27 高聚物改性沥青防水卷材的主要物理性能

项 目		性 能 要 求		
		聚酯毡胎体	玻璃纤维胎体	聚乙烯胎体
拉力/N·(50mm)$^{-1}$		≥450	纵向≥350,横向≥300	≥100
延伸率/%		最大拉力时≥30	—	断裂时≥200
耐热度(2h)/℃		SBS 卷材 90,APP 卷材 110,无滑动、流淌、滴落		PEE 卷材 90,无流淌、起泡
低温柔度/℃		SBS 卷材−18℃,APP 卷材−5℃,PEE 卷材−10℃		
		3mm 厚,r＝15mm;4mm 厚,r＝25mm;3s 弯 180°,无裂纹		
不透水性	压力/MPa	≥0.3	≥0.2	≥0.3
	保持时间/min	≥30		

（3）合成高分子防水卷材的主要物理性能应符合表 12-28 的规定。

表 12-28 合成高分子防水卷材的主要物理性能

项 目		性 能 要 求			
		硫化橡胶类	非硫化橡胶类	树脂类	纤维增强类
断裂抗拉强度/MPa		≥6	≥3	≥10	≥9
扯断延伸率/%		≥400	≥200	≥200	≥10
低温弯折/℃		−30	−20	−20	−20
不透水性	压力/MPa	≥0.3	<0.2	≥0.3	≥0.3
	保持时间/min	≥30			
加热收缩率/%		<1.2	<2.0	<2.0	<1.0
热老化保持率 (80℃,168h)	断裂抗拉强度	≥80%			
	扯断拉伸率	≥70%			

（4）高聚物改性沥青防水涂料的主要物理性能应符合表 12-29 的规定。

表 12-29 高聚物改性沥青防水涂料的主要物理性能

项 目		性 能 要 求
固体含量/%		≥43
耐热度(80℃,5h)		无流淌、起泡和滑动
柔度(一10℃)		3mm 厚,绕 φ20mm 圆棒无裂纹断裂
不透水性	压力/MPa	≥0.1
	保持时间/min	≥30
延伸[(20±2)℃拉伸]/mm		≥4.5

（5）合成高分子密封材料的主要物理性能应符合表 12-30 的规定。

（6）SBS 防水卷材性能试验报告见表 12-31。

表 12-30 合成高分子密封材料的主要物理性能

项 目		性 能 要 求	
		弹性体密封材料	塑性体密封材料
拉伸黏结性	拉伸强度/MPa	≥0.2	≥0.02
	延伸率/%	≥200	≥25
柔性/℃		一30,无裂纹	一20,无裂纹
拉伸-压缩循环性能	拉伸-压缩率/%	≥±20	≥±10
	粘接和内聚破坏面积/%	≤25	

表 12-31 SBS 防水卷材性能试验报告

委托单位：_____ 委托编号：_____ 工程名称：_____

试验编号：_____ 试验日期：_____

工程部位：_____ 产地：_____ 代表批量：_____ 报告日期：_____

编号		1	2	3	4	5	6
可溶物含量/g							
拉力/N·(50mm)⁻¹ (延伸率/%)	纵向						
	横向						
不透水性							
耐热度							
低温柔度							
撕裂强度/N	纵向						
	横向						
结论							

试验： 校核： 主任： 试验单位：（章）

四、保温材料

（1）保温材料种类 保温材料种类主要有加气块、聚苯板、石棉、矿渣棉、火山岩棉、玻璃棉、膨胀蛭石、膨胀珍珠岩、木丝板等。

（2）产品要求　保温材料的产品应有出厂合格证，厚度、密度及热工性能应符合设计要求。

（3）有关性能检测试验报告　保温材料的性能检测试验报告应与其施工技术资料对应一致。

第十节　预制混凝土构件

一、预制混凝土构件的种类

（1）板类。包括各种空心楼板、大楼板、楼梯、阳台、T形板以及薄壁空心构件烟道、垃圾道等品种。

（2）墙板类。包括内外墙板、挂壁板、内隔墙板、阳台隔板、条板等品种。

（3）大型梁、柱类。包括各种预应力或非预应力大梁、吊车梁、基础梁、框架梁、屋架、大型柱、基桩等品种。

（4）小型板、梁、柱类。包括沟盖板、挑檐板、栏板、窗台板、拱板以及3m以内小型梁板等品种。

二、预制混凝土构件的质量标准

（1）构件出池、起吊和预应力筋放松、张拉时的混凝土强度，必须符合设计要求及规范规定。设计无要求时，均不得低于设计强度的75％。

（2）预应力筋孔道灌浆的质量，应符合规范要求。

（3）混凝土构件试块，在标准养护条件下，28天的强度应符合规范要求。

（4）预制构件应在明显部位标明生产单位、构件型号、生产日期和质量验收标志。构件上的预埋件、插筋和预留孔洞的规格位置和数量应符合标准图或设计要求。

（5）预制构件的外观质量不应有严重缺陷。对已经出现的严重缺陷，应按技术处理方案进行处理，并重新检查验收。

（6）预制构件不应有影响结构性能和安全、使用功能的尺寸偏差。对超过尺寸允许偏差且影响结构性能和安装、使用功能的部位，应按技术处理方案进行处理，并重新检查验收。

（7）预制构件的外观质量不宜有一般缺陷。对已经出现的一般缺陷，应按技术处理方案进行处理，并重新检查验收。

（8）构件允许偏差，应符合《混凝土结构工程施工质量验收规范》（GB 50204），允许偏差项目90％以上应在范围内，10％以上的偏差项目不应超过允许偏差的1.5倍。

三、资料要求

（1）预制混凝土构件出厂应有出厂合格证及厂家资质等级证书。

合格证内容包括工程名称、合格证编号、构件名称、强度等级、出厂强度（重要构件必要时注明钢筋原材料编号）和签发部门签字、盖章。应与其它施工技术资料对应一致，整理归档。

（2）预制构件应进行结构性能检验。结构性能检验不合格的预制构件不得用于混凝土结构。

（3）预制构件应按标准图或设计要求的试验参数及检验指标进行结构性能检验。

① 检验内容 钢筋混凝土构件和允许出现裂缝的预应力混凝土构件进行承载力、挠度和裂缝宽度检验；不允许出现裂缝的预应力混凝土构件进行承载力、挠度和抗裂检验；预应力混凝土构件中的非预应力构件按钢筋混凝土构件的要求进行检验。对设计成熟、生产数量较少的大型构件当采取加强材料和制作质量检验的措施时，可仅做挠度、抗裂或裂缝宽度检验；当采取上述措施并有可靠的实践经验时，可不做性能检验。

② 检验数量 对成批生产的构件，应按同一工艺正常生产的不超过 100 件且不超过 3 个月的同类型产品为一批；当连续检验 10 批且每批的结构性能检验结果均符合本规范规定的要求时，对同一工艺正常生产的构件，可改为不超过 200 件且不超过 3 个月的同类型产品为一批，在每批中随机抽取一个构件作为试件进行检验。

③ 检验方法 采用短期静力加载检验。

12.1 混凝土 12.2 混凝土 12.3 混凝土
施工记录一 施工记录二 施工记录三

第十三章　施工技术与工程质量管理

学习内容

1. 技术交底；
2. 工序交接班；
3. 隐蔽工程验收记录；
4. 沉降观测；
5. 地基验槽记录；
6. 土壤试验；
7. 桩基础施工记录；
8. 结构吊装记录；
9. 地基与基础工程、主体结构工程验收记录。

知识目标

1. 了解工程质量技术交底分类，熟悉分部或分项工程质量技术交底内容；
2. 了解工序交接班；
3. 掌握地基工程、钢筋混凝土工程、砌体工程、地面工程、保温、隔热工程、防水工程、建筑采暖卫生与煤气工程、建筑电气安装工程、通风与空调工程中隐蔽工程验收；
4. 掌握沉降观测示意图内容，掌握沉降观测记录及资料的整理；
5. 了解地基验槽记录的内容，掌握地基验槽记录的要求及格式；
6. 掌握土壤试验各种方法；
7. 掌握钢筋混凝土预制桩施工及试桩；
8. 熟悉结构吊装记录内容及资料要求，了解结构吊装的施工要求；
9. 掌握地基基础与主体结构工程验收记录。

能力目标

1. 能够进行技术交底；
2. 会进行工序交接班；
3. 会填写各工程中隐蔽工程验收记录；
4. 会填写沉降观测资料，并能够整理沉降观测资料；
5. 会填写地基验槽记录；
6. 会填写土壤试验记录；

7. 会填写钢筋混凝土预制桩施工记录及试桩记录；

8. 会填写结构吊装记录；

9. 会填写地基基础与主体结构工程验收记录。

第 一 节　技 术 交 底

技术交底是施工企业技术管理的一项重要制度，其目的是通过技术交底，使参加施工任务的干部和工人对工程及其技术要求做到心中有数，一同科学地组织施工和按合理的工序、工艺进行作业；技术交底应以现行国家标准、规范、规程、行业标准、上级技术指导性文件和企业标准为依据，应在图纸会审、施工组织设计的基础上，在单位工程开工前和分项工程施工前进行。技术交底应以书面形式进行，交底人、承接人必须签字认可；所有技术交底资料要列入工程技术档案。技术交底应根据施工先后顺序进行。

一、工程质量技术交底分类

（1）设计交底。图纸会审和设计交底一般可同时进行，主要是设计人员向施工单位技术交底，使参与项目施工的人员了解担负施工任务的设计意图、施工特点、技术要求、质量标准，强调施工中应注意的事项，回答施工单位提出的疑问，解决图纸中所存在的问题；其内容也可以记录在图纸会审。

（2）项目经理或工程技术负责人向作业队交底，主要以设计图纸、施工组织设计、工艺操作规程和质量验收标准为依据，结合监理技术责任制、质量责任制等进行交底，达到加强施工质量验收监督与管理的目的。具体内容包括：施工部署主要项目的施工方法、质量、技术要求的重点及环保措施、文明施工。

（3）主要分部（子分部）、分项（工序）工程施工技术交底。技术人员向班组及工人交底，主要是结合工程的特点和实际情况，详细安排各分项工程的工艺规程操作方法、质量标准、检查验收要求等内容。

二、分部(子分部)或分项工程质量技术交底内容

1. 地基与基础工程

（1）无支护土方工程。土方开挖、土方回填。

（2）有支护土方工程。排桩、降水、排水、地下连续墙、锚杆、土钉墙、水泥土桩、沉井与沉箱、钢及混凝土支撑。

（3）地基及基础处理工程。灰土地基、砂和砂石地基、碎砖三合土地基，土工合成材料地基，粉煤灰地基，重锤夯实地基、强夯地基，振冲地基，高压喷射注浆地基，土和灰土挤密桩地基，注浆地基，水泥粉煤灰碎石地基，夯实水泥土桩地基。

（4）桩基础工程。锚杆静压桩及静力压桩，预应力离心管装，钢筋混凝土预制桩，钢桩，混凝土灌注桩（成孔、钢筋笼、清孔、水下混凝土灌注）。

（5）地下防水。防水混凝土，水泥砂浆防水层，卷材防水层，涂料防水层，金属板防水层，塑料板防水层，细部构造，喷锚支护，复合式衬砌，地下连续墙，盾构法隧道，渗排水、盲沟排水，隧道、坑道排水，预注浆、后注浆，衬砌裂缝注浆。

（6）混凝土基础。模板、钢筋、混凝土，后浇带混凝土，混凝土结构缝处理。

（7）砌体基础。砖砌体，混凝土砌块砌体，配筋砌体，石砌体。

（8）劲钢（管）混凝土。劲钢（管）焊接，劲钢（管）与钢筋的连接，混凝土。

（9）钢结构。焊接钢结构、拴接钢结构，钢结构制作，钢结构安装，钢结构涂装。

2. 主体结构

（1）混凝土结构。模板、钢筋、混凝土，预应力、现浇结构，装配式结构。

（2）劲钢（管）混凝土结构。劲钢（管）焊接，螺栓连接、劲钢（管）与钢筋的连接，劲钢（管）制作、安装、混凝土。

（3）砌体结构。砖砌体、混凝土小型空心砌块气体、石砌体、填充墙砌体、配筋砌体。

（4）钢结构。钢结构焊接、紧固件连接、钢零部件加工、单层钢结构安装、多层及高层钢结构安装、钢结构涂装、钢结构组装、钢构件预拼装、钢网架结构安装、压型金属板。

（5）木结构。方木和原木结构、胶合木结构、轻型木结构、木构件防护。

（6）网架和索膜结构。网架制作、网架安装、索膜安装、网架防火、防腐涂料。

3. 建筑装饰装修

（1）地面

① 整体面层　基层、水泥混凝土面层、水泥砂浆面层、水磨石面层、防油渗面层、水泥钢（铁）屑面层、不发火（防爆的）面层。

② 板块面层　基层、砖面层（陶瓷锦砖、缸砖、陶瓷地砖和水泥花砖面层）、大理石面层和花岗岩面层、预制板块面层（预制水泥混凝土、水磨石板块面层）、料石面层（条石、块石面层）、塑料板面层、活动地板面层、地毯面层。

③ 木板面层　基层、实木地板面层（条材、块材面层）、实木复合地板面层（条材、块材面层）、中密度（强化）复合地板面层（条材面层）、竹地板面层。

（2）抹灰工程。一般抹灰、装饰抹灰、清水砌体勾缝。

（3）门窗。木门窗安装、金属门窗安装、塑料门窗安装、特种门安装、门窗玻璃安装。

（4）吊顶。暗龙骨吊顶、明龙骨吊顶。

（5）轻质隔墙。板材隔墙、骨架隔墙、活动隔墙、玻璃隔墙。

（6）饰面板（砖）。饰面板安装、饰面砖安装。

（7）幕墙。玻璃幕墙、金属幕墙、石材幕墙。

（8）涂饰。水性涂料涂饰、溶剂型涂料涂饰、美术涂饰。

（9）裱糊与软包。裱糊、软包。

（10）细部。橱柜制作与安装、窗帘盒、窗台板和暖气罩制作与安装、门窗套制作与安装、护栏和扶手制作与安装、花饰制作与安装。

4. 建筑屋面

（1）卷材防水屋面。保温层、找平层、卷材防水层、细部构造。

（2）涂膜防水屋面。保温层、找平层、涂膜防水层、细部构造。

（3）刚性防水屋面。细石混凝土防水层、密封材料嵌缝、细部构造。

（4）瓦屋面。平瓦屋面。

（5）隔热屋面。架空隔热屋面、蓄水屋面、种植屋面、细部构造。

5. 建筑给水、排水及采暖工程

（1）室内给水系统。室内给水管道及配件安装，室内消防系统安装，室内给水设备安装，室内给水管道防腐、绝热。

（2）室内排水系统。室内排水管道及配件安装，室内雨水管道及配件安装。

（3）室内热水供应系统。室内热水管道及配件安装；室内热水供水系统辅助设备安装，室内热水供应系统防腐、绝热。

（4）卫生器具安装。卫生器具安装，卫生器具给水配件安装，卫生器具排水管道安装。

（5）室内采暖系统。室内采暖管道及配件安装，室内采暖系统辅助设备及散热器安装，室内采暖系统金属辐射板安装，室内低温热水地板辐射采暖系统安装，室内采暖系统水压试验及调试，室内采暖系统防水、绝热。

（6）室外给水管网。室外给水安装，消防水泵接合器及室外消火栓安装，室外给水管沟及井室安装。

（7）室外排水管网。室外排水管道安装，室外排水管沟及井池安装。

（8）室外供热管网。室外供热管道及配件安装，室外供热管网系统水压试验及调试，室外供热管网防腐、绝热。

（9）建筑中水系统和游泳池系统。建筑中水系统管道及辅助设备安装，旅游池水系统安装。

（10）供热锅炉及辅助设备安装。供热锅炉安装，供热锅炉辅助设备及管道安装，供热锅炉安全附件安装，锅炉烘炉、煮炉和试运行，供热锅炉及辅助设备防腐、绝热等。

6. 建筑电气工程

架空线路和杆上电气设备安装，变压器安装、箱式变电所安装，成套配电柜、控制柜（屏、台）和动力、照明配电箱（盘）安装，备用和不间断电源安装，柴油发电机组安装，低压电机、电加热器及电动执行机构检查、接线，低压电气动力设备检测、试验和空载试运行，裸母线、封闭母线、插接式母线安装，电线、电缆导管和线槽敷设，槽板配线，钢索配线索，电缆沟内和电缆竖井内电缆敷设，电缆头制作、导线接线和线路电气试验，插座、开关和风扇安装，灯具安装，建筑物外部装饰灯具、航空障碍灯和庭院灯安装，建筑照明通电试运行，避雷引下线和变配电室接地干线敷设，接地装置安装，建筑物等电位连接，接闪器安装等。

7. 智能建筑

通信网络系统、办公自动化系统、建筑设备监控系统、火灾报警及消防联动系统、安全防范系统、综合布线系统、智能化集成系统、电源与接地、环境监控系统、住宅（小区）智能化系统等。

8. 通风与空调工程

风管与配件制作、风管系统安装、空气处理设备安装、部件制作、消声设备制作与安装、风管与设备防腐、风机安装、风口安装、除尘器及排污设备安装、风管与设备绝热、高效过滤器安装、制冷机组安装、制冷剂管道及配件安装、制冷附属设备安装、制冷系统管道及设备的防腐与绝热、空调水系统管道安装、阀门及部件安装、冷却塔安装、水泵及附属设备安装、系统调试等。

9. 电梯工程

电力驱动的曳引式或强制式电梯安装工程，液压电梯安装工程，自动扶梯、自动人行道安装工程等。

三、施工技术交底举例

1. 砌砖墙

本技术交底适用于一般烧结砖混水墙、外墙内模墙体、有抗震构造柱的砖墙砌筑工程。

（1）材料要求

① 砖。品种、强度等级必须符合设计要求，并有出厂合格证或试验单。清水墙的砖应色泽均匀边角整齐。

② 水泥。品种与标号应根据砌体部位及所处环境选择，一般宜采用 32.5 号普通硅酸盐水泥或矿渣硅酸盐水泥。

③ 砂子。中砂，配制 M5 以下砂浆所用砂子的含泥量不超过 10%，M5 及其以上砂浆的砂子含泥量不超过 5%，使用前用 5mm 孔径的筛子过筛。

④ 掺合料。石灰膏熟化时间不少于 7 天，严禁使用脱水硬化和冻结的石灰膏，掺料按设计要求。

⑤ 其它材料。木砖应刷防腐剂，数量按操作规程要求办；墙体拉结钢筋及预埋件等。

（2）主要机具　应备有搅拌机、手推车、磅秤、垂直运输设备、大铲、刨锛、瓦刀、扁子、拖线板、线坠、小白线、卷尺、铁水平尺、皮数杆、小水桶、灰槽、砖夹子、扫帚等。

（3）作业条件

① 完成室外及房心回填土，安装好暖气盖板。

② 办完地基、基础工程隐检手续。

③ 按标高及设计和规范要求做好防潮层。

④ 弹好墙身线、轴线，根据现场砖的实际规格尺寸，在弹出门窗洞口位置线，经检验符合设计图样的尺寸要求，办完预检手续。

⑤ 按标高立好皮数杆，皮数杆的间距以 15～20m 为宜。

⑥ 砂浆。在试验室做好设计配合比，换算成实际施工配合比，准备好试模。

⑦ 砖浇水。黏土砖必须在浇筑前一天浇水湿润。一般以水侵入砖四边 1.5cm 为宜，含水率为 10%～15%，常温施工不得用干砖上墙；雨季不得使用含水率达到饱和状态；冬期浇水有困难时，则必须适当增大砂浆稠度。

⑧ 砂浆搅拌。砂浆配合比应采用质量比，计量精度为水泥的 ±2%，砂、灰膏控制在 ±5% 以内。宜采用机械搅拌，搅拌时间不少于 1.5min。

（4）砖砌墙

① 组砌方法。砌体一般采用一顺一丁（满丁满条）、梅花一丁或三顺一丁砌法。不采用五顺一丁砌法，砖柱不得采用先砌四周后填心的包心砌法。

② 拍砖摞底（干摆砖）。一般外墙第一层砖摞底时，两山墙排丁砖，前后檐纵墙排条砖。根据弹好门窗口的位置线，认真核对窗间墙、垛尺寸长度是否符合排砖模数，如不符合模数量可将门窗口的位置左右移动。若要切砖，七分头或丁砖应排在窗口中间、附墙垛或其它不明显部位。移动门窗口位置时，应注意立管及门窗口开启时不受影响。另外在排砖时还要考虑在门窗口上边的砖墙合拢也不出现破活。所以排砖时必须有个全盘考虑。即前后檐墙排第一皮砖时，要考虑甩窗口后砌条砖，窗角上必须是七分头才是好活。

③ 选砖。砌清水墙应选择棱角整齐，无弯曲、裂纹、颜色均匀、规格基本一致的砖。敲击时声音响亮，焙烧过火变色、变形的砖可在基础及不影响外观的内墙上。

④ 盘角。砌砖前应先盘角，每次盘角不要超过五层，新盘的大角及时进行吊、靠，如有偏差要及时修正。盘角时要仔细对照皮数杆的砖层和标高，控制好灰缝大小使灰缝均匀一致。大角盘好后在复查一次，平整度和垂直度完全符合要求后才可以挂线砌墙。

⑤ 挂线。砌筑一砖半墙必须双面挂线，如果长墙几个人使用一根通线，中间应设几个支线点。小线要拉紧，每层砖都要穿线看平，使水平缝均匀一致，平直通顺；砌一砖厚混水墙时宜采用外手挂线，可以照顾砖墙两面平整，为控制抹灰厚度奠定基础。

⑥ 砌砖。砌砖宜采用一铲灰、一块砖、一挤揉的"三一"砌砖法，即满铺、满挤操作法。砌砖时砖要放平，里手高，墙面就要背。砌砖一定跟线，"上跟线，下跟梭，左右相邻要对平"。水平灰缝厚度和竖向灰缝宽度一般为 10mm，但不应小于 8mm，也不应大于 12mm。为了保证跟清水墙面立缝垂直、不游丁走缝，当砌完一步架高时，宜每 2m 左右水平间距在丁砖立棱位置弹两道垂直立线，可以分段控制游丁走缝。在操作过程中，要认真进行自检，如出现有偏差，应随时纠正，严禁事后砸墙。清水墙不允许三分头，不得在上部随意切砖、乱缝。砌筑砂浆应随搅拌随使用，水泥砂浆必须在 3h 内用完，水泥混合砂浆必须在 4h 内用完，不得使用过夜砂浆，砌清水墙应随砌随勾缝，勾缝深度为 8～10mm，深浅一致，墙面清扫干净，混水墙应随砌随将舌头灰刮净。

⑦ 留槎。外墙转角应同时砌筑。内外墙交接处必须留斜槎，槎子长度不应小于墙体高度的 2/3，槎子必须平直、通顺。分段位置应在变形缝或门窗口角处。隔墙与墙或柱子不同时砌筑时可留阳槎加预埋拉结筋。沿墙每 500mm 预留 φ6 钢筋 2 根，其埋入长度从墙的留槎处算起，每边均不小于 500mm，末端应加 90 度弯钩。隔墙顶应用立砖斜砌挤紧。

⑧ 木砖、门窗洞口、预留空洞和墙体拉结筋。木砖预埋时应小头在外，大头在内，数量按洞口高度决定。洞口高在 1.2m 以内，每边放 2 块；高 1.2～2m，每边放 3 块；高 2～3m，每边放 4 块。预埋砖的部位一般在洞口上下边四皮砖，中间均匀分布。木砖要提前做好防腐处理。钢门窗安装的预留孔、硬架支模、暖卫管道均应按设计要求预留，不得事后剔凿。墙体抗震拉结筋的位置、钢筋规格、数量、间距长度、弯钩等均按设计要求留置，不应错放、漏放。

⑨ 安装过梁、梁垫。安装过梁、梁垫时，其标高、位置及型号必须准确，坐浆饱满。如坐浆厚度超过 20mm 时要用豆石混凝土铺垫，过梁安装时两端支撑点的长度一致。

⑩ 构造柱做法。凡设有构造柱的结构工程，在砌砖前，先根据设计图样将构造柱位置进行弹线，并把构造柱插筋处理顺直。砌砖墙时与构造柱连接处砌成马牙槎，每一个马牙槎沿高度方向的尺寸不宜超过 300mm（即五皮砖）。砖墙与构造柱之间应沿墙高每 500mm 设置 2 根 φ6 水平拉结钢筋连接，每边伸入墙内不应少于 1m。

（5）质量标准

① 主控项目

a. 砖和砂浆的强度等级必须符合设计要求。砖应有进场验收报告，批量及强度满足设计要求为合格。

砂浆应有配合比报告，计量配制，按规定留试块，并在分项工程中按检验批强度评定，符合要求为合格。

b. 砌体的砂浆饱满度不小于 80％。

c. 砖砌体的转角处和交接处应同时砌筑，严禁无可靠措施的内外墙分砌施工。对不能同时砌筑而必须留置的，临时间断处斜槎，斜槎水平投影长度不应小于高度的 2/3。

d. 非抗震设防及抗震设防烈度为 6 度、7 度地区的临时间断处，当不能留斜槎时，除转角处外，可留直槎，但直槎必须做成凸槎。留直槎处应加设拉结筋，拉结筋的数量为每边 120mm 墙厚放置 1 根 ϕ6 拉结钢筋，间距沿墙高不应超过 500mm；埋入长度从留槎出算起每边均不小于 500mm，对抗震设防烈度为 6 度、7 度地区，不应小于 1000mm，末端应有 90°弯钩。

e. 合格标准。直槎拉结筋及接槎处理按规定设置，留槎正确，拉结筋数量、直径正确，竖向间距偏差±100mm，留置长度基本正确为合格。

砖砌体的位置及垂直度允许偏差应符合表 13-1 的规定。

表 13-1　砖砌体的位置及垂直度允许偏差

序号	项　目		允许偏差/mm	检验方法
1	轴线位置偏移		10	用经纬仪和尺检查或用其它仪器检查
2	垂直度	每层	5	用 2m 托线板检查
		全高 ≤10m	10	用经纬仪、吊线和尺检查，或用其它测量仪器检查
		≤10m	20	

② 一般项目

a. 砖砌体组砌方式应正确，上、下错缝，内外搭砌，砖柱不得采用包心砌法。

b. 合格标准　除符合本条要求外，清水墙、窗间墙无通缝；混水墙中长度大于或等于 300mm 的通缝每间不超过 3 处，且不得位于同一墙体上。

c. 砖砌体的灰缝应横平竖直，厚薄均匀。水平灰缝厚度宜为 10mm，但不应小于 8mm，也不应大于 12mm。

砖砌体的一般尺寸允许偏差应符合表 13-2 的规定。

表 13-2　砖砌体一般尺寸允许偏差

序号	项　目		允许偏差/mm	检查方法
1	基础顶面和楼面标高		±15	用水平仪和尺检查
2	表面平整度	清水墙、柱	5	用 2m 靠尺和楔形塞尺检查
		混水墙、柱	8	
3	门窗洞口高、宽		±5	用尺检查
4	外墙上下窗口偏移		20	以底层窗口为准，用经纬仪或吊线检查
5	水平灰缝平直度	清水墙	7	拉 10m 线和尺检查
		混水墙	10	
6	清水墙游丁走缝		20	吊线和尺检查，以每层第一皮砖为准

（6）成品保护

① 墙体拉结筋、抗震构造柱钢筋、大模板混凝土墙体钢筋及各种预埋件、暖卫、电气管线等，均应注意保护，不得任一拆改或损坏。

② 砂浆稠度应适宜，砌墙时应防止砂浆溅污墙面。

③ 在放平台脚手架或安装大模板时，指挥人员和吊车司机要认真指挥和操作，避免在放置时碰撞刚砌好的砖墙。

④ 在高车架进料口周围，应用塑料薄膜或木板等遮盖，保持墙面洁净。

⑤ 尚未安装模板或墙面板的墙和柱，当可能遇到大风时，应采取临时支撑等措施，以保证施工中的稳定性。

（7）应注意的质量问题

① 基础墙与墙错台　基础砖撂底要正确，收退大放脚两边要相等，退到墙身之前要检查轴线和边线是否正确，如偏差较小可在基础部位纠正，不得在防潮层以上退台或出沿。

② 清水墙游丁走缝　排砖时应注意把立缝排匀，砌完一步架高度。每隔 2m 间距在丁砖立棱处用托线板吊直弹线，二步架往上继续吊直弹墨线，由底往上所有七分头的长度应保持一致，上层分窗口位置必须同下窗口保持垂直。

③ 水平灰缝大小不匀　立皮数杆要保证标高一直，盘角时灰缝要掌握均匀，砌砖时拉线要拉紧，防止一层松一层紧。

④ 窗口上部位立缝　清水墙排砖时，考虑到窗、垛，把切砖排在中间位置，在砌过梁上第一行砖时，注意立缝位置。

⑤ 砖墙鼓胀　外墙内模墙体砌筑时，在窗间墙上，抗震柱两边分上、中、下留出 6cm×12cm 通孔，抗震柱外墙面垫 5cm 厚木板，用花篮螺栓与大模板连接牢固，混凝土要分层浇灌，振捣棒不可直接触及外墙。楼层圈梁外二皮 12cm 砖墙也应认真加固。如在振捣时发现砖墙已鼓胀，则应及时拆掉重砌。

⑥ 混水墙粗糙　和头灰未刮净，半头砖集中使用造成通缝；一砖厚墙背面偏差较大；砖墙错层造成螺钉墙。半头砖要分散使用在较大的墙体上，首层或楼层的第一皮砖应与皮数杆的标高及层高对应，防止到顶砌成螺钉墙，一砖厚墙采用外手挂线。

⑦ 构造柱砌筑不符合要求　构造柱砖墙应砌成大马牙槎，设置好拉结筋从柱脚开始两侧都应先退后进，当尺深 12cm 时上口一皮进 6cm，再上一皮近 12cm，以保证混凝土浇灌上角密实，构造柱内的落地灰、砖渣杂物应清理干净，防止夹渣。

2. 框架结构混凝土浇筑

（1）材料要求

① 水泥　32.5 号以上矿渣硅酸盐水泥或普通硅酸盐水泥。进场时必须有质量证明书及腐蚀试验报告。

② 砂　宜粗砂或中砂。混凝土低于 C30 时，含泥量不大于 5%，高于 C30 时不大于 3%。

③ 石子　粒径 0.5～3.2cm，混凝土低于 C30 时含泥量不大于 2%，高于 C30 时不大于 1%。

④ 掺合料　粉煤灰等。其掺量应通过试验确定，并符合有关标准。

⑤ 混凝土外加剂　减水剂、早强剂等应符合有关标准的规定，其掺量经试验符合要求后，方可使用。

（2）主要机具　应备有混凝土搅拌机、磅秤（或自动计量设备）、双枪手推车、小翻斗车、尖锹、混凝土吊斗、平板及插入式振捣器、木抹子、长抹子、铁插尺、胶皮水管、铁板、串筒、塔式起重机等。

（3）作业条件

① 浇筑混凝土层段的模板、钢筋、预埋铁件及管线等全部安装完毕，经检查符合要求，并办完隐蔽、预检手续。

② 浇筑混凝土用的架子及马道已支搭完毕并经检查合格（应达到满足浇筑面范围和安全的要求）。

③ 水泥、砂、石及外加剂等经检查符合有关标准要求，试验室已下达混凝土配合比通知单。

④ 磅秤（或自动上料系统）经检查核定计量准确，振捣器（棒）经检查试运转合格。

⑤ 项目经理根据施工方案对操作班组已进行全面施工技术交底。混凝土浇灌申请书已被批准。

（4）作业准备　浇筑前应将模板内的垃圾、泥土等杂物及钢筋上的油污清除干净，并检查钢筋的水泥砂浆垫层是否垫好。如使用木模板时应浇水使模板湿润。柱子模板的扫除口应在清除杂物及积水后再封闭。剪力墙根部松散混凝土已剔掉清除。

（5）混凝土搅拌　根据施工配合比确定每盘各种材料用量及车辆重量，分别固定好水泥、砂石各个磅秤标准，在上料时车车过磅。骨料含水率应经常测定，及时调整配合比用水量，确保加水量准确。

装料顺序：一般先倒石子，再装水泥，最后倒砂子。如需加粉煤灰掺合料时，应与水泥一并加入。如需掺外加剂（减水剂、早强剂等），粉状应根据每盘加入量应预先装入小包装袋内（塑料袋为宜），用时与粗细料同时加入；液状应将每盘用量与水同时装入搅拌机搅拌。

搅拌时间：为使混凝土搅拌均匀，从全部拌合料装入搅拌桶内起到混凝土开始卸料止，混凝土搅拌的最短时间，可按表 13-3 的规定采用。

表 13-3　混凝土搅拌最短时间　　　　　　　　　　单位：s

混凝土坍落度/cm	搅拌机机型	搅拌机容量/L		
		小于 400	400～1000	大于 1000
≤3	自落式	90	120	150
	强制式	60	90	120
>3	自落式	90	90	120
	强制式	60	60	90

混凝土开始搅拌时，由施工单位主管技术部门和项目经理组织有关人员对出盘混凝土的坍落度、和易性等进行鉴定，检查是否符合配合比通知单要求，经调整合格后在正式搅拌，并记入施工记录内。

（6）混凝土运输　混凝土自搅拌机卸出后，应及时送到浇筑点。在运输过程中，要求防止混凝土离析、水泥浆流失、坍落度变化以及产生初凝的现象。如混凝土运到浇灌地点有离析现象时，必须在浇灌前进行二次拌和。

混凝土从搅拌机中卸出后至浇筑完毕的延续时间，不宜超过表 13-4 的规定。

表 13-4　混凝土从搅拌机中卸出后至浇筑完毕的延续时间　　　　单位：min

混凝土强度等级	气温/℃	
	低于 25	高于 25
≤C30	120	90
>C30	90	60

注：1. 掺用外加剂或采用快硬性水泥拌制混凝土时，应通过试验确定。

2. 轻骨料混凝土的运输、浇筑延续时间应当适当缩短。

泵送混凝土时必须保证混凝土泵连续工作，如果发生故障，停歇时间超过 45min 或混凝土出现离析现象，应立即用压力水或其它方法冲洗管内残留的混凝土。

(7) 混凝土浇筑与振捣的一般要求

① 混凝土自吊斗口下落的自由倾落高度不得超过 2m，浇筑高度如超过 3m 时必须采取措施，用串筒或溜管等。

② 浇筑混凝土时应分段分层连续进行，浇筑层高度应根据结构特点、钢筋疏密决定，一般为振捣器作用部分长度的 1.25 倍，最大不超过 30cm。

③ 使用插入式振捣器应快插慢拔，插点要均匀排列，逐点移动，顺序进行，不得遗漏，做到均匀振实。移动间距不大于振捣作用半径的 1.5 倍（一般为 30～40cm）。振捣上一层时应插入下层 5cm，以清除两层间的接缝。表面振动器（或称平板振动器）的移动间距，应保证振动器的平面覆盖已振实部分边缘。

④ 浇筑混凝土应连续进行。如必须间歇，其间歇时间应尽量缩短，并应在前层混凝土凝结之前将次层混凝土浇筑完毕。间歇的最长时间应按所用水泥品种及混凝土凝结条件确定，一般超过 2h 应按施工缝处理。

⑤ 浇筑混凝土时应观察模板、钢筋、预埋孔洞、预埋件和插筋等有无移动变形或堵塞情况，发现问题应立即停止浇灌，并应在已浇筑的混凝土凝结前修正完好。

(8) 柱的混凝土浇筑

① 柱浇筑前底部应先填以 5～10cm 厚与混凝土配合比相同的小石子砂浆，柱混凝土应分层振捣，振捣棒不得触动钢筋和预埋件。除上面振捣外，下面要有人随时敲打模板。

② 柱高在 3m 之内，可在柱顶直接下料浇筑，超过 3m 时应采取措施（用串筒）或在模板侧面开门洞安装斜溜槽分段浇筑，每段高度不得超过 2m，每段混凝土浇筑后将门洞模板封闭严实，并用箍箍牢。

③ 柱子混凝土应一次浇筑完毕，如需留施工缝时留在主梁下面，无梁楼板应留在柱帽下面。在与梁板整体浇筑时，应在柱浇筑完毕后停歇 1～1.5h（按此方法应事先作出施工方案，且计划周全），使其获得初步沉实后，在继续浇筑。

④ 浇筑完后（初凝前）应随时将伸出的搭接钢筋整理到位。

(9) 梁、板混凝土浇筑

① 梁、板应同时浇筑，浇筑方法应由一端开始，应"赶浆法"即先浇筑梁，根据梁高分层浇筑成阶梯形，当达到板底部位时再与板的混凝土一起浇筑，随着阶梯形不断延伸，梁板混凝土浇筑连续向前进行。

② 和板连成整体高度大于 1m 的梁，允许单独浇筑，其施工缝应留在板底以下 2～3cm 处。浇筑时，浇筑与振捣必须紧密配合，第一次下料慢些，梁底充分振实后再下下层料。用"赶浆法"保持水泥浆沿梁底包裹石子向前推进，每层均应振实后再下料，梁底及梁帮部位要注意振实，振捣时不得触动钢筋及预埋件。

③ 梁柱节点钢筋较密时，浇筑此处的混凝土宜用小粒径石子同强度的混凝土浇筑，并用小直径振捣棒振捣。

④ 浇筑板混凝土的虚铺厚度应略大于板厚，用平板振捣器垂直浇筑方向来回振捣，板厚可用插入式振捣器顺浇筑方向振捣，并用铁插尺检查混凝土厚度。振捣完毕后用长木抹子抹平。施工缝处或有预埋件及插筋处用木抹子找平。浇筑板混凝土时不允许用振捣棒铺摊混凝土。

⑤ 施工缝位置。宜沿次梁方向浇筑楼板，施工缝应留置在次梁跨度的中间三分之一范

围内。施工缝的表面应与梁轴线或板面垂直，不得留斜槎。施工缝宜用木板或钢丝网挡牢。

施工缝处须待已浇筑混凝土的抗压强度不小于 1.2MPa，才允许急促浇筑，在继续浇筑混凝土前，施工缝混凝土表面应凿毛，剔除浮动小石子，并用水冲洗干净，先浇一层水泥浆，然后继续浇筑混凝土，应细致操作振实，使新旧混凝土紧密结合。

（10）剪力墙混凝土浇筑

① 如柱、墙的混凝土强度等级相同时，可以同时浇筑，反之宜先浇筑柱混凝土。预埋剪力墙锚固筋，待拆柱模板后，再绑剪力墙钢筋、支模、浇筑混凝土。

② 剪力墙浇筑混凝土前，先在底部均匀浇筑 5cm 厚与墙体混凝土成分相同的水泥砂浆，并用铁锹入模，不应用料斗直接灌入模内。

③ 浇筑墙体混凝土应连续进行，间隔时间不用超过 2h，每层浇筑厚度控制在 60cm 左右，因此必须预先安排好混凝土下料点位置和振捣器操作人员数量。

④ 振捣棒移动间距应小于 50cm，每一振点的延续时间以表面呈现浮浆为度，为使上下层混凝土结合成整体，振捣器应插入下层混凝土 5cm。振捣时注意钢筋密集及洞口部位，为防止出现漏振，下料高度也要大体一致。大洞口的洞底模板应开口，并在此处浇筑振捣。

⑤ 混凝土墙体浇筑完毕之后，将上口甩出的钢筋加以整理，用木抹子按标高线将墙上表面混凝土找平。

（11）楼梯混凝土浇筑 楼梯段混凝土自上而下浇筑，先振实底板混凝土，达到踏步位置时再与踏步混凝土一起浇筑，不断连续向上推进，并随时用木抹子（或塑料抹子）将踏步上表面抹平。

施工缝位置：楼梯混凝土宜连续浇筑完，多层楼梯的施工缝应留置在楼梯段三分之一的部位。

（12）质量标准

① 主控项目

a. 结构混凝土的强度等级必须符合设计要求，用于检查结构构件混凝土强度的试件，应在混凝土的浇筑地点随机抽取。取样与试件留置应符合规定。检查施工记录及试件强度试验报告。

b. 对有抗渗要求的混凝土结构，其混凝土试件应在浇筑地点随机取样。同一工程、同一配合比的混凝土取样不应少于一次，留置组数可根据实际需要确定。检查试件抗渗试验报告。

c. 混凝土原材料每盘称重的偏差应符合表 13-5 的规定。

表 13-5 混凝土原材料每盘称重的偏差

材料名称	允许偏差/％
水泥、掺合料	±2
粗、细骨料	±3
水、外加剂	±2

每工作班抽查不少于一次，检查后形成记录。

d. 混凝土运输、浇筑及间歇的全部时间不应超过混凝土的初凝时间。同一施工段的混凝土应连续浇筑，并应在底层混凝土初凝之前将上一层混凝土浇筑完毕。当底层混凝土初凝后浇筑上一层混凝土时，应按照施工技术方案中对施工缝的要求进行处理。观察及检查施工记录。

② 一般项目

a. 施工缝的位置应在混凝土浇筑前按设计要求和施工方案确定，施工缝的处理应按施工技术方案执行。观察和检查施工记录。

b. 后浇带的位置按设计要求和施工技术方案确定，后浇带混凝土浇筑应按施工技术方案进行。观察和检查施工记录。

c. 凝土浇筑完毕后，应按施工技术方案及时采取有效的养护措施并应符合下列规定。

应在浇筑完毕后的 12h 以内对混凝土加以覆盖并保湿养护。

混凝土浇水养护的时间。对采用硅酸盐税基、普通硅酸盐水泥或矿渣硅酸盐水泥拌制的混凝土，不得少于 7 天；对掺用缓凝型外加剂或有抗渗要求的混凝土，不得少于 14 天；日平均气温低于 5℃ 时不得浇水，大体积混凝土的养护应有控温措施。

浇水次数以能观察出混凝土处于湿润状态为止；混凝土养护用水应与拌制用水相同。采用塑料布覆盖养护的混凝土，其敞露的全部表面应覆盖严密，并应保持塑料布内有凝结水；也可涂刷养护剂。

在混凝土强度达到 1.2N/mm² 前，不得在其上踩踏或安装模板及支架。观察和检查施工记录。

(13) 成品保护　要保证钢筋和垫块的位置正确，不得踩楼板、楼梯的弯起钢筋，不碰动预埋件和插筋。

不用重物冲击模板，不在梁或楼梯踏步模板吊帮上蹬踩，应搭设跳板，保护模板的牢固和严密。已浇筑楼板、楼梯踏步的上表面混凝土要加以保护，必须待混凝土强度达到 1.2N/mm² 以后，方准在面上进行操作及安装结构用的支架和模板。

(14) 应注意的质量问题

① 蜂窝　原因是混凝土一次下料过厚、振捣不实或漏振、模板的缝隙偏大水泥浆流失、钢筋较密而混凝土坍落度过小或石子过大、柱、墙根部板有缝隙，以致混凝土中的砂浆从下部涌出而造成的。

② 露筋　原因是钢筋垫块位移间距过大、漏放、钢筋紧贴模板造成露筋，梁和板底部振捣不实，漏振也可称出现露筋。

③ 麻面　原因是拆模过早或模板表面漏刷隔离剂；或模板湿润不够，构件表面混凝土黏附在模板上造成麻面脱皮。

④ 空洞　原因是钢筋较密集的部位混凝土被卡，未经振捣就继续浇筑上层混凝土。

⑤ 缝隙与夹渣层　原因是施工缝处杂物清理不净或未浇底浆等容易造成缝隙、夹渣层。

⑥ 梁、柱连接处断面尺寸偏差过大　主要原因是柱接头模板刚度差或支撑此部位模板时未认真控制断面尺寸。

⑦ 现浇楼面板和楼梯踏步上表面平整度偏差太大　主要原因是混凝土浇筑后表面未用抹子认真抹平。

第二节　工序交接班

工序交接班是指上、下工序的交接、班组间互检的制度，是保证工程质量、安全工作、不把隐患问题遗留下一道工序的把关措施。在交接中如发现大质量事故或安全隐患应立即报告工地技术负责人或施工员，待处理完毕方可进行交接验收。

凡已完成的每一个分项工程均需要进行工序交接班检查，参加人员有质检员、各工种生产负责人、施工员或技术负责人主持，并做好评定记录。交接以后，特别对脚手架、安全网、施工用电、"四口"防护的措施、施工机械安装等交接中存在的问题，应指明处理意见、完成时间、具体负责人等。

第三节 隐蔽工程验收记录

隐蔽工程验收是指在施工工艺顺序过程中，将工序施工所隐蔽的分项工程、分部工程在隐蔽前所进行的检查验收。隐蔽检查能否符合要求，是工程评定质量好坏的依据，它是保证工程质量、防止留有质量隐患的重要措施。对于隐蔽检查中提出的质量问题认真进行处理复验，符合要求签字后方可进行下道工序继续施工，不得留有隐患。隐患工程检查一般由项目经理主持，邀请设计、建设、监理和本单位的质量检查员及有关施工人员参加，并办理一定的手续。

隐蔽工程是指在施工过程中，上一道工序的工作成果将被下一道工序的工作成果覆盖，完工以后无法检查的那一部分工程。

隐蔽工程验收记录，是指参加隐蔽工程验收的有关人员，对被验工程同意验收而办理的记录，它是工程交工验收所必需的技术资料的重要内容之一。隐蔽工程验收记录见表 13-6。

表 13-6　隐蔽工程验收记录

验收日期：　　　年　　月　　日

工程名称						依据图样
隐蔽工程验收记录	检验批名称	部位(轴线、标高、批号)/mm	截面尺寸/mm	规格	主筋连接方式	简图说明(如无变更可标竣工图)
验收意见			自检意见			
监理(建设)单位验收人		(章)	施工单位专职质量检验员	(章)	单位工程项目技术负责人	

下面是隐蔽工程验收的内容。

1. 地基工程

地基隐蔽工程验收的内容为：槽底打钎，槽底土质情况，地槽尺寸和槽底标高，槽底坟、井、坑和橡皮土等处理情况和打桩记录等。

（1）槽底打钎　槽底打钎即钎探。基槽（坑）挖好后，将钢钎打入槽底的基土中，根据每打入一定深度的锤击次数间接地判断地基土质情况。锤击用 3.629kg（8 磅）或 4.535kg

（10磅）。打钎时，举锤离钎顶 $50\sim70cm$，将钢钎垂直地打入土中，并记录每打入土层 30cm 深的锤击数。

钎孔的布置和钎探的深度，应根据地基土质的复杂情况和基槽（坑）宽度、形状等，由设计单位定出。

前部钎探完成后，应整理钎探记录，并根据钎探资料，在现场重点检查锤击数过多或过少的钎孔土质，经各有关方面负责人鉴定符合设计要求后，办理"隐蔽"记录。

（2）槽底土质情况 槽底土质情况一般通过观察验槽决定。此项检查验收的内容为：

① 判明全部地基是否已挖至设计所要求的土层；

② 检查基底土有无局部过松或过硬的地方；

③ 检查基底土有无局部含水异常现象。

以上各点，如有不符合设计要求之处，均应会同设计单位及建设单位研究处理。

（3）地槽尺寸和槽底标高 检查地槽槽底的宽度和槽底的标高是否符合设计要求。检查方法为对槽底的宽度应用尺由中心线向两边量；对槽底的标高应用尺由基槽两边的水平桩向槽底量。

（4）槽底坟、井、坑和橡皮土等处理情况 槽底土质处理包括松土层（填土、坟土、淤泥），砖井或土井，局部范围内的硬土或橡皮土，古河及古塘等处理。处理的原则是使新填土的承载力尽可能接近设计要求槽底土质的承载力。处理方法一般由设计单位决定，处理完成后，应立即做出隐蔽工程验收记录。

（5）地下水的排除情况 当基槽底处于地下水位以下时，可采用水泵在集水井内抽水的明排水方法，或采用井点排水方法，降低地下水位，以保证基底不被水浸泡。对未被水浸泡的基底，可办理隐蔽工程验收。如基底被水浸泡，则应经有关单位负责人提出处理方案，并经处理合格后，方可办理隐蔽工程验收手续。

（6）排水暗沟、暗管的设置情况 某些建筑物的基底或基础中设有暗沟、暗管，应按设计图一一核对无误后，做出隐蔽工程验收记录。如属设备管道，尚应请安装单位在隐蔽工程验收记录上签字。

（7）土的更换情况 土的更换指挖去基槽（坑）底下的部分或全部软土（或硬土），然后回填达到要求的素土或砂、石等。土的更换应按设计要求施工，并做好隐蔽工程验收记录。

（8）试桩 打试桩主要是了解桩的贯入深度、持力层的强度、桩的承载力以及施工过程中可能遇到的各种问题和反常情况等。经过试桩，可以校核设计是否完善，并作为确定打桩方案采用打桩的技术要求和有关参数取值以及为保证质量措施提供依据。试桩应按设计规定进行，并做好施工详细记录。

（9）打桩记录 打桩记录是桩基工程重要的隐蔽工程验收依据，包括钢筋混凝土预制桩的预制和施工过程的检查记录、施工记录及各类灌注桩的施工记录。

2. 钢筋混凝土工程

钢筋混凝土隐蔽工程验收的内容为：钢筋混凝土基础和上部结构中所配置的钢筋类别、规格、形状、数量、接头位置、钢筋代用情况及预埋件；装配式结构构件的接头外钢筋；钢材焊接的焊条品种、焊缝接头方法、焊缝长度和宽度、高度及焊缝外观质量；沉降缝及伸缩缝设置等。

（1）钢筋混凝土基础 钢筋混凝土基础的隐蔽工程验收一般分为两个阶段进行。

第一阶段：待模板拆除后，先验收基础的断面形式和尺寸、基定标高、混凝土的外观质量，如不符合要求，应及时处理；

第二阶段：试压出混凝土试块 3 天或 7 天的抗压强度，并推算出 28 天抗压强度，如符合设计要求即可办理隐蔽工程验收记录手续。如果混凝土试块强度达不到设计要求（包括经 28 天养护的试块），则应按有关单位责任人提出的处理方案处理合格后，方可办理隐蔽工程验收手续。

（2）上部结构中所配置的钢筋　钢筋隐蔽验收即按其类别、规格、形状、数量、接头位置、钢筋代用情况及预埋件，一般按结构层或段进行隐蔽工作验收。构件验收的数量可按多少榀，多少根，也可以按所涉及的混凝土立方数计。

当对一根钢筋混凝土梁进行隐蔽工程验收时，应检查梁筋的类别（指按力学性能分的钢筋级别，如 HPB300、HRB335 等）、规格（指钢筋的直径）、数量（各种级别和规格的钢筋根数）、形状（一般指弯筋的起至点及弯起位置端部的锚固长度）、接头位置（包括结构位置和同一截面上接头钢筋的数量是否符合设计要求）、钢筋代用（指用一种级别或规格的钢筋代替另一种级别或规格的钢筋）、预埋件（指预埋件的规格、数量、位置）是否符合设计要求。

结构验收：对混凝土外观质量、梁和柱、板的外观尺寸、轴线位置、标高等进行观察检测及有关材料和强度试块等级核查，然后作出评价。

（3）装配式结构构件的接头外钢筋　检查接头外钢筋的类别、规格、数量、位置和绑扎的质量及构件搁置长度等是否符合设计要求，并检查接头处的金属部件的焊接是否符合钢结构施工及验收规范对焊缝的要求。

（4）钢材焊接的焊条及焊缝　钢材焊接的焊条品种，焊缝接头形式、焊缝长度、宽度、高度及焊缝外观质量要求如下：

① 钢材焊接时，其焊条的品种应符合《钢筋焊接及验收规程》（JGJ 18）的要求。如果采用搭接焊或帮条电弧焊，若钢材是若是 HPB300、HRB335 级钢筋，则焊条品种可为 E4303；若是 HRB400 级钢筋，则为 E5003。焊缝接头方法有钢筋电阻电焊、闪光对焊、电弧焊、电渣压力焊、气压焊、预埋件钢筋埋弧焊共 6 种。建筑工程中钢筋的焊接接头形式有对接接头、帮条接头和搭接接头，应按设计要求和规范规定进行验收。

② 焊缝长度、宽度和高度。在采用帮条焊缝或搭接焊时，焊缝长度不用小于帮条或搭接的长度；焊缝的宽度应大于或等于 $0.7d$（d 为接头钢筋直径）及不小于 10mm；焊缝的高度应大于或等于 $0.3d$ 及不小于 4mm。

③ 焊缝的外观质量。对电弧焊接头，焊缝表面应平顺，焊接接头区域不得有裂纹，不得有明显的凹陷、焊瘤、夹渣及气孔，咬边应符合 JGJ 18 规定。对电焊制品，焊点无脱落、漏焊、气孔、裂缝、空洞以及明显的烧伤现象。对对焊接头，接头应具有适当的墩粗和均匀的毛刺；钢筋表面没有明显的烧伤和裂纹；接头如有弯折，其角度不得大于 4°；接头轴线的偏移，其距离不得大于 $0.1d$，同时不得大于 2mm。

（5）沉降缝、伸缩缝、抗震缝　沉降缝、伸缩缝、抗震缝统称为变形缝。从结构和构造形式选择材料上考虑变形处的沉降和伸缩的可变性，是保证变形缝施工质量的关键，因此应严格按设计要求进行变形缝的隐蔽工程验收。

3. 砌体工程

隐蔽工程验收的内容有砌体质量和砌体中的配筋。

（1）砌体质量　砌体质量的隐蔽工程验收一般分为两个阶段进行。

第一阶段：先验收砌体的断面形式和尺寸，组砌方法，基顶标高及砌体的外观质量，如不符合要求，应及时进行处理。

第二阶段：施压出砂浆试块 3 天或 7 天的抗压强度，并推算出 28 天的抗压强度，如符合要求，即可办理隐蔽工程验收记录手续；如砂浆试块不符合要求（包括 28 天养护的试块），则应经有关单位负责人提出处理方案，并经过处理后，方可办理隐蔽工程验收手续。

（2）砌体中的配筋　检查砌体中配筋的部位及钢筋的类别、规格、数量、接头形式、锚固搁置长度等是否符合设计要求和施工规范的有关规定。

4. 地面工程

隐蔽工程验收的内容：已完成的地面下的地基，各种防护层以及经过防腐处理的结构或配件等各个环节。

（1）检查地面下的填土或原土结构被破坏经处理的土是否符合设计要求，如回填土前是否清底、夯实；橡皮土或结构被破坏的土是否更换或加固；回填土是否分层（分层厚度，对机械夯一般不大于 30cm，对人工夯实一般不大于 20cm）夯实，用碎石、碎砖做地基表面处理时，是否将其铺成一层，并用夯将其夯入土中 40cm；回填土的夯实地面是否平整，标高是否符合设计要求等。

（2）各种防护层常用的防水（潮）层和隔热层

① 防水层　检查防水层所用的材料、施工方法及防水层与墙、污水地漏、管道和其它构筑物的结合处是否符合设计要求。

② 隔热层　检查隔热材料是否分层铺设、排实；隔热层所用的材料及铺设厚度是否符合设计要求。

（3）检查经过防腐处理的结构和配件上的防腐材料是否符合设计要求，有无涂刷厚度过薄或过厚及偏刷、漏铺的情况。

5. 保温、隔热工程

隐蔽工程验收的内容：将被覆盖的保温层和隔热层。

在我国，习惯上将防止室内热量散发出去的叫保温，把防止室外热量进入室内的叫隔热。保温、隔热层的检查，主要是验收保温、隔热材料是否满足设计对热导率的要求、保温层的厚度是否达到要求、保温层是否受潮以及铺设是否满足施工规范的要求等。

6. 防水工程

隐蔽工程的验收内容有将被土、水、砌体或其它结构所覆盖的防水部位及管道、设备穿过防水层处。

检查找平层的厚度、平整度、坡度、防水构造节点及附加层处理的质量情况。

检查组成结构或各种防水层的原材料、制品及配件是否符合质量标准，结构和各种防水层是否达到设计要求的抗渗性、强度和耐久性。

7. 建筑采暖、卫生与煤气工程

隐蔽工程验收的内容有各种暗装、埋地和保温的管道、阀门、设备等。

检查管道的管径、走向、坡度、各种接口、卡架、防腐保温质量情况及水压和回灌试验情况。隐蔽验收一般分层次进行。如管道保温前，应先对管道安装和防腐工作进行隐蔽验收；保温层完成后。再对保温层进行隐蔽验收，到全部符合要求方可隐蔽。

8. 建筑电气安装工程

隐蔽工程验收的内容有各种电气装置的接地及敷设在地下、墙内、混凝土内、顶棚的照明、动力、弱电信号、高低压电缆和大（重）型吊扇的预埋件、吊钩、线路在经过建筑物的伸缩缝及沉降缝处的补偿装置等。

检查接地体的规格、材质、埋设深度、防腐做法，垂直和水平接地体的间距，接地体与建筑物的距离，接地干线与接地网的连接；检查各类暗设的电线、电缆导管的规格、位置、标志、功能要求，接头焊接质量；检查预埋电缆的埋深、走向、坐标、起始点终点、电缆规格型号、接头位置、埋入方法；检查预埋件吊钩的材质、规格、锚固补偿装置的规格、形状等。

9. 通风与空调工程

隐蔽工程验收内容有各种暗装和保温的管道、阀门、设备等。

检查管道的规模、材质、位置、标高、走向、防腐保温；阀门的型号、规格、耐压强度和严密性试验结果、位置、进出口方向等。

第四节　沉　降　观　测

应根据建筑物设置的观测点与固定（永久性水准点）的测点进行观测，测量其沉降程度并用数据表达。凡三层以上建筑、构筑物设计要求设置观测点，对软土地基、砂土地基等均应设置沉降观测，施工中应按期或按层进度进行沉降观测和记录，直至竣工。

一、沉降观测示意图内容

沉降观测示意图内容包括工程名称、沉降观测点及水准基准点平面布置示意图、沉降观测点标志示意图等。

1. 水准基点的设置

沉降观测水准基点（或称为水准点）在一般情况下，可以利用工程标高定位时使用的水准点作为沉降观测水准基点。如水准点与观测的距离过大，为保证观测的精度，应在建筑物或构筑物附近，另行埋设水准基点。

建筑物和构筑物沉降观测的每一区域，必须有足够数量的水准点，按《工程测量规范》（GB 50026）的规定应不少于 3 个。水准点应考虑永久使用，埋设坚固（不应埋设在道路、仓库、河岸、新填土、将建设或堆料的地方以及受地震影响的范围内），与被观测的建筑物和构筑物的间距为 30～50m，水准点埋头宜采用铜或不锈钢制成，如用普通钢代替，应注意防锈。水准点的埋设必须在基坑开挖前 15 天完成。

2. 沉降观测点标志

（1）测定建筑物或构筑物下沉的观测点，可根据建筑物的特点采用不同的类型。观测点标志上部应为突出的半球形或有明显的突出之处，观测点标志本身应牢固。沉降观测点应及时埋设，沉降观测点标志应安设稳定牢固，与柱身或墙保持一定距离，以保证能在标志上部垂直置尺。

（2）沉降观测点应有良好的通视条件。观测点的布置，应按能全面查明建筑物和构筑物基础沉降的要求，由设计单位根据工程地质资料及建筑结构的特点确定。

（3）砖墙承重的各观测点，一般可沿墙的长度每隔 8～12m 设置一个，并应设置在建筑物上。当建筑的宽度大于 15m 时，内墙也应在适当位置设观测点。

（4）框架式结构的建筑物，应在每一个桩基或部分桩基上安设观测点。具有浮筏基础或箱形基础的高层建筑，观测点应沿纵、横轴和基础（或接近基础的结构部分）周边设置。新建与原有建筑物的连接处两边，都应设置观测点。烟囱、水塔、油罐及其它类似的构筑物的观测点，应沿周边对称设置。

（5）沉降观测点具体布置位置，应由设计单位负责确定。对设计未作规定而按有关规定需作沉降观测的建筑或构筑物，其沉降观测点布置位置则由施工企业技术部门负责确定。

（6）沉降观测点平面布置图的比例一般为 1∶100 至 1∶500，所有观测点应有编号，以便观测记录。

二、沉降观测记录

沉降观测记录的内容有：工程名称，不同观测日期和不同工程状态下根据水准点测量得出的每个观测点高度，逐步沉降量。

1. 沉降观测的仪器及方法

沉降观察宜采用精密水准仪及铜水准尺进行，在缺乏上述仪器时，也可采用精密的工程水准仪（带有复合水准器）和刻度精确的水准尺进行。观察时应使用固定的测量工具，人员也宜固定。每次观察均需采用环形闭合方法或往返闭合方法当场进行检查。同一观察点的再次观察差不得大于 1mm，水准测量应采用闭合法进行。

采用二等水准测量应符合 $\pm 0.4\sqrt{n}$（mm）的要求；

采用三等水准测量应符合 $\pm 1.0\sqrt{n}$（mm）的要求。

（n 为水准测量过程中水准仪安设的次数）

2. 沉降观测的次数和时间

沉降观测的次数和时间，应按设计要求，一般第一次观测应在观测点安设稳定后及时进行。民用建筑每加高一层应观测一次，工业建筑应在不同荷载阶段分别进行观测；施工单位在施工期内进行的沉降观测，不得少于 4 次。建筑物和构筑物全部竣工后的观测次数：第一年 4 次，第二年 2 次，第三年后每年 1 次，至下沉稳定（由沉降与时间的关系曲线判定）为止。观测期限一般为：砂土地基 2 年，黏性土地基 5 年，软土地基 10 年。当建筑物和构筑物突然发生大量沉降、不均匀沉降或严重的裂缝时，应立即进行逐日或几天一次的连续观测，同时应对裂缝进行观测。

建筑物的裂缝观测，应在裂缝上设置可靠的观测标志（如石膏条等），观测后应绘制详图，画出裂缝的位置、形状和尺寸，并注明日期和编号。必要时应对裂缝照相。裂缝宽度可用刻度放大镜观测。

3. 其它

（1）观测编号一栏内各测点的编号应与沉降观测示意图中的编号一致。

（2）工程状态。对一般民用建筑以某层楼面（或标高）为状态标志；对工业建筑以不同荷载阶段为状态标志。

（3）每次沉降观测，应检查每一次观测用相邻观测点间的沉降量及累计沉降量，如果沉降过大或沉降不均匀，应及时采取措施。

三、沉降观测资料的整理

沉降观测资料应及时整理和妥善保存，作为该工程技术档案的一部分。

（1）根据水准点测量得出的每个观测点和其逐次沉降量（沉降观测成果表）。

（2）根据建筑物和构筑物的平面图绘制的观测点的位置图，根据沉降观测结果绘制的沉降量、地基荷载与延续时间三者的关系曲线图（要求每一观测点均应绘制曲线图）。

（3）计算出建筑物和构筑物的平均沉降量、相对弯曲和相对倾斜值。

（4）水准点的平面图和构筑图，测量沉降的全部原始资料。

（5）根据上述内容编写的沉降观测分析报告（其中应附有工程地质和工程设计的简要说明）。

四、沉降观测要点

（1）水准基点的设置。基点设置以保证其稳定可靠为原则，宜设置在基岩上，或设置在压缩性较低的土层上。水准基点的位置，宜靠近观测对象，但必须在建筑物所产生的压力影响范围外。

（2）观测点的设置。观测点的布置，应能全面反映建筑的变形并结合地质情况确定，数量不宜少于 6 个点。

（3）测量宜采用精密水平仪及钢水准尺，对第一观测对象宜固定测量工具和固定测量人员，观测前应严格校验仪器。

测量仪表精度为 II 级水准测量，视线长度宜为 20～30m，视线高度不宜低于 0.3m。

观测时应登记气象资料，观测次数和时间应根据具体建筑确定。在基坑较深时，可考虑开挖后的回弹观测。沉降观测记录见表 13-7。

表 13-7　沉降观测记录

沉降观测记录表													
工程名称													
		第　次			第　次			第　次			第　次			
		年　月　日			年　月　日			年　月　日			年　月　日			
		标高/m	沉降量/mm		标高/m	沉降量/mm		标高/m	沉降量/mm		标高/m	沉降量/mm		
			本次	累计		本次	累计		本次	累计		本次	累计	
沉降观测记过表	观测点编号												
工程状态													
施工单位		（章）	工程项目技术负责人		观测		记录		监理（建设）单位见证人					

第五节　地基验槽记录

为了普遍探明基槽内土质变化情况和布局，特殊土情况（如松软土质、古老的房基、坑、沟、坟穴等）以及核对建筑物位置、平面尺寸、槽宽、槽深是否与设计图样一致，这就需要在基础工程施工前进行验槽。进行验槽时，建设单位、监理单位、勘测单位、设计单位和施工单位均应派人参加。验槽完毕后，应及时办理验槽记录，各单位代表签字有效。验槽记录一般由监理工程师负责整理。

一、地基验槽记录的内容

地基验槽记录的主要内容有：工程名称，建设（监理）单位，工程部位，地基验槽内容验核意见及建设（监理）、设计、施工单位签章等。其中地基验槽的内容为：基槽（坑）开挖尺寸及加宽、加深、换土的情况，基底的土质情况及标高，斟酌（坑）内地下水及地表水情况，基土遇坟、井、坑、塘、人工土、旧房基、障碍物等的清除和处理情况，遇有流砂、橡皮土、地下电缆、给排水管道的处理情况等。

二、地基验槽记录的要求

地基验槽记录须有设计、建设（监理）和施工单位三方签字，质监人员如有参加的亦应签字。有打钎要求者应有打钎记录及平面图。必须进行地基处理者，应有处理记录及平面图，注明处理部位、深度及方法，并经复验签证。依据地质勘察报告验收地基土质是否与报告相符，核对基坑的土质和地下水情况是否与勘察报告一致；若地基土与报告不符，则需进行地基土处理的洽商。

验槽时应侧重在桩基、墙角、承重墙下或其它受力较大部位，并按槽壁土层分层情况及走向顺序观察，做到全面彻底查全貌，仔细慎重进行处理。

三、地基验槽记录的格式

地基验槽记录的格式详见表13-8。

表 13-8　地基验槽记录

地基验槽记录				
工程名称		基槽底设计标高		
施工单位		设计要求地质土层		
验槽日期		实际地质土层		
内容及草图				
A. 轴线尺寸情况				
B. 地质土层符合情况				
C. 脏土及有机物处理情况				
D. 设计标高误差情况				

建设单位（章）		勘察单位（章）	
项目负责人		项目负责人	
年　月　日		年　月　日	

设计单位（章）	监理单位（章）		施工单位（章）	
项目负责人	监理工程师		项目经理	
年　月　日	年　月　日		年　月　日	

第六节　土壤试验

土壤试验报告的内容一般应包括工程名称、委托单位、送样日期、取样部位、试验项目、试验编号、试验日期、试验结果、试验依据、试验人员等。

素土、灰土的干密度是反映土体质量的一个重要指标，是计算压实系数的一个重要数据，人工地基、复合地基、回填土等工程都对其有明确的要求。GB/T 50123《土工试验方法标准》规定：土样的干密度试验通常采用的方法的环刀法、蜡封法、灌水法、灌砂法等，冻土的密度试验方法一般采用浮标法、联合测定法、环刀法、充砂法等。

取样数量一般按每检验的每一步不少于一组（有具体要求时按具体要求执行），试样取样后应及时送试验室试验，以免水分蒸发而影响试验结果。

本试验主要是测量回填土的最佳含水量及最小干密度。填土压实后的干密度，应有90％以上符合设计要求，其余10％的最低值与设计值的差不得大于0.08g/cm³，应分散不得集中。

土壤试验报告应有相应的取样平面图，并且取样点标注明确。

回填土质、填土种类、取样及试验时间应与施工记录中的内容相符。

第七节　桩基础施工记录

桩基础施工记录包括常见的钢筋混凝土预制桩、钢管桩、钢板桩和木桩等打（压）桩工程以及混凝土和钢筋混凝土灌注桩。

桩基础施工记录的内容一般有：工程名称，施工单位，施工班组，施工日期，桩基编号，桩顶、桩底标高，设计规格尺寸，实际测量的规格尺寸，项目技术负责人、施工员签名，记录人签名等。除此，根据不同类型桩基的特点其记录内容也不尽相同。

（1）钢筋混凝土预制桩、钢桩等打桩施工记录内容。桩入土每米锤击次数、落距、最后贯入度、桩体垂直度、沉桩情况、桩顶完整情况；此外，还要附有试桩和桩基处理记录（截桩、接桩、补桩等）、重要工程的焊缝探伤检查记录、进场外观；现场预制桩还应有原材料、钢筋骨架混凝土强度检查记录等资料。

（2）静力压桩施工记录内容。压力、桩体垂直度、接桩间歇时间、电焊的间歇时间、压入深度等。

（3）混凝土及钢筋混凝土灌注桩施工记录内容。设计尺寸、成孔尺寸、桩孔垂直度、桩成孔计算体积、混凝土强度等级等。

一、钢筋混凝土预制桩施工记录

钢筋混凝土预制桩在压桩施工前应先进行质量检查验收，质量检查验收应在制作地点进行，根据桩的设计施工要求，对照检查检验记录、钢筋隐蔽记录、混凝土试块强度报告、桩的质量记录等是否满足设计和施工规范的要求。

钢筋混凝土预制桩施工记录的格式详见表13-9。

施工记录主要按下面的内容填写。

（1）工程名称：系指单位工程的名称。

表 13-9　钢筋混凝土预制桩施工记录

施工单位 _____　工程名称 _____

施工班组 _____　桩的规格 _____

桩锤类型及冲击部分重量 _____　自然地面标高 _____

桩帽重量 _____　气候 _____　桩顶设计标高 _____

编号	打桩日期	桩入土每米锤击次数											落距/mm	桩顶高出或低于设计标高/m	最后贯入度/mm·(10击)⁻¹
备注															

参加人员	监理(建设)单位	施工单位		
		专业技术负责人	质检员	记录人

（2）桩锤类型及冲击部分重量和桩帽重量，按采用机械的型号填写。

（3）自然地面标高和桩顶设计标高，一般按相对±0.000 标高填写。例如自然地面标高为－0.50m，桩顶设计标高为－2.50m。

（4）桩的规格。按实填写，例如 0.40m×0.40m×11.5m。

（5）桩入土每米锤击次数。指预制桩施打过程中每米入土的锤击次数记录。

（6）落距。按施工方案规定的实际落距。

（7）桩顶高出或低于设计标高。指预制桩施打完成后，实际桩顶标高高出或低于设计标高。

（8）最后贯入度。一般指贯入度已达到，而桩尖标高尚未达到时，应继续锤击 3 阵，其每阵实际的平均贯入度为最后贯入度。振动沉桩时，按最后 3 次振动（加压）每次 10 分钟或 5 分钟，测出每分钟的平均贯入度为最后贯入度。

二、试桩记录

没有打过桩的地方和重要工程先打试桩是必要的，对此的记录称为试桩记录，它的主要内容有设计标高、贯入度、偏差值等。试桩记录包括两方面的内容：一是预制桩（预应力桩、钢桩），在正式打桩前先打试桩，以检查设备和工艺是否符合要求，了解桩的贯入度、持力层的强度、桩的承载力以及施工过程中遇到的各种问题和反常情况等。通过实践，来修正拟定的设计打桩方案，以保证工程质量。二是桩基施工完毕，对成桩进行桩身完整性、实际承载力进行试验检测，以检查桩基的施工质量能否达到设计要求，此记录也称为试桩记录或检测报告，它的主要内容有工程概况、试验依据、试验方法、试验所采用的仪器设备、试验的结果等。

《建筑地基基础工程施工质量验收规范》（GB 50202）规定如下。

（1）对水泥土搅拌桩复合地基、高压喷射注浆桩复合地基、砂桩地基、振动桩复合地基、土和灰土挤密桩复合地基、水泥粉煤灰碎石桩复合地基及夯实水泥土桩复合地基，其承载力检验数量为总数的 0.5%～1%，但不应少于 3 处。有单桩强度检验要求时，数量为总数的 0.5%～1%，但不应少于 3 根。

（2）工程桩应进行竖向承载力检验。对于根基基础设计等级为甲级或地质条件复杂、成桩质量可靠性低的灌注桩，应采用静载荷试验的方法进行检验，检验桩数不应少于总数的 1%，且不应少于 3 根，当总桩数少于 50 根时，不应少于 2 根。

（3）桩身质量应进行检验。对于设计等级为甲级或地质条件复杂、成桩质量可靠性低的灌注桩，抽检数量不应少于总数的 30%，且不应少于 20 根，其它桩基工程的抽检数量不应少于总数的 20%，且不应少于 10 根；对混凝土预制桩基地下水位以上且终孔后经过检验的灌注桩，检验数量不应少于总数的 10%，且不应少于 10 根。每个柱子承台下不得少于 1 根。

（4）从事地基基础工程检测及见证试验的单位，必须具备省级以上（含省、自治区、直辖市）建设行政主管部门颁发的资质证书和计量行政主管部门颁发的计量认证合格证书。

第八节 结构吊装记录

一、结构吊装记录内容

结构吊装记录是指应用超重机械、吊具（吊钩、吊索、吊环、横梁等）或人力将构件直接安装在图样规定的位置，该记录是对结构进行吊装实施过程的记录（见表 13-10）。

表 13-10 结构吊装记录

施工单位：

工程名称						构件名称		
使用单位						吊装日期		
位置			安装检查				焊、铆、拴接检查	
跨	轴线	柱号	搁置与搭接尺寸	接头（点）处理	固定方法	标高复测	尺寸检查	外观处理
吊装结论								

项目技术负责人：　　　　质检员：　　　　记录人：

构件吊装记录是以经施工企业技术负责人审查签章后的本表格式形式归存。

二、资料要求

（1）结构吊装记录。工业与民用建筑工程均应分层填报，数量及子项填报清楚、齐全、准确、真实，签字要齐全。

（2）无结构吊装记录（应提供而未提供）为不符合要求。

（3）子项填写不全不能反映吊装工程内在质量时为不符合要求。

（4）结构吊装记录如出现下列情况之一者，该项目应核定为不符合要求。

① 无结构吊装记录（应提供而未提供）。

② 吊装记录内容不齐全，重点不突出，不能反映吊装工程的内在质量，吊装的主要质量特征不能满足设计要求和施工规范的规定。

三、施工要求

工程所用的吊装构件，必须有吊装施工记录。

（1）吊装前的检查

① 对照设计施工图，核对结构吊装的检查内容及技术复核是否真实、齐全，构件的型号、部位、搁置长度、固定方法、节点处理是否符合设计要求和有关规定。复杂的、特殊的装配结构吊装，其专门的吊装记录是否能反映吊装的主要质量特征。

② 钢结构的安装焊缝质量检验资料，高强螺栓的检查记录是否符合设计要求和质量标准。

③ 结构吊装是否存在质量问题，对存在的隐患是否进行鉴定和处理，处理后是否复验，复验意见是否明确，设计单位是否签认。

（2）构件运输应符合下列规定

① 构件运输时的混凝土强度，当设计无规定时，不应小于设计混凝土强度标准值的75%。

② 构件支撑的位置和方法，应根据其受力情况确定，不得引起混凝土的超应力或损伤构件。

③ 构件装运时应绑扎牢固，防止移动或倾倒；对构件边部或链索接触处的混凝土，应采用衬垫加以保护。

④ 在运输细长构件时，行车应平稳，并可根据需要对构件设置临时水平支撑。

（3）构件堆放应符合下列规定

① 堆放构件的场地应平整坚实，并具有排水措施，堆放构件时应使构件与地面之间留有一定空隙。

② 应根据构件的刚度及受力情况，确定构件平放或立放，并应保持其稳定。

③ 重叠堆放的构件，吊环应向上，标志应向外；其堆放高度应根据构件与垫木的承载能力及堆垛的稳定性确定；各层垫木的位置应在一条垂直线上。

④ 采用靠放、架立放的构件，必须对称靠放和吊运，其倾斜度应保持大于80°，构件上部宜用木块隔开。

（4）构件安装基本要求

① 构件安装时的混凝土强度，当设计无具体要求时，不应小于设计的混凝土强度标准

值的 75%；预应力混凝土构件孔道灌浆的强度，不应小于 15.0N/mm²。

② 构件安装前，应在构件上标注中心线。

支撑结构的尺寸、标高、平面位置和承载能力均应符合设计要求；应用仪器校核支撑结构和预埋件的标高及平面图位置，并在支撑结构上划出中心线和标高，根据需要尚应标出轴线位置，并做好记录。

③ 构件起吊应符合下列规定。

a. 当设计无具体要求时，起吊点应根据计算确定。在起吊大型空间构件或薄壁构件前，应采取避免构件变形或损伤的临时加固措施；当起吊方法与设计要求不同时，应验算构件在起吊过程中所产生的内力能否符合要求。

b. 构件在起吊时，绳索与构件水平面所成夹角不宜小于 45°，应经过验算或采用吊架起吊。

（5）构件安装就位后，应采取保证构件稳定性的临时加固措施。

（6）安装就位的构件，必须经过校正后方准焊接或浇筑混凝土，根据需要焊接后可再进行一次复查。

（7）结构构件的校正工作，应符合下列规定。

① 应根据水准点和主轴线进行校正，并做好记录；

② 吊车梁的校正，应在房屋结构校正并固定后进行。

（8）构件接头的焊接，应符合国家现行标准《钢结构工程施工质量验收规范》（GB 50205）和《建筑钢结构焊接技术规程》（JGJ 81）的规定，并经检查合格后，填写记录单。当混凝土在高温作用易损伤时，可采用间隔流水焊接或分层流水焊接的方法。

（9）装配式结构是承受内力的接头和接缝，应采用混凝土或砂浆浇筑，其强度等级宜比构件混凝土强度等级提高一级；对不承受内力的接缝，应采用混凝土或水泥砂浆浇筑，其强度不应低于 15.0N/mm²。对接头或接缝的混凝土或砂浆宜采取微膨胀的快硬措施，在浇筑过程中必须捣实。

（10）承受内力的接头和接缝，当其混凝土强度未达到设计要求时，不得吊装上一层结构构件；当设计无具体要求时，应在混凝土强度不小于 10.0N/mm² 或具有足够的支撑时，方可吊装上一层结构构件。

（11）已安装完毕的装配式结构，应在混凝土强度达到设计要求后，方可承受全部设计荷载。

第九节　地基与基础工程、主体结构工程验收记录

建筑与结构部分共有四个分部工程，当单位工程进入主体结构施工前必须进行基础质量验收，装修前必须进行主体结构工程质量验收，主体结构工程量较大时可分阶段验收。未经验收或验收不合格的工程不得进行下道工序施工。地基与基础工程、主体结构工程的验收由总监理工程师组织施工单位、设计单位、勘察单位参加，验收完毕将验收结果报当地建设行政主管部门或质量监督部门。

《建筑工程施工质量验收统一标准》（GB 50300）规定分部（子分部）工程质量验收合格应符合下列规定：

① 分部（子分部）工程所含分项工程的质量均应验收合格；

② 质量控制资料完整；

③ 地基与基础、主体结构和设备安装等分部工程有关安全及功能的检测和抽样检测结果应符合有关规定；

④ 观感质量验收应符合要求。地基与基础工程、主体结构工程的验收记录包括分部（子分部）工程验收记录表（表 13-11）及其附件 1～附件 3，即工程质量控制资料核查记录表、结构实体的检验（检测）报告、结构实体观感质量检查记录等。结构验收记录表格的填写详见分部（子分部）工程验收记录部分。

表 13-11 分部（子分部）工程验收记录表

单位(子单位)工程名称				结构类型及层数	
施工单位		技术部门负责人		质量部门负责人	
分包单位		分包单位负责人		分包技术负责人	

序号	子分部(分项)工程名称	分项工程(检验批)数	施工单位检查评定		验收意见
1					
2	质量控制资料				
3	安全和功能检验(检测)报告				
4	观感质量验收				

验收单位	分包单位	项目经理		年 月 日
	施工单位	项目经理		年 月 日
	勘察单位	项目负责人		年 月 日
	设计单位	项目负责人		年 月 日
	监理(建设)单位	总监理工程师(建设单位项目专业负责人)		年 月 日

注：地基与基础、主体结构分部工程质量验收不填写"分包单位""分包单位负责人""分包技术负责人"。地基与基础、主体结构分部工程验收勘察单位应签认，其它分部工程验收勘察单位可不签认。

附件 1

＿＿＿＿＿＿分部（子分部）工程质量控制资料核查记录

工程名称		施工单位		
序号	资料名称	份数	核查意见	核查人
1				
2				
3				
4				
5				
6				
7				
8				
9				
10				
11				
12				
13				
14				
15				

核查结论：

	分包单位		设计单位	
核查人员签字	施工单位		勘察单位	
	监理（建设）单位：			

附件 2

_____分部（子分部）工程
结构实体的检验（检测）报告

工程名称		结构类型								强度等级数量	
施工单位		项目经理								项目技术负责人	
构件名称		试件强度代表值/MPa								强度评定结果	监理（建设）单位验收结果
检查结论							验收结论				
	项目专业技术负责人：						监理工程师（建设单位项目专业技术负责人）				

附件 3

_____分部（子分部）工程

结构实体观感质量检查记录

工程名称			结构类型		检测钢筋数量		
施工单位			项目经理		项目技术负责人		

构件类型		钢筋保护层厚度/mm						合格点率/%	评定结果	监理（建设）单位验收结果
		设计值	实测值							
梁	1									
	2									
	3									
	4									
	5									
	6									
	7									
	8									
	9									
板	1									
	2									
	3									
	4									
	5									
	6									
	7									
	8									
	9									

检查结论		验收结论	
	施工单位（章） 项目专业技术负责人		监理单位（章） （建设单位项目专业技术负责人）

结构实体的检验范围仅限于涉及安全的柱、墙、梁等结构构件的重要部位。结构实体检验采用有关各方面参与的见证抽样形式，以保证检验结果的公正性。受检测手段的制约，目前结构实体的检验还主要是对混凝土强度、重要结构构件的钢筋保护层厚度进行检验。

一、地基与基础工程质量验收资料

1. 地基与基础工程

（1）施工图样和设计变更记录。

（2）原材料、半成品质量合格证和进场检验记录。

（3）砂浆、混凝土配合比通知。

（4）砂浆、混凝土试块强度试验报告。

（5）隐蔽工程验收记录。

（6）桩的检测记录。

（7）各种检测试验钎探记录。

（8）见证取样试验记录。

（9）施工记录。

（10）其它必须提供的文件或记录。

2. 地下防水工程

（1）施工图及设计变更记录。

（2）材料出厂合格证和进场复验报告。

（3）材料代用核定记录。

（4）施工方案（施工方法、技术措施、质量保证措施）。

（5）中间检查记录。

（6）隐蔽工程验收记录。

（7）砂浆、混凝土配合比通知。

（8）砂浆、混凝土强度试验报告。

（9）抗渗试验报告。

（10）施工记录。

（11）各检验批质量验收记录。

（12）其它必要的文件和记录。

二、主体结构质量验收资料

1. 混凝土子分部工程验收资料

（1）设计变更文件。

（2）原材料出厂合格证和进场复验报告。

（3）钢筋接头的试验报告。

（4）混凝土工程施工记录。

（5）混凝土试件的性能试验报告。

（6）装配式结构预制构件的合格证和安装验收记录。

（7）预应力混凝土钢筋用锚具、连接器的合格证和进场复验报告。

（8）预应力混凝土钢筋安装、张拉及灌注记录。

（9）隐蔽工程验收记录。

（10）检验批验收记录。

（11）混凝土结构实体检验记录。

（12）工程的重大质量问题和处理方案和验收记录。

（13）其它必要的文件和记录。

2. 砌体子分部工程验收资料

（1）施工执行的技术标准、施工组织设计、施工方案。

（2）砌块及原材料的合格证书、产品性能检测报告。

（3）混凝土及砂浆配合比通知单。

（4）混凝土及砂浆试件抗压强度试验报告。

（5）施工质量控制资料。

（6）各检验批验收记录表。

（7）施工记录。

（8）重大技术问题处理或修改设计的技术文件。

（9）其它资料。

分部（子分部）工程验收记录表见表 13-11。

第十四章 施工试验记录

学习内容

1. 回填土、灰土、砂和砂石试验；
2. 砌筑砂浆试验；
3. 混凝土试验；
4. 焊接试验资料；
5. 现场预应力混凝土试验。

知识目标

1. 掌握回填土、灰土、砂和砂石试验；
2. 掌握砌筑砂浆试验；
3. 掌握混凝土试验；
4. 熟知焊接试验资料；
5. 掌握现场预应力混凝土试验。

能力目标

1. 会进行回填土、灰土、砂和砂石试验；
2. 会进行砌筑砂浆试验；
3. 会进行混凝土试验；
4. 会进行焊接试验资料的整理；
5. 会进行现场预应力混凝土试验。

第一节　回填土、灰土、砂和砂石

回填土一般包括柱基、槽基管沟、基坑、填方、场地平整、排水沟、地（路）面基层和地基局部处理回填的素土、灰土、砂和砂石等。

一、取样

（1）分层分段取样　回填土必须分层、分段夯压密实，并分层、分段取样做干密度试验。

（2）取样方法（环刀法、灌砂法）

① 环刀法　每段每层进行检验，应在夯实层下半部（至每层表面以下 2/3 处）用环刀取样。

② 灌砂法　用于级配砂石回填或不宜用环刀法取样的土质。采用灌砂法取样时，取样数量可较环刀法适当减少，取样部位应为每层压实后的全部深度。

（3）取样数量

① 柱基　抽取柱基的 100%，但不少于 5 点。

② 基槽管沟　每层按长度 20~50m 取 1 点，但不小于 1 点。

③ 基坑　每层 100~500m² 取 1 点，但不少于 1 点。

④ 挖方、填方　每层 100~500m² 取 1 点，但不少于 1 点。

⑤ 场地平整　每层 400~900m²，取 1 点，但不少于 1 点。

⑥ 排水沟　每层 20~50m 取一点，但不少于 1 点。各层取样点应错开，并应绘制取样平面位置图。

⑦ 地（路）面基层　每层按 100~500m² 取 1 点，但不少于 1 点。各层取样点应错开，并应绘制取样平面位置图。

二、试验报告

（1）回填土必试项目为干密度。

（2）试验结果判定

① 应按设计图样要求进行判定　填土压实后的干密度，应有 90% 以上符合设计要求，其余 10% 的最低值与设计值的差不得大于 0.08g/cm³，且应分散，不得集中。

② 要求最小干密度　设计图样有要求的，填写设计要求值；设计无要求的，应符合下列标准：

a. 素土夯实后的干密度一般情况下应大于等于 1.65g/cm³（黏土可降低 10%）。

b. 灰土（土料）　轻亚黏土要求最小干密度 1.55g/cm³；亚黏土要求最小干密度 1.50g/cm³；黏土要求最小干密度 1.45g/cm³。

c. 砂和砂石（级配砂石）　砂、中砂要求最小干密度 1.55~1.60g/cm³。

d. 级配砂石　按设计规定干密度的要求。当设计无要求时，最小干密度 2.1~2.2g/cm³。

（3）试验结果不合格，应立即上报领导及时处理。试验结果不得抽撤，应注明如何处理，并附处理合格证明签字，盖章存档。

三、资料要求

（1）素土、灰土及级配砂石、砂石地基的干密度试验，应有取样位置图，取点分布应符合标准。

（2）土壤试验记录填写齐全。

（3）土体试验报告单的子目应齐全，计算数据准确，签证手续完备，鉴定结论明确。

（4）单位工程的素土、砂、砂石等回填必须按每层取样，检验的数量、部位、范围和测试结果是否符合设计要求及规范规定。如干密度低于质量标准时，必须有补夯措施和重新进行测定的报告。

（5）大型和重要的填方工程，其填料的最大干土密度、最佳含水量等技术参数必须通过击实试验确定。

（6）试验项目齐全，有取样位置图。试验结果符合规范规定为符合要求。

（7）没有试验为不符合要求；虽经试验，但没有取样位置图或无结论，且试验结果不符合规范规定应为不符合要求。当试验结果符合要求时，可视具体情况定为基本符合要求或不符合要求。

（8）评定时，如出现下列情况之一者，该项目应定为不符合要求：大型土方或重要的填方工程以及素土、灰土、砂石等地基处理，无干土密度试验报告单或报告单中的实测数据不符合质量标准；土壤试验有"缺、翻、无"现象及不符合有关规定的内容和要求。

第二节　砌　筑　砂　浆

砌筑砂浆是指砖、石砌体所用的水泥砂浆和水泥混合砂浆。组合材料为水泥、掺合料和骨料。

一、试配申请和砂浆试配报告单

砌筑砂浆的配合比都应经试配确定。施工单位应从现场抽取原材料试样，根据设计要求向有资质的试验室提出试配申请，由试验室通过试配来确定砂浆配合比（表 14-1），砂浆配合比采用质量比。

表 14-1　砂浆试配报告单

委托单位：　　　　　　　　　　　　　　　　　　　　　　　　　　　　　　试验编号：

工程名称			委托日期	
使用部位				
砂浆种类		设计等级		
水泥品种强度等级		生产厂家		
砂规格				
掺合料种类				
外加剂种类				

配　合　比

材料名称	水泥	砂子	掺合料	水	外加剂
用量/(kg/m³)					
质量配合比					
实测稠度					
依据标准					
检验结论：					

试验单位：　　　技术负责任：　　　　审核：　　　试验：

　　砂浆试配报告单是以经施工企业负责人审查签章后的本表格形式或当地建设行政部门授权部门下表的表式归存。资料内容应予满足。砌筑砂浆原材料应符合下面要求。

　　（1）水泥。应具有出场合格证及复试试验报告单。

　　（2）砂。宜采用中砂，并应过筛，不得含有草根等杂物。

　　（3）石灰膏。要防止石灰膏干燥、冻结和污染，脱水硬化的石灰膏严禁使用。

　　（4）水。宜采用不含有害物质的纯净水。

二、抗压试验报告

1. 砌筑砂浆试验的取样方法和试块留置规定

　　（1）用于承重墙体的砌筑砂浆必须进行见证取样和送检，送检数量由 10％增至 30％。

　　（2）取样方法。以同一强度等级、同一配合比、同种原材料，分层分段或 250m³ 砌体为一取样单位。

　　（3）每一取样单位留置标准养护 28 天试块不少于 1 组（每组 6 块）。如砂浆强度或配合比变更时，还应制作试块。

　　（4）每一取样单位还应制作同条件养护试块不少于 1 组。

　　（5）试块要有代表性，每组试块的试样必须取自同一次拌制的砌筑砂浆拌合物。

　　施工中取样应在使用地点的砂浆槽、砂浆运送车或搅拌机出料口，至少从三个不同部位集取，数量应多于试验用料量 1～2 倍。

2. 砌筑砂浆必试项目

　　必试项目：稠度、抗压强度。

　　（1）稠度。取两次试验结果的算术平均值，计算值精确至 1mm。取两次试验值之差，如大于 20mm，则应另取砂浆搅拌后重新测定。

　　（2）抗压强度。以 6 个试件测值的算术平均值，作为该组试件的抗压强度值。当 6 个试的最大值或最小值与平均值的差超过 20％时，以中间 4 个试件的平均值作为该组试件的抗压强度值。

3. 砂浆试块抗压强度汇总验收

　　《砌体工程施工质量验收规范》（GB 50203）规定砌筑砂浆试块强度验收时其强度合格标准必须符合以下规定。

　　同一验收批砂浆试块抗压强度平均值必须大于或者等于设计强度等级所对应的立方体抗压强度，同一验收批砂浆试块抗压强度的最小一组平均值必须大于或等于设计强度等级所对应的立方体抗压强度的 0.75 倍。这里要注意两点：

　　（1）砌筑砂浆的验收批。同一类型、强度等级的砂浆试块应不少于三组。当同一验收批只有一组试块时，该组试块抗压强度的平均值必须大于或等于设计强度等级所对应的立方体抗压强度。

　　（2）砂浆强度应以标准养护、龄期为 28 天的试块抗压试验结果为准。凡强度未达到设计要求的砂浆，要有处理措施。涉及承重结构砌体强度需要检测的，应经法定检测单位检测鉴定，并经设计签认。

4. 资料要求

　　（1）砂浆强度以标准养护龄期 28 天的试块抗压试验结果为准，在冬施条件下养护时应增加同条件养护的试块，并有测温记录。

　　（2）非标准养护试块应有测温记录，超龄期试块按有关规定换算为 28 天强度进行评定。

　　（3）砌筑砂浆试块强度验收时其强度合格标准必须符合规定。

（4）每一检验批且不超过 250m³ 砌体的各种类型及强度等级的砌筑砂浆，每台搅拌机应至少抽检一次；在砂浆搅拌机出料口随机取样制作砂浆试块（同盘砂浆只应制作一组试块），最后检查试块强度试验报告单。

（5）当施工中或验收时出现下列情况，可采用现场检验方法对砂浆和砌体强度进行原位检测或取样检测，并判定其强度。

① 砂浆试块缺乏代表性或试块数量不足；

② 对砂浆试块的试验结果有怀疑或有争议；

③ 砂浆试块的试验结果，不能满足设计要求；

④ 有特殊性能要求的砂浆，应符合相应标准并满足施工规范要求。

（6）砂浆试块留置数量不符合要求，其代表性不足，为不符合要求。但经设计部门认定合格者，可按基本符合要求验收。

（7）部位不清、子项填写不全，应为不符合要求。

（8）砂浆试块用料与设计不符的，如设计为混合砂浆，而实际用水泥砂浆，虽强度达到设计强度等级仍应为不符合要求。

砌筑砂浆试块抗压强度汇总及验收表见表 14-2。

表 14-2　　　　　　　　　　砌筑砂浆试块抗压强度汇总及验收表

							技 1-18
砌筑砂浆抗压强度汇总及验收表							
工程名称						日期	
序号	试块代表部位	设计强度等级	试验报告编号	试块抗压强度值 /(N/m²)	砌筑砂浆强度验收合格标准		验收结果
					$f_{2,m} \geq f_2$　　　$f_{2,min} \geq 0.75 f_2$ 式中 f_2 为砂浆设计强度等级所对应的立方体抗压强度（MPa） $f_{2,m}$ 为同一验收批砂浆试块抗压强度平均值（MPa） $f_{2,min}$ 为同一验收批砂浆试块抗压强度的最小一组平均值（MPa）		
					计算数据	$f_2 =$　　　　$f_{2,m} =$	
						$f_{2,min} =$　　　$n =$	
					计算结果		
施工项目技术负责人					审核		计算

第三节　混　凝　土

一、结构工程普通混凝土

以水泥为胶结料与水、细骨料、粗骨料以及必要时掺入外加剂和混合材料配制而成的拌合物称为混凝土。

14.1　单位工程质量竣工验收记录

1. 材料组成

（1）水泥。拌制混凝土所用的水泥，应符合其相应种类的国家标准，包括硅酸盐水泥、《普通硅酸盐水泥》（GB 175）、矿渣硅酸盐水泥、火山灰硅酸盐水泥、粉煤灰硅酸盐水泥（GB 1344）、《复合硅酸盐水泥》（GB 12958）等六种。

（2）骨料。应按《普通混凝土用砂质量及检验方法》（JGJ 52）、《普通混凝土用碎石或卵石质量及检验方法》（JGJ 53）规定执行。

（3）水。一般指饮用水，即浑浊度不超过 3 度，特殊情况不超过 5 度的水。

但是，近几年来，我国饮用水资源相当紧张。为了扩大混凝土拌和的取水范围，还应符合《混凝土拌和用水标准》（JGJ 63）的规定。此外应注意以下几点。

① 地表水和地下水首次使用前，必须进行检验。

② 海水可拌制素混凝土，不可拌制钢筋混凝土和预应力混凝土及有饰面要求的混凝土。

③ 工业废水经检验合格后可用于拌制混凝土，否则必须予以处理，合格后方可使用。

④ 混凝土外加剂。外加剂在拌制混凝土时掺入，用以改善混凝土性能，掺量一般不大于水泥质量的 5%（特殊情况除外）。

⑤ 混合材料。一般掺用的混合材料有粉煤灰，其掺量不宜超过基准混凝土水泥用量的 35%。用粉煤灰取代水泥率不宜超过 20%。

2. 混凝土配合比申请单和混凝土强度试配报告单

（1）试配申请　工程结构的混凝土配合比，必须经有资质的试验室通过计算和试配来确定。配合比要用质量比。

应根据混凝土设计强度等级，由施工单位现场取样（包括水泥、砂、石、外加剂等）送试验室。

取样。水泥 12kg，砂、石各 20～30kg。填写混凝土配合比申请单，并向试验室提出试配申请。对抗冻、抗渗、高强、大体积混凝土，应提出设计抗冻、抗渗及有关要求。

（2）混凝土配合比申请单的填写要求　配合比申请单中项目应填写齐全，至少一式三份。其中工程名称要具体，施工部位要注明（某层、某段）。

进场日期系指水泥运到现场的时间。

试验编号一栏必须填写，水泥、砂、石填写好复试单试验编号。其它材料、掺和料和外加剂等有则按名称、复试单编号填写，没有则划斜杠，不应空缺。

（3）混凝土强度试配报告单　混凝土强度试配报告单是由试验室经试配、调整选取最佳配合比填写签发的（表 14-3）。施工中要严格按此配合比计量施工，不得随意修改。施工单位领取配合比通知单后，要验看是否与申请要求吻合，要无涂改、签章齐全、字迹清晰，并注意备注说明。

表 14-3 混凝土强度试配报告单

委托单位： 试验编号：

工程名称				委托日期	
使用部位				报告日期	
混凝土种类		设计等级		要求坍落度	
水泥品种强度等级		生产厂家		试验编号	
砂规格					
石子规格					
外加剂种类及掺量					
掺和料种类及掺量					
配 合 比					
材料名称	水泥	砂子	石子	水	外加剂	掺和料
用量/(kg/m³)						
质量配合比						
搅拌方法		振捣方法		养护条件		
砂率/%		水灰比		实测坍落度		
依据标准						
备注						

试验单位： 技术负责人： 审核： 试(检)验：

混凝土配合比申请单与混凝土试配报告单是混凝土施工试验的重要依据，要按时间先后填写目录表、归档，不得遗失、损坏。

混凝土强度试配报告单是以经施工企业技术负责人审查签章后的本表格式形式或当地建设行政部门授权部门下发的表式归存。资料内容应予满足。

（4）水泥用量限值 无筋混凝土最小水泥用量 $225kg/m^3$；配筋混凝土最小水泥用量 $280kg/m^3$；最大水泥用量 $550kg/m^3$。

3. 普通混凝土强度试验取样批量、取样方法规定

（1）每拌制 100 盘且不超过 $10m^3$ 的同一配合比的混凝土，其取样不得少于一次。

（2）每工作班拌制的同一配合比的混凝土不足 100 盘时，其取样不得少于一次。

（3）当一次连续浇筑超过 $1000m^3$ 时。同一配合比的混凝土，每 $200m^3$ 取样不得少于一次。

（4）每一楼层，同一配合比的混凝土，取样不得少一次。

（5）每一次取样至少制作 1 组标准养护试块。

（6）同条件养护试件的留置组数，可根据实际需要确定。

（7）冬期施工应增设不少于 2 组与结构同条件养护的试件，分别用于检验受冻前的混凝土强度和转入常温养护的混凝土强度。

4. 混凝土试件的制作及养护

（1）混凝土试件的制作 混凝土抗压试块的留置数量，以同一龄期者为 1 组，每组至少有 3 个属于同盘混凝土、在浇筑地点同时制作的混凝土试块。抗压强度试验用的试块为立方体。应注意，混凝土中粗骨料的最大粒径选择试件尺寸，立方体试件边长应不小于骨料最大粒径的 3 倍。如大型构件的混凝土中骨料直径很大而使用边长为 100mm 的立方体试块，试验结果很难有代表性。

在拌和混凝土前，应将试模擦拭干净，并在模内涂一薄层机油。

用振动法捣实混凝土时，将混凝土拌合物一次装满试模并用捣棒初步捣实，使混凝土拌合物略高出试模，放在振动台上，一手扶住试模，一手用铁抹子在混凝土表面施压。并不断来回擦抹。按混凝土稠度（工作度或坍落度）的大小确定振动时间，所确定的振动时间必须保证混凝土能振捣密实，待振捣时间即将结束时，用铁抹子刮去表面多余的混凝土，并将表面抹平。同一组的试块，每块振动时间必须完全相同，以免密度不均匀影响强度的均匀性。

在施工现场制作试块时，也可用平板式振捣器，振动至混凝土表面水泥浆呈现光亮状态时止。

用插捣法人工捣实试块时，按下述方法进行。

① 对于 100mm×100mm×100mm、150mm×150mm×150mm 或 200mm×200mm×200mm 的立方体试块，混凝土拌合物分两层装入，其厚度约相等。

② 插捣时应在混凝土全面积上均匀地进行，由边缘逐渐向中心。

③ 插捣底层时，捣棒应达到试模底面。捣上层时捣棒应插入该层底面以下 2～3cm 处。

④ 面层插捣完毕后，再用抹子沿四边模壁插捣数下，以消除混凝土与试模接触面的气泡，并可避免蜂窝、麻面现象，然后用抹子刮去表面多余的混凝土，将表面抹光，使混凝土稍高于试模。

⑤ 静置半小时后，对试块进行第二次抹面，将试块仔细抹光抹平，以使试块与标准尺寸的误差不超过±1mm。

（2）试块的养护

① 试块成型后，用湿布覆盖表面，在室温为 16～20℃下至少静放一昼夜，但不得超过两昼夜，然后进行编号及拆模工作；混凝土拆模后，要在试块上写清楚混凝土强度等级代表的工程部位和制作日期。

② 拆去试模后，随即将试块放在标准养护室（温度 20℃±3℃，相对湿度大于 90％，应避免直接浇水）养护至试压龄期为止。

【注】 1. 现场施工作为检验拆模强度或吊装强度的试块，其养护条件应与构件的养护条件相同。

2. 现场作为检验依据的标准强度试块，允许埋在湿砂内进行养护，但养护温度应控制在 16～20℃范围内。

3. 在标准养护室内，试块宜放在铁架或木架上养护，彼此之间的距离至少为 3～5cm。

4. 试块从标准养护室内取出，经擦干后即进行抗压试验。

5. 无标准养护室时可以养护池代替，池中水温 20℃±3℃，水的 pH 不小于 7，养护时间自成型时算起 28 天。

5. 混凝土强度统计评定

检验混凝土强度有数理统计和非数理统计两种统计方法，数理统计又区分标准差已知的方法和标准差未知的方法（表 14-4）。

一个验收的混凝土应有强度等级相同、龄期相同以及生产工艺条件和配合比基本相同的混凝土组成。

表 14-4　混凝土试块抗压强度评定表

<table>
<tr><td colspan="6">混凝土试块抗压强度评定表</td></tr>
<tr><td>工程名称</td><td colspan="3"></td><td>日期</td><td rowspan="3">评定结果</td></tr>
<tr><td colspan="4">数理统计</td><td>计算结果</td></tr>
<tr><td colspan="4">$(1)mf_{cu}-\lambda_1 Sf_{cu}\geqslant 0.9f_{cu.k}$</td><td rowspan="3"></td></tr>
<tr><td colspan="5">$(2)f_{cu.min}\geqslant\lambda_2 f_{cu.k}$</td></tr>
<tr><td colspan="5">当 $Sf_{cu}<0.06f_{cu.k}$ 时,$Sf_{cu}=0.06f_{cu.k}$</td></tr>
<tr><td colspan="5">非数理统计</td><td></td></tr>
<tr><td colspan="5">$(1)mf_{cu}\geqslant 1.15f_{cu.k}$</td><td rowspan="9"></td></tr>
<tr><td colspan="5">$(2)f_{cu.min}\geqslant 0.95f_{cu.k}$</td></tr>
<tr><td rowspan="7">计算数据</td><td>$(1)mf_{cu}=$</td><td colspan="2"></td><td>$(4)\lambda_1=$</td><td></td></tr>
<tr><td>$(2)Sf_{cu}=$</td><td colspan="2"></td><td>$(5)\lambda_2=$</td><td></td></tr>
<tr><td>$(3)f_{cu.min}=$</td><td colspan="2"></td><td>$(6)n=$</td><td></td></tr>
<tr><td>试件组数</td><td>$10\sim 14$</td><td>$15\sim 24$</td><td>$\geqslant 25$</td><td></td></tr>
<tr><td>$\lambda_1=$</td><td>1.7</td><td>1.65</td><td>1.6</td><td></td></tr>
<tr><td>$\lambda_2=$</td><td>0.9</td><td>0.85</td><td></td><td></td></tr>
</table>

（1）首先确定单位工程中需统计评定的混凝土验收批，找出所有符合条件的各组试件强度值。

（2）填写所有已知项目。

（3）分别计算出该批混凝土试件强度平均值、标准值，查找出合格判定系数和批内混凝土试件强度最小值填入表内。

（4）计算出各评定数据并对混凝土试件强度进行判定，得出结论填入表中，然后签字、上报、存档。

（5）凡强度统计不合格的，应有结论处理措施。需要检测的，应经法定检测单位检测并征得设计单位认可，检测处理资料要归档。

二、预拌混凝土

1. 预拌混凝土

预拌混凝土（包括商品混凝土）是由预拌厂根据用户的订货要求，生产出所需品种和强度等级的混凝土，然后用特定的运输工具，在约定的时间内，把混凝土运往施工现场。

2. 预拌混凝土分为通用品和特制品两类

（1）通用品。应在合同中指定混凝土强度等级、坍落度及粗集料最大粒径，其值可按下面所列范围选取。

强度等级：C7.5、C10、C15、C20、C25、C30、C35、C40。

坍落度（mm）：25、50、80、100、120、150。

粗集料最大粒径（mm）：不大于40mm的连续粒径或单粒级。

（2）特制品。应在合同中指定混凝土的强度等级、坍落度及粗集料最大粒径，对混凝土强度等级和坍落度除按通用品规定的范围外，尚可按下面所列范围选取。

强度等级：C45、C50、C55、C60。

坍落度（mm）：180、200。

3. 资料要求

（1）预拌（商品）混凝土出厂合格证是指预拌（商品）混凝土生产厂家提供的质量合格证明文件。

（2）当采用预拌混凝土时，预拌厂应提供下列资料。

① 水泥品种、强度等级及每立方米混凝土中的水泥用量；

② 骨料的种类和最大粒径；

③ 外加剂、掺合料的品种及掺量；

④ 混凝土强度等级和坍落度；

⑤ 混凝土配合比和标准试件强度；

⑥ 对轻骨料混凝土尚应提供其密度等级。

（3）施工现场使用商品混凝土前应有技术交底和具备混凝土工程的养护条件，并在运送到浇筑地点 15min 内按规定制作试块，以现场取样试件的抗压试验强度作为评定混凝土强度的依据。取样批量同普通混凝土。采用预拌混凝土时，应在商定的交货地点进行坍落度的质量检查，将坍落度检查记录填表归档。

三、防水混凝土

防水混凝土是指本身具有一定防水功能的钢筋混凝土，它包括普通防水混凝土和掺外加剂的防水混凝土。

1. 材料要求

（1）水泥标号。不宜低于 42.5 号。

在不受侵蚀性介质和冻融作用时，宜采用普通硅酸盐水泥、火山硅酸盐水泥、粉煤灰硅酸盐水泥。

在掺外加剂时，宜采用矿渣硅酸盐水泥。

如受侵蚀性介质作用时，应按设计要求选用水泥。

在受冻融作用时，应优先选用普通硅酸盐水泥。

不宜采用火山灰硅酸盐水泥和粉煤灰硅酸盐水泥。

（2）砂、石。同普通混凝土所用砂、石，另应符合下列规定。石子最大粒径不宜大于 40mm，所含泥块不得呈块状或包裹石子表面，吸水率不得大于 1.5%。

（3）水。不含有害物质的洁净水。

（4）外加剂。应根据具体情况采用减水剂、加气剂、防水剂及膨胀剂等。

2. 配合比要求

（1）应通过试验选定，选定配合比时，应按设计要求的抗渗标号提高 0.2MPa；

（2）普通防水混凝土强度不宜低于 30MPa；

（3）每立方米混凝土的水泥用量（包括粉细料在内）不少于 320kg；

（4）含砂率以 35%～40% 为宜，灰砂比应为（1：2）～（1：2.5）；

（5）水灰比不大于 0.6；

（6）坍落度不大于 5cm，如掺用外加剂或采用泵送混凝土时不受此限；

（7）掺用引气型外加剂的防水混凝土，其含气量应控制在 3%～5%。

3. 防水混凝土试配申请及配合比通知单

(1) 施工单位在申请试配时，将混凝土强度等级和抗渗标号注明。在填写"其它技术要求"一栏内填写"有防水要求，抗渗标号为 PX"，其余栏内填写同普通混凝土配比申请单。

(2) 防水混凝土配合比通知单　试配应由试验室来做，试配不仅要做混凝土强度试验，而且还应通过抗渗试验，经过这两项试验后，方能选定防水混凝土的配合比。

4. 防水混凝土试验取样方法和试件留置规定

(1) 对于有抗渗要求的混凝土结构工程，抗渗试件必须实行 100% 的见证取样和送样，且应送到有资质和计量认证的检测单位进行检测，其中不少于 5% 由工程质量监督机构进行监督抽检，并送至质量监督检测单位进行检测；检验报告备注栏中应分别注明见证人或监督员，并加盖"有见证检验"或"监督抽检"专用章。

(2) 同一工程、同一配合比的混凝土，取样与试件留置应符合下列规定（对预拌混凝土，除商品混凝土厂家在出厂前进行抽检外，现场也需对进场混凝土进行取样抽检）：

① 取样不应少于一次，留置组数可根据实际需要确定。

② 对于地下建筑防水工程　连续浇筑混凝土每 500m³ 应留置一组抗渗试件（一组为 6 个抗渗试件），且每项工程不得少于两组，采用预拌混凝土的抗渗试件，留置组数应视结构的规模和要求而定；地下连续墙混凝土应按每一个单元槽段留置一组抗压强度，每五个单元槽段留置一组抗渗试件。

③ 试件应在浇筑地点制作，试件养护期不得少于 28d，不超过 90d。

(3) 抗压强度试块的留置方法和数量均按普通混凝土规定。

5. 防水混凝土必试项目及评定。

(1) 必试项目。稠度、强度、抗渗性能试验。

(2) 评定

① 稠度、抗压强度按普通混凝土的评定方法。

② 抗渗性能试验　抗渗混凝土除按普通混凝土制作抗压强度试块外，还应按规范制作抗渗试件，其抗渗试件一组为六个，均应在同一盘混凝土中取样制作，试件为圆台体（顶面直径 175mm，底面直径 185mm，高度 150mm）或圆柱体（直径与高度均为 150mm），混凝土的抗渗等级以每组六个试件中四个试件未出现渗水时的最大水压力（MPa）计算，其试验指标为三个试件表面呈有渗水现象时的水压力值（MPa）。

四、特种混凝土

常用特种混凝土有泡沫混凝土、耐火混凝土、抗油渗混凝土、防辐射混凝土、防腐蚀混凝土（砂浆）、轻集料混凝土等，其组成材料、配合比、检验项目、检验方法，应按照有关规定和设计要求执行。资料要求如下。

(1) 凡达不到要求或未按规定留置试块的，应有结果处理的有关资料，需要检测的，应出具法定检测单位检测报告，并应征得设计人的认可。

(2) 混凝土抗压强度试验报告单，根据实际情况填写，子目齐全。尤其是工程名称及部位填写要具体。坍落度试验，要填写实测坍落度值。

(3) 要认真逐项核对混凝土抗压强度报告单，试验数据是否符合规范要求，结论是否明确、签字盖章是否齐全等。验看合格后按分层分段顺序，填写目录归档。

(4) 混凝土强度报告要与配合比、混凝土浇筑申请、开盘鉴定、隐蔽预检、分项验收对应一致、交圈吻合。

（5）防水泥凝土既要有强度试验报告，又要有抗渗试验报告。

（6）商品混凝土不仅要有出厂合格证明，还要做坍落度检测记录，而且要在现场浇筑地点取样，作为强度评定依据。

（7）混凝土试验资料要与现场实物物证相符。

第四节　焊接试验资料

1. 焊接钢筋试件的取样方法和数量

（1）钢筋焊接接头试件必须实行 100% 的见证取样，并送到有资质和计量认证的检测单位进行检测，其中不少于 5% 由工程质量监督机构进行监督抽检，并送至质量监督检测单位进行检测；检验报告备注栏中应分别注明见证人，并加盖"有见证检验"或"监督抽检"专用章。

（2）焊接骨架和焊接网。凡钢筋牌号、直径及尺寸相同的焊接骨架和焊接网应视为同一类型制品，且每 300 件作为一批，一周内不足 300 件的亦应按一批计算。

（3）闪光对焊接头。在同一台班内，由同一焊工完成的 300 个同牌号、同直径钢筋焊接接头应作为一批。当同一台班内焊接的接头数量较少，可在一周之内累计计算；累计仍不足 300 个接头时，应按一批计算。

（4）电弧焊接头。在现浇混凝土结构中，应以 300 个同牌号钢筋、同形式接头作为一批；在房屋结构中，应在不超过二楼层中 300 个同牌号钢筋、网形式接头作为一批。每批随机切取 3 个接头做拉伸试验。

（5）电渣压力焊接头。在现浇钢筋混凝土结构中，应以 300 个同牌号钢筋接头作为一批；在房屋结构中，应在不超过二楼层中 300 个同牌号钢筋接头作为一批；当不足 300 个接头时，仍应作为一批。每批随机切取 3 个接头做拉伸试验。

（6）气压焊接头。在现浇钢筋混凝土结构中，应以 300 个同牌号钢筋接头作为一批；在房屋结构中，应在不超过二楼层中 300 个同牌号钢筋接头作为一批；当不足 300 个接头时，仍应作为一批。

（7）预埋件钢筋 T 形接头。应以 300 件同类型预埋件作为一批。一周内连续焊接时，可累计计算。当不足 300 件时，亦应按一批计算。

钢筋焊接试验报告见表 14-5。

表 14-5　钢筋焊接试验报告

委托单位：＿＿＿＿＿＿　　委托编号：＿＿＿＿＿＿　　送样日期：＿＿＿＿＿＿

工程名称：＿＿＿＿＿＿　　试验编号：＿＿＿＿＿＿　　报告日期：＿＿＿＿＿＿

试件代表部位：＿＿＿＿　代表批量：＿＿＿　焊工姓名：＿＿＿　考试合格证编号：＿＿＿

试验单位（章）技术负责人：　审核：　试验：　报告：　送样员：

见证员：

试件规格直径				试件种类			
试件编号	1	2	3	4	5	6	结论
抗拉强度/(N/mm)							
断口距焊口处距离/cm							
断口断开状体							
冷弯(90°)							

2. 资料整理

（1）钢筋焊接接头的各项性能指标均达到规范的要求。

（2）检验报告内各项内容填写准确、结论明确且不得随意涂改，签名、盖章应齐全。

（3）产品使用的工程名称、使用部位及代表数量均填写齐全。

（4）钢筋焊接接头必须从外观检查合格的成品中切取，其检验项目必须包括抗拉强度、断裂特征及位置、闪光对焊和气压焊应加试冷弯检验等；钢筋焊接接头必须按规定的批量送检，并且经检验合格后，方可进入下一道工序施工。

（5）钢筋焊接接头的规格、送检时间、使用部位及检验报告编号应与施工记录中的内容相符。

（6）工程验收前必须填写钢筋焊接接头检验报告汇总表。

3. 钢筋焊接试验评定标准

（1）3 个热轧钢筋接头试件的抗拉强度应不得小于高牌号钢筋规定的抗拉强度；RRB400 钢筋接头试件的抗拉强度均不得小于 $570N/mm^2$。

（2）至少应有 2 个试件断裂于焊缝之外，并应呈延性断裂。

当达到上述 2 项要求时，应评定该批接头为抗拉强度合格。

当试验结果有 2 个试件抗拉强度小于钢筋规定的抗拉强度，或 3 个试件均在焊缝或影响区发生脆性断裂时，则一次判定该批接头为不合格品。

当试验结果有 1 个试件的抗拉强度小于规定值，或 2 个试件在焊缝或热影响区发生脆性断裂，其抗拉强度均小于钢筋规定抗拉强度的 1.10 倍时，应进行复验。

复验时，应再切取 6 个试件。复验结果，当仍有 1 个试件的抗拉强度小于规定值，或有 3 个试件断于焊缝或热影响区，呈脆性断裂，其抗拉强度小于钢筋规定抗拉强度的 1.10 倍时，应判定该批接头为不合格品（当接头试件虽断于焊缝或热影响区，呈脆性断裂，但其抗拉强度大于或等于钢筋规定抗拉强度的 1.10 倍时，可按断于焊缝或热影响区之外，呈延性断裂同等对待）。

（3）闪光对焊接头、气压焊接头进行弯曲试验时，应将受压面的金属毛刺和凸起部分消除，且应与钢筋的外表齐平。

弯曲试验可在万能试验机、手动或电动液压弯曲试验器上进行，焊缝应处于弯曲中心点，弯心直径和弯曲角应符合表 14-6 的规定。

表 14-6　接头弯曲试验指标

钢筋牌号	弯心直径/mm	弯曲角/(°)	钢筋牌号	弯心直径/mm	弯曲角/(°)
HPB300	2d	90	HRB400、RRB400	5d	90
HRB335	4d	90	HRB500	7d	90

注：1. d 为钢筋直径（mm）。

　　2. 直径大于 25mm 的钢筋焊接接头，弯心直径应增加 1 倍钢筋直径。

当试验结果（弯至 90°）有 2 个或 3 个试件外侧（含焊缝和热影响区）未发生破裂，应评定该批接头弯曲试验合格。

当 3 个试件均发生破裂，则一次判定该批接头为不合格品。

当有 2 个试件发生破裂，应进行复验。复验时，应再取 6 个试件。复验结果，当有 3 个试件发生破裂时，应判定该批接头为不合格品（当试件外侧横向裂纹宽度达到 0.5mm 时，应认定已经破裂）。

第五节 现场预应力混凝土试验

1. 预应力钢筋锚具、夹具、连接器的出厂合格证及硬度、锚固能力检验要求

（1）预应力筋锚具、夹具和连接器是锚固和连接预应力筋的一种装置，是关系到预应力结构的施工和使用安全的关键工具。必须有出厂质量合格证明。

（2）对进场锚具进行外观检验、硬度检验和锚固能力试验。以同一材料和同一生产工艺不超过 200 套为 1 批。

① 外观检验 从每批中抽取 10％锚具，但不少于 10 套。检查锚具外观和尺寸。

如有 1 套表面有裂纹或超过允许偏差，则另取双倍数量的锚具重做检查；如仍有 1 套不符合要求则应逐套检查，合格后方可使用。

② 硬度检查 从每批中抽取 5％的锚具，但不少于 5 套，做硬度试验。

锚具的每个零件测试 3 点，其硬度平均值应在设计要求的范围内。如有 1 个零件不合格，则取双倍数量的零件重做试验；如仍有 1 个零件不合格，则应逐个检验，合格者方可使用。

③ 锚固能力试验 经上述两项检验合格后，从同一批中抽取 6 套锚具，将锚具装在预应力筋的两端，组成 3 个预应力筋锚具组装体。锚具的锚固能力不得低于预应力筋标准抗压强度 90％，锚固时预应力筋的内缩量不得低于预应力筋的实际抗拉强度。如有 1 套不符合要求，应取双倍数量的锚具重做试验；如仍有 1 套不合格，则该批锚具为不合格品。

2. 预应力钢筋的施工试验及预应力钢丝镦头强度试验

预应力钢筋的施工试验主要包括钢筋冷拉试验、钢筋焊接试验、预应力钢筋镦头强度试验。

（1）钢筋冷拉试验 钢筋冷拉可采用控制应力或控制冷拉率的方法。对于用作预应力冷拉钢筋，宜采用控制应力的办法。

（2）用控制冷拉率的方法冷拉钢筋

① 冷拉应力必须由实验结果确定。试件不少于 4 个，取平均值作为该批钢筋的实际冷拉率。如因钢筋强度偏高，平均冷拉率低于 1％时，仍应按 1％冷拉。

② 根据试验确定冷拉率，先冷拉 3 根钢筋，并在 3 根钢筋上分别取 3 根试件作力学性能试验，合格后方可进行成批冷拉。

③ 混炉批次钢筋不宜采用控制冷拉率的方法进行冷拉。

（3）用控制应力的方法冷拉钢筋

① 控制应力及最大冷拉率应符合有关规定值。

② 应以钢筋冷拉时的控制应力值乘以钢筋冷拉前的公称截面面积来控制冷拉力。

③ 冷拉时，应测定钢筋的实际伸长值，以校核冷拉应力。

（4）预应力钢筋镦头强度检验

① 按批做 3 个镦头试验（长度 200～300mm）进行检查和试验。

② 预应力钢筋镦头强度不得低于预应力筋实际抗拉强度的 90％。

③ 镦头外观检验：

a. 有效长度±1.5mm；

　　b. 直径≥1.5d；

　　c. 冷镦镦头厚度为（0.7～0.9)d；

　　d. 镦头中心偏移不得大于1mm；

　　e. 热镦头中心偏移不得大于2mm。

3. 资料整理要求

（1）预应力筋锚具、夹具及连接器出厂合格证齐全。

（2）预应力筋锚具、夹具及连接器出厂外观检查记录齐全。

（3）预应力筋钢筋强度检验报告各项指标应符合规范要求。

（4）锚固能力检验报告齐全。

（5）钢筋冷拉试验报告齐全。

（6）钢筋焊接试验报告齐全。

（7）预应力钢筋镦头抽检记录。

① 全镦头外观检查记录。

② 全镦头强度检验报告。

　　以上七条试验单据应字迹清楚、无涂改、签章齐全、结论明确，按时间顺序填写目录归档。

第十五章 施工资料填写要求及范例

学习内容

1. 检验批质量验收记录表；
2. 施工现场质量管理检查表；
3. 分项工程质量验收记录表；
4. 分部（子分部）工程验收记录表；
5. 单位（子单位）工程质量竣工验收记录表。

知识目标

1. 了解检验批质量验收规定；
2. 了解施工现场质量管理检查表填写要求；
3. 了解分项工程质量验收要求；
4. 了解分部（子分部）工程验收要求；
5. 了解单位（子单位）工程质量竣工验收要求。

能力目标

1. 能够填写检验批质量验收记录表；
2. 能够填写施工现场质量管理检查表；
3. 能够填写分项工程质量验收记录表；
4. 能够填写分部（子分部）工程验收记录表；
5. 能够填写单位（子单位）工程质量竣工验收表。

第一节　检验批质量验收记录表

一、检验批质量验收规定

（1）检验批是工程质量验收最基本的单元，分项工程划分成检验批有助及时纠正施工中出现的质量问题，确保工程质量。检验批可根据施工质量控制和专业验收需要，按楼层、施工段、变形缝等进行划分。

（2）检验批质量验收由监理工程师组织项目专业技术负责人等进行验收。

（3）检验批质量验收应符合下列规定。

① 主控项目和一般项目的质量经抽样检验合格。

② 主控项目确定检验批的主要性能，必须全部达到要求。

③ 一般项目必须基本达到要求，对不影响工程安全和使用功能的适当放宽。

④ 一般项目的允许偏差项目都必须有 80%（混凝土保护层为 90%）以上检测点的实测数值达到规范规定；其余 20% 检测点的实测数值通常不得大于规范规定的 150%（钢结构为 120%）。

（4）检验批质量验收记录。

① 由施工单位项目专业质量检查员组织专业工长、班组长等有关人员，按施工规程（企业标准）进行检查、评定并签字，交监理单位或建设单位验收。

② 监理单位监理人员逐项验收，同意项在验收记录栏填写"合格或符合要求"；不同意项暂不填写，待处理后再验收并作标记。

③ 监理单位的专业监理工程师（或）建设单位的专业负责人审查后，同意项在验收结论栏填写"同意验收"并签字。

④ 施工执行标准名称及编号栏，应填写企业标准，企业必须按照不低于国家质量验收标准自行制定企业标准，才能保证国家验收标准的实施。

⑤ 对定性的项目，符合标准要求的打"√"，不符合标准要求的打"×"。

⑥ 对定量的项目，直接填写实测数据。

（5）工程质量不符合要求时，应按下列规定进行处理。

① 经返工重做或更换器具、设备的检验批，应重新进行验收。

② 经有资质的检测单位检测鉴定能达到设计要求的检验批，应予以验收。

③ 经有资质的检测单位检测鉴定达不到设计要求的，但经原设计单位核算认可满足结构安全和使用功能的检验批，可予以验收。

④ 经返修或加固处理的分项工程、分部工程，虽然改变外形尺寸但仍能满足安全使用要求，可按技术处理方案和协商文件验收。

⑤ 通过返修或加固处理仍不能满足安全使用要求的，严禁验收。

二、检验批质量验收记录表填写范例

砖砌体（混水）工程检验批质量验收记录表（填写范例）

（GB 50203）

02020101

单位(子单位)工程名称		××酒店			
分部(子分部)工程名称		主体结构		验收部分	一层墙
施工单位		××建筑安装工程公司		项目经理	×××
施工执行标准名称及编号		QJ 68.006 砌砖工艺标准			
施工质量验收规范的规定				施工单位检查评定记录	监理(建设)单位 验收记录
主控项目	1	砖强度等级	设计要求 MU10	2份试验报告 MU10	符合要求
	2	砂浆强度等级	设计要求 M10	试块留置日期 6 月 10 日	
	3	水平灰缝砂浆饱满度	≥80%	96%,90%,97%,90%,95%,96%	
	4	斜槎留置	第 5.2.3 条	—	
	5	直槎拉结筋及接槎处理	第 5.2.4 条	√	
	6	轴线位移	≤10mm	20 处平均 4mm,最大 7mm,最小 1mm	
	7	垂直度(每层)	≤5mm	三处为 3.8mm,5mm,1mm	

一般项目	1	组砌方法	第5.3.1条	√		符合要求
	2	水平灰缝厚度10mm	8～12mm	√		
	3	基础顶面、楼面标高	±15mm	6mm、5mm、7mm、3mm、7mm、9mm		
	4	表面平整度(混水)	8mm	4mm、6mm、3mm、6mm		
	5	门窗洞口高度宽	±5mm	2mm、2mm、3mm、4mm、2mm		
	6	外墙上下窗口偏移	20mm	11mm、8mm、6mm		
	7	水平灰缝平直度(混水)	10mm	5mm、10mm、8mm、7mm		
施工单位检查评定结果		专业工长(施工员)		××	施工班组长	××
		主控项目全部合格,一般项目满足规范规定要求 项目专业质量检查员:×× 年 月 日				
监理(建设)单位验收结论		同意验收 专业监理工程师:×× (建设单位项目专业技术负责人): 年 月 日				

第二节 施工现场质量管理检查表

一、施工现场质量管理检查表填写要求

施工现场质量管理检查表是建立健全质量管理体系的具体要求。一般一个标段或一个单位(子单位)工程检查一次,在开工前检查,由施工单位现场负责人填写,由监理单位的总监理工程师(建设单位项目负责人)验收。下面分三个部分说明填表要求和填写方法。

1. 表头部分

表头部分填写建筑工程施工质量管理各方责任主体的概况。由施工单位的现场负责人填写。

(1)工程名称栏。应填写工程名称的全称,与合同或招投标文件的工程名称一致。

(2)施工许可证(开工证)。填写当地建设行政主管部门批发给的施工许可证(开工证)的编号。

(3)建设单位栏。填写合同文件中的甲方,单位名称也应写全称,和合同签章上的单位名称相同。建设单位项目负责人栏,应填写合同书上签字人或签字人以文字形式委托的代表——工程的项目负责人。工程完工后竣工验收备案表中的单位项目负责人应与此一致。

(4)设计单位栏。填写设计合同中签章单位的名称,其全称应与签章上的名称一致。设计单位的项目负责人栏应是设计合同书签字人或签字人以文字形式委托的代表——工程的项目负责人。工程完工后竣工验收备案表中的单位项目负责人应与此一致。

(5)监理单位栏。填写单位全称,应与合同上的名称一致。总监理工程师栏应是合同中明确的项目监理负责人,也可以是监理单位以文件形式明确的该项目监理负责人,必须有注册监理工程师或省厅颁发的总监任职资格证书,专业要对口。

(6)施工单位栏。填写施工合同中签章单位的全称,与签章上的名称一致。项目经理栏、项目技术负责人栏与合同中明确的项目经理、项目技术负责人一致。

表头部分可统一填写，不需要具体人签名，只是明确了负责人的地位。

2. 检查项目部分

填写各项见证取样检查项目文件的名称或编号，并将文件（复印件或原件）附在表的后面供检查，检查后应将文件归还或归档。

（1）现场质量管理制度。主要是图样会审、设计交底、技术交底、施工组织设计编制审批程序、工序交接、质量检查评定制度，质量好的奖励及达不到质量要求的处罚方法，以及质量例会制度及质量问题处理制度等，主要是施工单位现场管理的各种制度。

（2）质量责任制栏。质量负责人的分工，各项质量责任制的落实规定，定期检查及有关人员奖罚制度等。

（3）主要专业工种操作上岗证书栏。起重、塔式起重机等垂直运输司机、钢筋、混凝土、焊接、瓦工、防水工等建筑结构工种。电工、管道等安装工种的上岗证，以当地建设行政主管部门的规定为准，包括资料员和见证取（送）样员证。

（4）分包方资质与对分包单位的管理制度栏。专业承包单位的资质应在其承包业务范围内承建工程，超出范围的应办特许证书，否则不能承包工程。在有分包的情况下，总承包单位应有管理分包单位的制度，主要是质量、技术的管理制度等。

（5）施工图样审查情况栏。重点是看建设行政主管部门出具的施工图审查批准书及审查机构出具的审查报告。填写施工图审查批准编号。

（6）地质勘察资料栏。有勘察资质的单位出具的正式地质勘察报告，地下部分施工方案制定时和施工组织总平面图编制时可做参考，地质勘察报告经施工单位审查部门审查。

（7）施工组织设计、施工方案及审批栏。检查编写内容、有针对性的具体措施，编制程序、内容完整合理，有编制单位、审核单位、批准单位，并有贯彻执行的措施。

（8）施工技术标准栏。是施工作业的依据和保证工程质量的基础，承建企业应建立技术标准档案，施工现场应有的施工技术标准都有。可作为培训工人、技术交底和施工作业的主要依据，也是质量检查评定的标准。

（9）工程质量检查制度栏。包括三个方面：一是原材料、设备进场检验制度；二是施工过程的试验报告；三是竣工后的抽查检测，应专门制订抽测项目、抽测时间、抽测单位等计划（如结构实体检测项目及方案），使监理、建设单位等都做到心中有数。可以单独搞一个计划，也可以在施工组织设计中作为一项内容。

（10）搅拌站及计量设置栏。主要说明设置在工地搅拌站的计量设施的精确度、管理制度等内容。预拌混凝土或安装专业没有这项内容。

（11）现场材料、设备存放在管理栏。这是为保证材料、设备质量必须有的措施。要根据材料、设备性能及相应原材料规范制定管理制度，监理相应的库房等。

3. 检查项目填写内容

（1）填写由施工单位负责人填写，填写之后，并将有关文件的原件或复印件附在后面，请总监理工程师（建设单位项目负责人）验收核查，验收核查后返还施工单位，并签字认可。

（2）填表时间是在开工之前，监理单位的总监理工程师（建设单位项目负责人）应对施工现场进行检查，这是保证开工后施工顺利和保证工程质量的基础，目的是做好施工前的准备。

（3）直接将有关资料的名称写上，资料较多时，可也将有关资料进行编号，将编号填写上，注明份数。

（4）通常情况下一个工程的一个标段或一个单位工程只查一次，如分段施工、人员更换，或管理工作不到位时，可再次检查。

（5）如总监理工程师或建设单位项目负责人检查验收不合格，施工单位必须限期改正，否则不许开工。

二、施工现场质量管理检查表填写范例

施工现场质量管理检查表（填写范例）

附表 A   开工日期：××××年××月××日

工程名称	××度假酒店		施工许可证		×××××
建设单位	××度假酒店		项目负责人		××
设计单位	××建筑设计有限公司		项目负责人		××
监理单位	××建设监理有限公司		总监理工程师		××
施工单位	××建设安装工程公司	项目经理	××	项目技术负责人	××

序号	项 目	内 容
1	现场质量管理制度	①质量例会制度；②月评比及奖罚制度；③三检及交接检制度；④设计交底会制度；⑤技术交底制度
2	质量责任制	①岗位责任制；②挂牌制度
3	主要专业工种操作上岗证书	测量工、钢筋、起重机、电焊工、资料员、取（送）样员等均应有上岗证书
4	分包方资质与分包单位的管理制度	
5	施工图审查情况	审查报告及审查批准书
6	地质勘察资料	地质勘察报告书
7	施工组织设计、施工方案及审批	施工组织设计、编制、审核、批准齐全
8	施工技术标准	有模板、钢筋、混凝土灌注等20多种（工艺标准）
9	工程质量检验制度	①原材料及施工检验制度；②抽测项目的检测计划
10	搅拌站及计量设置	有管理制度和计量设施精确度及控制措施
11	现场材料、设备存放与管理	钢材、砂、石、水泥、玻璃、地面砖等的管理办法

检查结论：
　　现场质量管理制度基本完整。

总监理工程师：×××
（建设单位项目负责人）
××年×月×日

第三节 分项工程质量验收记录表

一、分项工程质量验收要求

分项工程质量验收是在检验批验收合格的基础上进行，是归纳整理的作用，是一个统计表。

（1）分项工程质量验收由监理工程师组织项目专业技术负责人等进行验收。

① 分项工程质量验收记录由施工单位项目专业质量检查员填写，由施工单位的项目专业技术负责人检查后作出评价并签字，交监理单位或建设单位验收。

② 监理单位的专业监理工程师（或建设单位的专业负责人）审查后，在同意项目验收结论栏填写"合格"或"符合要求"并签字；不同意项暂不填写，待处理后再验收并做标记。

（2）分项工程质量验收记录填写注意事项。

① 检查检验批是否将整个工程覆盖。

② 检查有混凝土、砂浆强度要求的检验批，到龄期后是否达到规范要求。

二、分项工程质量验收记录表填写范例

分项工程质量验收记录表（填写范例）

单位(子单位)工程名称		结构类型	
分部(子分部)工程名称		检验批数	
施工单位		项目经理	
分包单位		分包项目经理	

序号	检验批名称、部位、区段	施工单位检查评定结果	监理(建设)单位验收结论
1	一层墙①～⑩轴线	√	
2	二层墙①～⑩轴线	√	
3	三层墙①～⑩轴线	√	
4	四层墙①～⑩轴线	√	
5	一层墙①～⑩轴线	√	
6	一层墙①～⑩轴线	√	合格
7	一层墙①～⑩轴线	√	

说明：1. 全高垂直度。检查 4 个点分别为 7mm、9mm、14mm、7mm。平均为 9.2mm，最大值为 14mm。

2. 砂浆试块抗压强度依次为 11.8MPa、11.9MPa、12.1MPa、9.6MPa、10.2MPa、10.8MPa，平均值 11.1MPa＞10MPa，最小 9.6MPa＞7.5MPa

检查结论	合格 项目专业技术负责人 　　　　　年　月　日	验收结论	同意验收 监理工程师： （建设单位项目专业技术负责人） 　　　　　年　月　日

第四节 分部(子分部)工程验收记录表

一、分部(子分部)工程质量验收要求

分部（子分部）工程的验收内容、程序都是一样的，若一个分部工程中只有一个子分部工程时，子分部工程就是分部工程。当不只一个子分部工程时，可以逐个子分部工程进行质量验收。下面是其具体验收内容。

（1）分部（子分部）工程验收是在分项工程的质量均验收合格的基础上进行，实际验收中，这项内容也是分项工程统计工作。

① 检查每个分项工程验收是否正确。

② 核查所含分项工程，是否有漏、缺的分项工程没有归纳进来，或是没有进行验收。

③ 注意检查分项工程的资料完整不完整，每个验收资料的内容是否有缺、漏项以及分项验收人员的签字是否齐全及符合规定。

（2）质量控制资料应完整的核查，这项验收内容，主要包括下面三个方面的资料。

① 核查和归纳各检验批的验收记录资料，查对其是否完整。

② 检验批验收时，应具备的资料应准确完整才能验收。在分部、子分部工程的验收时，主要是核查和归纳各检验批的施工操作依据、质量检查记录，查对其是否配套完整。

③ 注意核对各种资料的内容、核查验收人员的签字是否规范。

（3）地基与基础、主体结构设备安装分部工程有关安全及功能的检测和抽样检测结果应符合有关规定的检查。这项验收内容包括安全及功能两方面的检测资料。抽样检测项目在各专业质量验收规范中已有明确规定，在检查时应注意下面三个方面的工作。

① 检查各规范中规定的检测的项目是否都进行了验收，不能进行检测的项目应该说明原因。

② 检查各项检测记录（报告）的内容、数据是否符合要求，包括检测项目的内容，所遵循的检测方法标准、检测结果的数据是否达到规定的标准。

③ 检查资料的检测程序和有关取样人、检测人、审核人、试验负责人以及公章、签字是否齐全等。

（4）观感质量验收应符合要求，分部（子部分）工程观感质量检查，是经过现场工程的检查，由检查人员共同评价，确定好、一般、差，在检查和评价时应注意以下几点。

① 在进行检查时，注意一定要在现场将工程的各个部位全部看到，能操作的应操作，观察其方便性、灵活性或有效性等；能打开观看的应打开观看，不能只看"外观"，应全面了解分部（子部分）的实物质量。

② 检查评价人员宏观掌握，如果没有较明显达不到要求的，就可以评价为一般；如果某些部位质量较好，细部处理到位，就可评价为好；如果有的部位达不到要求，或有明显的缺陷，但不影响安全或使用功能的，则评价为差。评价为差的项目能进行返修的进行返修，不能返修的只要不影响结构安全和使用功能的可通过验收。有影响安全或使用功能的项目不能评价，应修理后再作评价。

③ 评价时，施工企业应先自行检查合格后，再由监理单位来验收。参加评价的人员应

具有相应的资格，由总监理工程师组织，不少于三位监理工程师来检查，再听取其它参加人员的意见后，共同作出评价，但总监理工程师的意见应为主导意见。在作出评价时，可分项目逐点评价，也可按项目进行大的方面综合评价，最后对分部工程作出评价。

一个分部工程中有几个子分部工程时，每个子分部工程验收完，分部工程就验收完了。

除了单位工程观感质量检查时，再宏观认可一下之外，可不必再进行分部工程观感质量验收。

二、分部工程质量验收表填写范例

分部工程质量验收表（填写范例）

单位（子单位）工程名称		××度假酒店		结构类型及层数		砖混6层
施工单位		××建筑安装工程公司	技术部门负责人	××	质量部门负责人	××
分包单位		—	分包单位负责人	—	分包技术负责人	—
序号	子分部（分项）工程名称		分项工程（检验批）数	施工单位检查评定		验收意见
1	1	砖砌体分项工程	6	√		同意验收
	2	模板分项工程	6	√		
	3	钢筋分项工程	6	√		
	4	混凝土分项工程	6	√		
2	质量控制资料			√		同意验收
3	安全和功能检验（检测）报告			√		同意验收
4	观感质量验收			好		同意验收
验收单位	分包单位		项目经理	××	年 月 日	
	施工单位		项目经理	××	年 月 日	
	勘察单位		项目负责人	××	年 月 日	
	设计单位		项目负责人	××	年 月 日	
	监理（建设）单位		总监理工程师（建设单位项目专业负责人）		年 月 日	

注：地基与基础、主体结构分部工程质量验收不填写"分包单位""分包单位负责人""分包技术负责人"。地基与基础、主体结构分部工程验收勘察单位应签认，其它分部工程验收勘察单位可不签认。

第五节　单位(子单位)工程质量竣工验收记录表

一、单位(子单位)工程质量竣工验收要求

单位（子单位）工程质量验收，总体上讲还是一个统计性的审核和综合性的评价，是通过检查分部（子分部）工程验收质量控制资料和有关安全、功能检测资料后，进行必要的主要功能项目的复合及抽测，并在总体工程观感质量验收的现场，对实物质量验收。

单位（子单位）工程质量验收合格应符合下列规定。

（1）单位（子单位）工程所含分部（子分部）工程的质量均应验收合格。

（2）质量控制资料应完整。

（3）单位（子单位）工程所含分部工程有关安全和功能的检测资料应完整。

（4）主观工程项目的抽查结果应符合相关专业质量验收规范的规定。

（5）观感质量验收应符合要求。

二、单位(子单位)工程质量竣工验收表填写范例

单位（子单位）工程质量竣工验收表（填写范例）

工程名称	××度假酒店	结构类型		砖混	层数/建筑面积	六层/3680
施工单位	××建筑安装工程公司	技术负责人		××	开工日期	2018 年 5 月 18 日
项目经理	××	项目技术负责人		××	竣工日期	2019 年 2 月 26 日

序号	项目	验收记录	验收结论
1	分部工程	共 7 个分部工程,共核查____分部工程,符合标准及设计要求____分部	同意验收
2	质量控制资料核查	共____项,经审查符合要求____项,经核定符合要求____项	同意验收
3	安全和主要使用功能核查及抽查结果	共核查____项,符合要求____项,共抽查____项,符合要求____项,经返工处理符合要求____项	同意验收
4	观感质量验收	共抽查____项,符合要求____项,不符合要求____项	好
5	综合验收结论	通过验收	

参加验收单位	建设单位(公章)	监理单位(公章)	施工单位(公章)	设计单位(公章)
	单位(项目)负责人: 年　月　日	总监理工程师: 年　月　日	单位负责人: 年　月　日	单位(项目)负责人: 年　月　日

15.1　出厂质量证明
文件及检测报告

 **第十六章 单位工程竣工验收**

学习内容

1. 单位工程竣工验收资料；
2. 竣工图；
3. 房屋建筑工程质量保修。

知识目标

1. 了解单位工程竣工验收的主要资料，熟悉工程质量评估报告、质量检查报告、施工安全评价、竣工验收报告的内容；
2. 了解编制竣工图的职责与分工，熟悉编制竣工图的技术要求，熟悉竣工图的分类；
3. 了解房屋建筑工程质量保修制度。

能力目标

1. 能够参与进行单位工程竣工验收；
2. 能参与审查、整理和汇总各单位编制的竣工图；
3. 会编写房屋建筑工程质量保修书。

工程验收，是全面考核基本建设成果，检验设计和工程施工的重要环节。所有建设项目和单位工程，应按照设计文件所定的内容全部建完，并根据国家有关验收标准，全面检查承建工程质量并及时整理工程技术资料，方可进行竣工验收。

第一节 单位工程竣工验收资料

一、工程质量验收申请表

工程施工质量验收前，施工单位应按照国家有关标准全面检查承建工程质量并及时整理工程技术资料，经监理单位审核后，送监督机构抽查。监督机构对工程技术资料及实物质量抽查后，将抽查意见书面通知监理和施工单位。

施工单位在收到质监机构抽查意见书面通知后，对符合质量验收条件的，填写《工程质量验收申请表》，经项目经理、企业技术负责人及企业法定代表人签名并加盖章后，提交给监理单位。总监理工程师签署意见并加盖公章后，向建设单位申请办理工程验收手续。

二、单位(子单位)工程质量控制资料核查记录

（1）质量控制资料核查记录必须先经施工单位自检，再送至监理单位核查，核查结果达到基本完整的要求后，经总监理工程师签名及签署意见，最后，由施工单位报质量监督机构。

（2）质量控制资料要求。

① 项目齐全。

② 试验数据准确。

③ 不合格数据处理完善无误。

④ 使用部位、时间清楚。

⑤ 文字清晰、填写齐全、装订整齐、盖章签字齐全。

（3）单位工程质量控制资料核查评定内容及标准。

① 图样会审、设计变更洽商记录，要求有关参加工作人员签字、单位公章和日期俱全。资料形成应在施工之前。

② 工程定位测量、放线记录清晰准确。

③ 原材料出厂合格证及进场检（试）验报告完整无误。

a. 建筑工程所用材料按规格、批量应有产品合格证，产品合格证应项目齐全，内容完整，合格证日期应在施工前或用材前出示，各项批量应与实际数量基本吻合。

b. 材料进场应按规格、批量进行送检，检（试）验报告的试验编号、公章、审核人、经办人签字盖章及见证取样记录齐全，结论明确，监督抽检数量满足要求。

c. 对不符合要求的材料，应有处理结论。

④ 施工试验报告及见证检测报告要合格有效，其中施工试验报告包括混凝土、砂浆配合比设计报告、抗压强度报告，混凝土抗渗等级试验报告及钢筋焊接接头试验报告等内容（该部分资料放入工程质量控制资料——试验报告）；见证检测报告包括结构硅酮密封胶与接触材料相容性能检测报告、建筑用塑料外窗角强度检测报告、外墙饰面砖粘接强度检测报告等。

⑤ 隐蔽工程验收记录内容齐全、完整、真实，图示准确。

a. 隐蔽验收及时，内容齐全、完整、真实，图示准确，验收日期与施工进展日期相符。

b. 隐蔽工程检查验收记录表中项目应填写齐全，参加检查验收的单位、人员符合规定要求，参加验收人员的签字、隐蔽验收日期和负责单位盖章齐全。

⑥ 地基、基础、主体结构检验及抽测资料包括地基承载力、桩基检测报告和混凝土检测报告、钢结构焊缝探伤检测报告及砌体检测报告等。

⑦ 分部（子分部）工程质量验收后，必须填写《分部（子分部）工程质量验收记录》，对于桩基础、天然地基、地基处理子分部，地下结构（含防水工程）子分部，幕墙子分部，低压配电（含发电机组）安装等重要分部工程，还应办理建设工程中间验收监督登记手续。

⑧ 竣工图要求图样齐全、完备，设计变更在图样上有明显更改或说明，有竣工图章、签字齐全，且经建设、设计、监理及施工单位盖章。

三、单位(子单位)工程安全和功能检验资料核查及主要功能抽查记录

（1）工程安全和功能检验资料检查的目的是强调建筑结构、设备性能、使用功能、环境

质量等方面的主要技术性能的检验。按验收组协商确定的项目分别进行核查和抽查，对在分部、子分部已检查的项目，核查其结论是否符合设计要求；对在单位工程（子单位）抽查的项目，应进行全面检查，并核实其结论是否符合设计要求。抽查结果用"√"表示。

（2）总监理工程师组织有关监理工程师核查、抽查，请施工单位项目经理、技术负责人参加；由施工（总包）单位项目经理和总监理工程师签字。

（3）工程安全和功能检验资料检查的目的是强调建筑结构、设备性能、使用功能、环境质量等方面的主要技术性能的检验。该检查记录有些必须先经施工单位自检，再送至监理单位审查，审查结果达到基本完整的要求后，经总监理工程师签名及签署意见。

四、单位(子单位)工程观感质量检查记录

（1）单位（子单位）工程观感质量抽查时，施工单位应先行自行检查合格后，由总监理工程师组织有关监理工程师，会同参加验收人员共同进行。通过现场全面检查，在听取有关人员的意见后，以总监理工程师为主共同确定质量评价，评价分为"好""一般""差"。

（2）观感质量检查记录的填写、统计和评价方法的原则。

①"抽查质量状态"栏对抽查点的评定，填"好""一般"或"差"。

②"质量评价"栏对抽查项的评定，在"好""一般""差"对应下方打"√"。

③"观感质量综合评价"栏对整个单位（子单位）工程总体观感质量评价，在通栏填写统计数据：共检评 N 项，其中"好" N_1 项，占检评总项数 N 的百分数；其中"一般" N_2 项，占检评总项数 N 的百分数；其中"差" N_3 项，占检评总项数 N 的百分数。在右栏填写总体观感质量评价在"好""一般""差"对应下方打"√"；当总体评价为"好"或"一般"的，可填写符合要求，当总体评价为"差"的，可填写不符合要求。

④ 评价程序为抽查点评价—抽查项评价—综合评价—总体观感评价评语—检查结论。

⑤ 从抽查项到总体观感评语填写的统计原则。

a. 抽查点或抽查项中，评为"好"的占检评总数 85% 及以上，且其余为"一般"以上（即不出现"差"），可评定为"好"。

b. 抽查点或抽查项中，评为"好"的占检评总数 85% 以下，且其余为"一般"以上（即不出现"差"），可评定为"一般"。

c. 任一抽查栏中出现"差"，则整个单位（子单位）工程观感质量评价为"差"。

（3）观感质量检查过程中出现"差"的，一般不应通过验收，应作返修整改。但确实不能整改的，只要不影响安全和使用功能，可协议通过验收。有影响安全或使用功能的项目，不能评价，应按下列规定进行处理：

① 经返工重做或更换器具、设备的检验批，应重新进行验收。

② 经有资质的检测单位检测鉴定能够达到设计要求的检验批，应予以验收。

③ 经有资质的检测单位检测鉴定达不到设计要求、但经原设计单位核算认可能够满足结构安全和使用功能的检验批，可予以验收。

④ 经返修或加固处理的分项、分部工程，虽然改变外形尺寸但仍能满足安全使用要求，可按技术处理方案和协商文件进行验收。

五、工程质量评估报告

监理单位应在工程质量验收前，对所监理工程的质量进行评估，编写《工程质量评估报

告》一式四份，监理单位、建设单位、监督站及备案机关各存一份，经项目总监理工程师、单位法定代表人签名及加盖公章后，提交给建设单位。

工程质量评估报告内容包括工程概况、土建工程质量情况、建筑设备安装工程质量情况、工程质量验收意见及有关补充说明和资料。填写要求内容真实、语言简练、字迹清楚。凡需签名处，需先打印姓名后再亲笔签名。

六、勘察文件质量检查报告

勘察单位应在工程质量验收前，对勘察文件进行检查，编写《勘察文件质量检查报告》一式四份，勘察单位、建设单位、监督站及备案机关各存一份，经项目负责人、单位技术负责人签名及加盖单位公章后，提交给建设单位。

勘察文件质量检查报告内容包括工程规模、工程主要勘察范围及内容、实际地质情况与勘察报告的差异、工程施工对持力层是否满足要求及勘察文件的检查结论。填写要求内容真实、语言简练、字迹清楚。凡需签名处，需先打印姓名后再亲笔签名。

七、设计文件质量检查报告

设计单位应在工程质量验收前，对设计文件及施工过程中由设计单位签署的设计变更通知书进行检查，编写《设计文件质量检查报告》一式四份，设计单位、建设单位、监督站及备案机关各存一份，经项目负责人、单位技术负责人签名并加盖章后，提交给建设单位。设计文件质量检查报告内容包括工程规模、各专业设计人员名单、结构设计的特点、图样会审情况、主要设计变更及执行情况与工程按图施工及完成情况。填写要求内容真实、语言简练、字迹清楚。凡需签名处，需先打印姓名后再亲笔签名。

八、单位工程施工安全评价书

（1）施工安全评价是对参与建设工程的各方单位在执行法规、标准、规范规程及履行责任方面，安全管理资料和落实安全技术措施方面以及有否发生安全事故等方面的评价。

（2）工程竣工验收前，监督站要对该工程的安全生产和中间安全评价等情况作出的综合评价，最后定出等级，等级分为优良、合格、不合格。

九、消防验收文件或准许使用文件

（1）根据《中华人民共和国消防法》及中华人民共和国公安部令第30号《建筑工程消防监督审核管理规定》，建筑工程、消防工程、装修工程完工后投入使用前，必须报当地公安消防部门审核和验收，未经验收或者验收不合格的，不得组织工程竣工验收、不得投入使用。

（2）建筑工程竣工消防验收审核程序和规定如下。

① 申请工程竣工验收应提供以下材料：

a. 建设单位申请建筑工程消防验收书面报告。

b. 递交《建筑消防设施技术测试报告》，该测试报告由建筑消防设施测试部门测试后取得。

c. 填报《建筑工程消防验收申请表》，要有建设单位、设计单位、施工单位三方是否同意使用意见并盖章。

　　d. 提交消防产品的相关证书、检测报告、出厂合格证、消防工程竣工图、工程施工调试开通记录、隐蔽工程记录和设计、施工变更内容记录。

　　e. 提交《建筑工程消防设计审核意见书》及有关批复文。

　　f. 重点工程项目提供本工程的各项防火安全管理制度和防火安全管理组织机构以及消防系统操作人员名单。

　　② 验收不合格的工程，由建设单位组织有关单位对存在问题进行整改，整改完毕向公安消防机构提交整改情况报告，申请复验。

　　③ 验收（包含复验）合格，由公安消防机构填写《建筑工程消防验收意见书》，建筑工程可交付使用。建设单位或使用单位落实消防设施的管理值班人员，并与具备建筑消防设施维护保养资格的企业签订建筑消防设施定期维护保养合同，保证消防设施的正常运行。

　　（3）建设单位在备案机关办理竣工验收备案时，必须持消防验收文件或准许使用文件原件及复印件。

　　（4）竣工验收资料中必须存放消防验收文件原件。

十、房屋建筑工程质量保修书

　　根据原建设部令第 80 号《房屋建筑工程质量保修办法》的规定：房屋建筑工程质量保修，是指对房屋建筑工程（包括装修工程）的质量缺陷，予以修复；房屋建筑工程在保修范围和保修期限内出现质量缺陷，施工单位应当履行保修义务。

　　建设单位和施工单位应当在工程质量保修书中约定保修范围、保修期限及保修责任，在正常使用条件下，房屋建筑工程的最低保修期限如下。

　　（1）地基与基础工程、主体结构工程，为设计文件规定的该工程的合理使用年限。

　　（2）屋面防水工程、有防水要求的卫生间、房间和外墙面的防渗漏为 5 年。

　　（3）供热与供冷系统，为 2 个采暖期、供冷期。

　　（4）电气管线、给排水管道、设备安装为 2 年。

　　（5）装修工程为 2 年。

　　（6）其它项目的保修期限由建设单位和施工单位约定。

　　房屋建筑工程保修期从工程竣工验收合格之日起计算。

　　竣工验收资料中应附《房屋建筑工程质量保修书》，若为复印件应加盖公章及经手人签名；在竣工验收备案时，建设单位应向备案机关提交《房屋建筑工程质量保修书》。

附件：

房屋建筑工程质量保修书

　　发包人（全称）：＿＿＿＿＿＿＿＿＿＿＿＿＿＿

　　承包人（全称）：＿＿＿＿＿＿＿＿＿＿＿＿＿＿

　　发包人、承包人根据《中华人民共和国建筑法》《建设工程质量管理条例》和《房屋建筑工程质量保修办法》，经协商一致，对＿＿＿＿＿＿＿＿（工程全称）签订工程质量保修书。

　　一、工程质量保修范围和内容

　　承包人在质量保修期内，按照有关法律、法规、规章的管理规定和双方约定，承担本工程质量保修责任。

　　质量保修范围包括地基基础工程、主体结构工程、屋面防水工程、有房水要求的卫生间、房间和外墙面的防渗漏、供热与供冷系统、电气管线、给排水管道、设备安装和装修工程，以及双方约定的其它项目。具体保修内容，双方约定如下：

_____

_____

二、质量保修期

双方根据《建设工程质量管理条例》《房屋建筑工程质量保修办法》（建设部第 80 号令）及有关规定，约定本工程的质量保修期如下：

1. 地基基础工程和主体结构工程，为设计文件规定的该工程的合理使用年限；

2. 屋面防水工程、有房水要求的卫生间、房间和外墙面的防渗漏，为____年；

3. 装修工程为____年；

4. 电气管线、给排水管道、设备安装为____年；

5. 供热与供冷系统，为____个采暖期、供冷期；

6. 住宅小区内的给排水设施、道路等配套工程为____年；

7. 其它项目保修期限约定如下：

_____

_____

质量保修期自工程竣工验收合格之日起计算。

三、质量保修责任

1. 属于保修范围、内容项目，承包人应当在接到保修通知之日起 7 天内派人保修。承包人不在约定期限内派人保修的，发包人可以委托他人修理。

2. 发生紧急抢修事故的，承包人在接到事故通知后，应当立即到达事故现场抢修。

3. 对于涉及结构安全的质量问题，应当按照《房屋建筑工程质量保修办法》的规定，立即向当地建设行政主管部门报告，采取安全防范措施；由原设计单位或者具有相应资质等级的设计单位提出保修方案，承包人实施保修。

4. 质量保修完成后，由发包人组织验收。

四、保修费用

保修费用由造成质量缺陷的责任方承担。

五、其它

双方约定的其它工程质量保修事项：_____

_____

本工程质量保修书，由施工合同发包人、承包人双方在竣工验收前共同签署，作为施工合同附件；其有效期限至保修期满。

发包人（公章）：   承包人（公章）：

法定代表人（签字）：   法定代表人（签字）：

　　年　　月　　日   　　年　　月　　日

十一、商品住宅《住宅质量保证书》《住宅使用说明书》

（1）《住宅质量保证书》是房地产开发企业对销售的商品住宅承担质量责任的法律文件，房地产开发企业应按《住宅质量保证书》的约定，承担保修责任。

（2）《住宅质量保证书》应当包括以下内容。

① 房屋建筑的地基与基础工程、主体结构工程，为设计文件规定的该工程的合理使用年限。

② 正常使用情况下各部位、部件保修内容　屋面防水，墙、厨房和卫生间地面、地下室、管道渗漏，墙面、顶棚抹灰层脱落，地面空鼓开裂、大面积起砂，门窗翘裂、五金件损坏，管道堵塞，供冷系统和设备，卫生洁具，灯具、电气开关。

③ 用户报修的单位、答复和处理的时限。

④ 住宅保修期应从开发企业办理交工验收手续后的住宅交付用户使用之日起计算，保修期限不应低于第 3 条规定的期限。房地产开发企业可以延长保修期。

（3）《住宅使用说明书》应当对住宅的结构、性能和各部位（部件）的类型、性能、标准等作出说明，并提出使用注意事项；房地产开发企业在《住宅使用说明书》中对住户合理使用住宅应有提示，因用户使用不当或擅自改动结构、设备位置和不当装修等造成的质量问题，开发企业不承担保修责任；因住户使用不当或擅自改动结构，造成房屋质量受损或其它用户损失，由责任人承担相应责任。

（4）在工程竣工验收备案时，商品住宅的建设单位应当向备案机关提交《住宅质量保证书》和《住宅使用说明书》。

（5）竣工验收资料中必须存放《住宅质量保证书》和《住宅使用说明书》的原件。

十二、单位(子单位)工程质量验收记录、纪要

（1）工程施工质量验收由建设单位负责组织实施。建设行政主管部门委托的监督站负责对工程质量验收（包括对组织形式、程序及标准执行等情况）实施监督。

（2）工程必须具备下列条件及文件方可组织质量验收。

① 完成设计要求和合同约定的各项内容，工程所含分部（子分部）工程的质量均已验收合格。

② 工程质量验收申请表。

③ 工程质量评估报告。

④ 工程勘察、设计文件质量检查报告。

⑤ 经质量监督机构抽查的完整的质量控制和工程管理资料。

⑥ 建设单位已按合同约定支付工程款。

⑦ 施工单位签署的《房屋建筑工程质量保修书》。

⑧ 消防、燃气、电梯的准许使用文件。

⑨ 市政基础设施的有关质量检测和功能性试验资料。

⑩ 商品住宅的《住宅质量保证书》《住宅使用说明书》。

⑪ 单位工程施工安全评价书。

⑫ 建设行政主管部门及其委托的工程质量监督机构等部门责令整改的问题已全部整改完成。

（3）单位（子单位）工程质量验收记录及其附件［单位（子单位）工程质量验收纪要］由建设单位负责填写并加盖单位公章和单位（项目）负责人签名一式五份，其中建设单位、施工单位、监理单位、监督站、备案机关各持一份，其主要内容包括工程概况，建设单位执行基本建设程序情况，对勘察、设计、施工、监理等方面作出全面评价，工程质量验收时间、程序、内容和组织形式，工程质量验收意见等。

十三、建设工程质量监督验收意见书

建设工程质量监管机构在收到《单位（子单位）工程质量验收记录》之后根据验收监督情况向建设单位发出《建设工程质量监督验收意见书》。发现工程质量验收违反国家法律、法规和强制性标准的或工程存在影响结构安全和严重影响使用功能隐患的，发出责令整改通知书，并将对工程质量验收的监督情况作为《建设工程质量监督验收意见书》的重要内容。

十四、建设工程竣工验收档案认可书

根据《建设工程文件归档整理规范》（GB/T 50328）及城市建设工程档案部门的有关规定，建设单位在组织竣工验收前，应当提请城建档案管理机构对工程档案进行预验收。预验收合格后，由城建栏案管理机构出具工程档案认可文件。

工程档案预验收由建设单位汇总本单位、监理单位、施工单位的各项资料齐全后，向城建档案管理部门填报《建设工程档案预验收申请表》，城建档案管理部门接到申请7个工作日内进行预验收，验收合格后3个工作日内发出认可书。

十五、建设工程规划验收认可文件

（1）建设工程规划验收合格证是在工程竣工验收前，由建设单位在城市规划管理部门办理的验收手续，并且经城市规划部门验收合格后颁发的证明文件，未取得规划验收合格证明文件，该工程不予办理竣工验收备案手续。

（2）建筑工程规划验收程序和规定如下。

① 建设工程规划验收的申报条件。

a. 已按所审批的《建设工程规划许可证》、《建设工程报建审核书》和报建图样的要求完成土建工程和外墙装修，施工排栅已拆除。

b. 建设用地红线范围内各类临时施工用房、围墙和其它需要拆除的建（构）筑物已全部拆除，施工场地已清理完毕。

c. 市政或生活服务等各类配套工程（包括附属用房）、绿化建设工程、建设用地红线范围内的道路以及其与外部市政道路连接的道路已建设完毕。

d. 建设用地红线范围内没有违法建筑，申请单位也自觉执行其它违法建设行政处罚决定。成片开发或其它分期进行建设的工程，可以分期申请规划验收。申请分期规划验收的建筑工程与其配套的设施工程应同步实施建设或同步申请规划验收。单体建筑在全部建成前申请分期规划验收的，必须符合分期投入使用的要求。

② 申报建设工程规划验收应提供的资料。详细如实填写由城市规划部门提供的《建设工程规划验收申报表》。

a. 提供《建设用地规划许可证》、《建设工程规划许可证》和《建设用地批准书》及其附图的复印件；提供建设工程测量记录册（建设单位和施工单位及其负责人签字和加盖公章）。

　　b. 如申报过违法用地和违法建设处理，应提交执行《行政处罚决定书》的情况报告；提供所交纳罚款的收据复印件；提供盖有规划局行政处罚章的违法建设的竣工图（平、立、剖面）复印件。

　　c. 申请分期规划验收的建筑工程，应提交配套设施工程的报建和实施建设的情况报告或单体建筑分期投入使用的情况报告。

　　③ 建设工程规划验收的有关规定。

　　a. 建设工程在办理专业管理其它验收和全面验收之前，应报原审批城市规划部门进行规划验收。

　　b. 城市规划部门受理申请后，应在法定工作日 10 日内予以验收。

　　c. 城市规划部门对建筑工程进行规划验收时，应对照原审批文件和图样，对建设用地范围内的各项建设工程建设情况，建筑物的使用性质、位置、间距、层数、标高、平面、立面、外墙装饰材料和色彩、各类配套服务设施、临时施工用房、施工场地等进行全面核查，并作出验收记录。

　　d. 符合所要求的建设工程规划验收申报条件的建筑工程，应核发建设工程规划验收合格证；不符合的，视为验收不合格，由城市规划部门发出建设工程规划验收不合格通知书，并责令建设单位限期改正，经改正后符合所要求的建设工程规划验收申报条件的，由建设单位重新申请规划验收。

　　（3）未取得建设工程规划验收合格证，不得投入使用和办理房地产权登记。

　　（4）建设单位在备案机关办理竣工验收备案时，必须持建设工程规划验收合格证原件及复印件各一份，备案后退回原件。

　　（5）竣工验收资料中必须存放规划验收文件的原件。

十六、环保验收文件或准许使用文件

　　（1）根据中华人民共和国国务院令第 253 号《建设项目环境保护设施竣工验收管理规定》第六条，建设项目在正式投入生产或者使用之前，建设单位必须向环保部门提出环境保护设施竣工验收申请，建设工程竣工环保验收的要求如下。

　　① 除建筑面积在 3000m² 以下的用于居住和办公功能的建筑物外，其它所有建设工程均须到环保局办理工程竣工环保验收手续。

　　② 申请的条件　项目防治污染设施全部按要求建成，污染物排放浓度达到国家或地方的排放标准。

　　③ 向环保部门申报时，必须提交以下资料：建设项目环境保护设施竣工验收申报表、申请验收文字报告、环保部门批准项目建设文件或《准建证》的复印件、工程总结报告、工程决算报告、竣工图样（主体工程图及环保工程图）、监测报告、环保设施管理岗位责任制度及维修保养制度等资料；各申报文件、图样均须加盖公章。

　　（2）根据国家《建设项目环境保护管理条例》的要求，建设项目应当执行环境影响评价报审制度，未编制环境影响评价报告的建设工程项目，应按程序向环境保护行政主管部门补办环保手续（包括环评、报建等）。

　　（3）《验收申请报告》未经批准的建设项目，不得组织竣工验收，不得投入生产或者使用。

（4）竣工验收资料中必须存放环保验收文件或准许使用文件的原件。

十七、建设工程竣工验收报告

建设单位在取得工程质量、消防、规划、环保、档案等有关专业管理部门（或其委托机构）出具认可文件或者准许使用文件后，应当及时组织有关各方办理工程竣工验收手续，编制《建设工程竣工验收报告》一式五份，建设单位、施工单位、监督机构、备案机关及城建档案部门各持一份。

十八、房屋建筑工程和市政基础设施工程竣工验收备案表

（1）根据建设部令第 78 号《房屋建筑工程和市政基础设施工程竣工验收备案管理暂行办法》及建设部建 [2000] 142 号《关于印发〈房屋建筑工程和市政基础设施工程竣工验收备案暂行规定〉的通知》，工程竣工后由建设单位向建设行政主管部门及相关备案机关申报房屋建筑工程竣工验收备案手续。

（2）工程竣工验收备案按照下列程序进行。

① 建设单位向备案机关领取《房屋建筑工程和市政基础设施工程竣工验收备案表》。

② 建设单位持有建设、勘察、设计、施工、监理等单位负责人、项目负责人签名并加盖单位公章的（备案表）一式五份及下列文件，在工程竣工验收合格之日起 15 日内，向备案机关申报备案。

a. 施工许可证。

b. 施工图设计文件审查意见。

c. 建设工程竣工验收报告。

d. 工程质量验收申请表。

e. 工程质量评估报告。

f. 勘察文件质量检查报告。

g. 设计文件质量检查报告。

h. 单位（子单位）工程质量验收记录。

i. 市政基础设施的有关质量检测和功能性试验资料。

j. 规划验收认可文件。

第二节　竣　工　图

竣工图是真实记录各种地下、地上建筑物、构筑物等情况的技术文件，是对工程进行交工验收、维护、改造、扩建的依据，是重要的技术档案。

16.1　竣工图

竣工图（结构、建筑、安装）需完整无缺地真实反映施工过程中的变更情况，内容清晰，竣工图必须和该工程设计变更洽商记录相一致，在竣工验收时归入技术档案。

一、编制竣工图的形式和深度

（1）凡按图施工没有变动的则由施工单位（包括总包和分包施工单位）在原施工图上加盖"竣工图"标志后，即作为竣工图。

（2）凡在施工中，虽有一般性设计变更，但可将原施工图加以修改补充作为竣工图的，可不重新绘制，由施工单位负责在原施工图（必须是新蓝图）上注明修改部分，并附上设计变更通知单和施工说明，加盖"竣工图"标志后，即作为竣工图。

（3）凡结构形式改变、工艺改变、平面布置改变、项目改变以及其它重大改变，不宜再在原施工图上修改、补充者，应重新绘制改变后的竣工图。由于设计原因造成的，由设计单位负责绘制；由于施工原因造成的，由施工单位负责绘制；由于其它原因造成的，由建设单位自行绘制或委托设计单位绘制。施工单位负责在新图上加盖"竣工图"标志，并附以有关记录和说明，作为竣工图。

重大的改造、扩建工程涉及原有工程项目变更时，应将相关项目竣工图资料统一整理归类，并在原图卷内增补必要的说明。

二、编制竣工图的职责与分工

（1）建设项目实行总包制的各分包单位应负责编制分包范围内的竣工图，总包单位除应编制自行施工的竣工图外，还应负责审查、整理和汇总各分包单位编制的竣工图。在交工时向建设单位提交总包范围内的各项完整、准确的竣工图。

（2）建设项目由建设单位分别包给几个施工单位承担的，各施工单位应负责编制所承包工程的竣工图，建设单位负责汇总、整理。

（3）建设项目在签订承包、发包合同时，应明确规定竣工图的编制、检验和交接等问题。

（4）竣工图是工程交工验收的条件之一，凡竣工图不准确、不完整、不符合归档要求的，一般不能办理交工验收手续。在特殊情况下，也可按照交工验收时双方议定的期限补交竣工图。

（5）因编制竣工图需要增加的施工图，由建设单位负责及时提供给施工单位，并在签订合同时，明确需要增加的份数。

（6）大型工程竣工后，可根据需要重新绘制竣工图。由建设单位负责组织力量绘制，设计、施工单位负责提供工程变更资料。

三、编制竣工图的技术要求

（1）作为竣工图用的施工图样必须是新蓝图，而且盖有设计单位、建设单位、监理单位、施工单位（包括总包和分包单位）的公章。

（2）竣工图一定要与实际情况相符，要保证图样质量，做到规格统一、图面整洁、字迹清楚。编制竣工图必须采用不褪色的纯黑墨水或有"DA"标志的档案圆珠笔，不得使用普通圆珠笔、各色铅笔、红色和纯蓝墨水，由竣工图要承担施工的技术负责人审核签认。

（3）施工中，如有加固补强或发生质量事故经处理后，除应绘制竣工图外，还必须注明相应的质量鉴定证书等技术资料。

（4）图纸折叠成 A4 尺寸，横向按手风琴式折叠，竖向按顺时针方向向内折叠，折叠后图标露在右下角（按 GB/T 50001《房屋建筑制图统一标准》要求）。

（5）竣工图按不同专业分别整理成卷（组卷厚度不得超过 140mm），每卷均应填写单位工程竣工图登记表，并附有关文件和必要的说明。

四、竣工图的种类

（1）建筑设施竣工图。

（2）结构设施竣工图。

（3）钢结构竣工图。

（4）幕墙竣工图。

（5）二次装修竣工图。

（6）给排水设施竣工图。

（7）建筑电气设施竣工图。

（8）消防设施竣工图。

（9）通风与空调竣工图。

（10）电梯安装竣工图以及相关技术文件、资料。

① "土建"（含机房、井道等）安装布置条件图（电梯制造厂家提供）。

② 部件安装图。

③ 电气线路原理图和敷设、接线图。

④ 液压系统（如果有）原理图及其符号说明。

⑤ 安装（调试）、使用维护说明书。

（11）室内燃气竣工图。

参考文献

［1］ 中国建设监理协会组织编写. 建筑工程质量控制. 北京：中国建筑工业出版社，2010.

［2］ 中国建筑工业出版社编写. 新版建筑工程施工质量验收规范汇编. 北京：中国建筑工业出版社，中国计划出版社，2014.

［3］ 王辉，刘启顺主编. 建筑工程资料管理. 北京：机械工业出版社，2015.